国家电网公司
电力科技著作出版项目

Analysis of Extra-long-distance AC Transmission Technology

超长距离交流输电技术分析

舒印彪　张启平　等　著

中国电力出版社
CHINA ELECTRIC POWER PRESS

内容提要

本书对超过常规输电距离（大于 500km）的交流长线路等效电路模型及其参数和基本物理特性进行了理论分析和仿真计算，重点对 1000kV 交流半波长输电技术进行了深入系统的研究，描述了半波长输电线路的稳态、暂态功率—电压特性，深化了对交流长线路物理特性的认识，改进了等效电路模型算法；揭示了制约半波长输电能力的主要因素，提出了抑制交流半波长输电系统过电压、降低潜供电流的关键技术和适用于半波长输电线路的继电保护新技术，构建了 1000kV "点对网"和"网对网"交流半波长输电工程技术方案及其控制策略，并通过了数字仿真和物理模拟验证。

本书是迄今为止国内外少见的全面、系统论述交流特高压半波长输电技术的专业书籍，可供广大电力科研工作者和高等院校相关专业高年级学生、研究生和教师阅读参考。

图书在版编目（CIP）数据

超长距离交流输电技术分析 / 舒印彪等著. —北京：中国电力出版社，2020.5

ISBN 978-7-5198-2323-8

Ⅰ．①超…　Ⅱ．①舒…　Ⅲ．①长线路–交流输电–研究　Ⅳ．①TM721.2

中国版本图书馆 CIP 数据核字（2018）第 180930 号

出版发行：中国电力出版社
地　　址：北京市东城区北京站西街 19 号（邮政编码 100005）
网　　址：http://www.cepp.sgcc.com.cn
责任编辑：王春娟　周秋慧（010-63412627）
责任校对：黄　蓓　常燕昆
装帧设计：赵姗姗
责任印制：石　雷

印　　刷：北京博海升彩色印刷有限公司
版　　次：2020 年 5 月第一版
印　　次：2020 年 5 月北京第一次印刷
开　　本：787 毫米×1092 毫米　16 开本
印　　张：20
字　　数：358 千字
印　　数：0001—1500 册
定　　价：165.00 元

前　言

　　特高压输电技术的突破使得输电距离与输电容量都大幅增加，这也引起人们对超长距离交流输电技术的关注。所谓"超长距离"交流输电技术是指输电距离超过了通常意义下安全经济范围的交流输电技术，工频（50Hz）半波长交流输电线路长度达到3000km，是典型的超长距离交流输电技术。在工程上，对于长度小于500km的常规线路，人们在求取等效电路模型参数时，通常是采用实测的单位长度电阻、电抗（容抗）乘以线路长度这样一种简单倍乘方法求取线路的等效阻抗（容抗）。然而，研究表明，对于长度超过500km的线路（以下简称长线路），用上述简单倍乘方法求得的等效参数，与用分布参数方法求得的相比，误差超过5%，已经超出了工程计算允许范围。而且，随着线路长度进一步增加，在系统机电暂态仿真计算过程中，长线路也不能用其稳态模型进行模拟，必须计及其故障后的暂态过程。因此，长线路的模型参数求取方法、仿真模型及其算法也都必须相应改进。另一方面，长线路的电气特性与常规线路也不一样，一个突出的特点是在线路超过一定长度时（对于1000kV交流线路，超过2100km），存在着能够引发串联谐振的短路故障点，而流经故障点的电流，在理论上是无穷大。对此现象，本书进行了系统的研究，从理论和仿真两方面进行了论证，并给出串联谐振点位置的理论推导公式，相关内容尚未见国内外公开文献报道。

　　关于工频（50Hz）半波长交流输电技术，苏联进行了理论研究[1]，并在苏联统一电力系统欧洲部分的500kV电网进行过半波长输电真型实验[2]；我国结合特高压交流输电工程实践，从基本理论和工程应用两个方面，重点对交流特高压半波长输电技术的可行性开展了系统性研究论证，提出一整套半波长线路运行控制策略及其

---

❶ 详见第一篇参考文献［11］、［44］和［45］。
❷ 详见第一篇参考文献［46］和［47］。

工程技术方案，并通过数字仿真和物理模拟加以验证。研究成果对工程决策发挥了重要作用。

本书以上述国内外研究成果为基础，梳理提炼、归纳总结了交流特高压半波长输电技术研究成果，并进一步拓展分析了长线路的基本特性和建模方法，对现有的机电暂态仿真、电磁暂态仿真中的长线路等效电路模型、分析方法、继电保护技术等进行改进完善。

为了在系统机电暂态仿真计算中计及长线路的暂态过程，本书研究提出基于相—模转换法的线路的动态相量模型，从理论上解决了这个问题，并修改完善了现有的电网仿真软件。此项成果为具有长线路的系统仿真计算提供了必要的分析手段，也填补了国内外空白。

半波长线路因功率波动引起的过电压和因线路单相接地故障产生的潜供电流过大是制约该项技术应用的关键问题，本书通过大量的电磁暂态仿真计算，研究提出了通过配置多组线路避雷器和高速接地开关解决因功率波动引起的过电压和线路单相接地故障潜供电流过大等问题，并提出了半波长输电和联网的工程技术方案，进行了技术经济论证。

现有的线路保护原理和装置不适用于半波长输电线路，本书研究提出了自由波能量保护、假同步差动保护、伴随阻抗保护等保护原理及算法，构建了完整的半波长线路保护技术方案，形成了一系列原创成果，完成保护装置样机研发并成功通过设备测试，填补了国内外半波长输电线路保护装置空白。

全书共分为七篇：

（1）第一篇通过误差分析论述了长线路等效电路模型参数的求取方法，指出了工程上使用的简单倍乘参数求取方法不适用于长线路；提出了机电暂态动态相量模型算法，并修改完善了现有的电网仿真软件，为具有长线路的系统仿真计算提供了必要的分析手段。

（2）第二篇主要分析了常规线路电磁暂态模型用于长线路需要考虑的几个因素，指出长线路电磁暂态模型需考虑线路走廊的土壤电阻率、邻近线路、线路架线方式及频率偏差等影响因素。

（3）第三篇系统性地分析研究了长线路的基本特性，包括稳态和暂态特性，如不同功率因数下输电功率—电压特性、线路空载、甩负荷特性；故障情况下，串联谐振过电压、功率波动过电压、操作过电压、潜供电流、短路电流缓慢爬升特性。

（4）第四篇系统性地研究了半波长输电系统运行与控制技术，提出采用多组氧化锌避雷器抑制工频过电压，采用多组快速接地开关和断路器分闸电阻解决潜供电流和断路器恢复电压超标的技术措施。

（5）第五篇从基理上分析了长线路保护的构成原理，指出了常规线路保护不适用于长线路，首次提出了自由波能量保护、假同步差动保护、伴随阻抗保护等保护新原理、算法，以及完整的半波长线路保护方案，完成半波长线路保护装置研发并通过设备测试。

（6）第六篇重点分析了半波长线路的两项技术，一项是调谐技术，主要用来应对在实际工程中可能出现的线路长度不足半个波长的情况；另一项是谐波特性分析技术，主要用来评估新能源并网对半波长输电系统的谐波影响。

（7）第七篇重点研究搭建了交流特高压半波长输电动态模拟系统，以及 1.5km（缩尺 2000 倍）半波长缩尺物理模型试验线路的建模原理、建模过程和试验结果。

舒印彪具体指导了该项目研究和本书撰写工作，并审定书稿；张启平负责组织实施该项目研究及本书的修改和统稿。

舒印彪、张彦涛、李晨光、秦晓辉、苏丽宁、姜懿郎参加研究并负责撰写第一篇内容；韩彬、焦重庆、李晨光、张媛媛、万磊参加研究并负责撰写第二篇内容；张启平、秦晓辉、张媛媛、郄鑫、韩彬、孙玉娇、王义红参加研究并负责撰写第三篇内容；舒印彪、张启平、林伟芳、张媛媛、王安斯、韩彬、戴朝波参加研究并负责撰写第四篇内容；周泽昕、柳焕章、郭雅蓉、王兴国、杜丁香、李斌、吴通华参加研究并负责撰写第五篇内容；戴朝波、谈萌、曹镇参加研究并负责撰写第六篇内容；詹荣荣、焦重庆、李连海参加研究并负责撰写第七篇内容。

本书通过系统的总结、归纳、整理交流特高压半波长输电技术成果，生动展现了交流半波长输电线路的稳态、暂态功率—电压特性，深化了对交流长线路物理特性的认识，改进了等效电路模型算法；揭示了制约半波长输电能力的主要因素、影响其工程应用的关键问题，并研究提出了相应的工程技术措施；论述了所提出的交流特高压半波长输电和联网技术方案可行性，并与特高压直流输电方案进行了安全、技术、经济比较论证；论述了基于不同继电保护原理的半波长线路保护构成，研发出继电保护装置，样机通过了设备测试。

本书是迄今为止国内外少见的全面、系统论述交流特高压半波长输电技术的专业书籍，书中内容涉及高电压技术、电力系统分析、继电保护等专业知识和电工数学基础理论。可供广大电力科研工作者和高等院校相关专业高年级学生、研究生和教师阅读参考。限于时间与编者水平有限，敬请广大读者批评指正。

著　者

2020 年 3 月

目　录

第二篇 交流长线路电磁暂态模型及仿真

第四篇 半波长输电系统运行与控制技术

第五篇　超长距离交流线路继电保护技术

第六篇 半波长线路的扩展技术研究

第七篇　半波长线路的试验验证

第一篇

适用于潮流与机电暂态仿真的
交流长线路模型

当电力系统受到扰动时，对于电力系统中的旋转元件，如发电机和电动机，其暂态过程主要是由机械转矩和电磁转矩（或功率）之间的不平衡引起，通常称为机电暂态过程。对于包括旋转元件及变压器、输电线等静态元件在内的系统，电场和磁场以及相应的电压和电流的变化过程，称为电磁暂态过程[1]。

尽管各种暂态过程是同时进行的，但在实践中可以针对实际问题采取合理的假设和适当的忽略。例如，在进行输电线路的机电暂态仿真时，往往忽略线路上的电磁暂态过程，即认为线路的电压、电流等参数在发生扰动的瞬间，直接从故障前状态进入故障后稳态。忽略了电磁暂态过程的线路模型通常称为线路的稳态模型。

工程上经常采用的线路稳态模型，是全线用一个 Π 形等效电路进行等值，其中的等效参数（等效阻抗和导纳）是用单位长度的线路阻抗、导纳乘以线路长度求得，亦简称为倍乘集中参数模型。研究显示，该模型对于长度为 500km 的线路误差已经达到 5%，随着线路长度的增加，模型的误差还将增大。本篇将重点分析不同长度交流线路稳态模型的精度，并提出适用于潮流与机电暂态仿真计算的 500km 以上交流长线路的模型。

第1章
长线路的稳态模型

1.1　长线路的稳态传输方程

对于电力传输线路，通常假定沿着传输方向任意截面参数均匀分布，且并不关心线路结构及横向、纵向的电磁场分布，而只关心沿线电流、电压变化规律，这种分析方法称为均匀传输线理论[2]。

图 1.1.1 - 1 所示为单根导线与大地良导体构成的回路电路图，设单位长度电阻 R_0、电感 L_0、电导 G_0、电容 C_0 为常数，则可以列出适用于任何激励源的传输线方程式（1.1.1 - 1），式中的电压、电流量均为瞬时值。

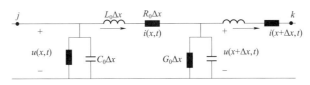

图 1.1.1 - 1　单根均匀传输线电路图

$$\begin{cases} \dfrac{\partial u(x,t)}{\partial x} + L_0 \dfrac{\partial i(x,t)}{\partial t} + R_0 i(x,t) = 0 \\ \dfrac{\partial i(x,t)}{\partial x} + C_0 \dfrac{\partial u(x,t)}{\partial t} + G_0 u(x,t) = 0 \end{cases} \qquad (1.1.1-1)$$

当电力系统处于稳定工作状态时，各节点电压、支路电流均为幅值恒定的正弦波形，电压、电流函数表达式为：

$$\begin{cases} u(x,t) = \mathrm{Re}[\dot{U}(x)\mathrm{e}^{\mathrm{j}\omega t}] \\ i(x,t) = \mathrm{Re}[\dot{I}(x)\mathrm{e}^{\mathrm{j}\omega t}] \end{cases} \qquad (1.1.1-2)$$

代入式（1.1.1 - 1）得到其相量形式的方程：

$$\begin{cases} \dfrac{\mathrm{d}\dot{U}(x)}{\mathrm{d}x} + (R_0 + \mathrm{j}\omega L_0)\dot{I}(x) = 0 \\ \dfrac{\mathrm{d}\dot{I}(x)}{\mathrm{d}x} + (G_0 + \mathrm{j}\omega C_0)\dot{U}(x) = 0 \end{cases} \qquad (1.1.1-3)$$

该方程的通解为：

$$\begin{cases} \dot{U}(x) = \dot{U}^+ \mathrm{e}^{-\gamma x} + \dot{U}^- \mathrm{e}^{\gamma x} \\ \dot{I}(x) = \dfrac{\dot{U}^+}{Z_\mathrm{C}} \mathrm{e}^{-\gamma x} - \dfrac{\dot{U}^-}{Z_\mathrm{C}} \mathrm{e}^{\gamma x} \end{cases} \quad (1.1.1-4)$$

式中：$\gamma = \sqrt{(R_0 + \mathrm{j}\omega L_0)(G_0 + \mathrm{j}\omega C_0)} = \alpha + \mathrm{j}\beta$ 为传播系数；Z_C 为波阻抗，$Z_\mathrm{C} = \sqrt{(R_0 + \mathrm{j}\omega L_0)/(G_0 + \mathrm{j}\omega C_0)} = \sqrt{|(R_0 + \mathrm{j}\omega L_0)/(G_0 + \mathrm{j}\omega C_0)|}\mathrm{e}^{\mathrm{j}\theta_\mathrm{C}}$；$\dot{U}^+$、$\dot{U}^-$ 分别为电压正向行波与电压反向行波幅值常数，角度分别为 φ^+、φ^-。

当受端电压、电流已知时，可将式（1.1.1-4）改写为式（1.1.1-5）的形式，称为交流线路的稳态传输方程：

$$\begin{bmatrix} \dot{U}_j \\ \dot{I}_j \end{bmatrix} = \begin{bmatrix} \cosh(\gamma l) & Z_\mathrm{C}\sinh(\gamma l) \\ \dfrac{1}{Z_\mathrm{C}}\sinh(\gamma l) & \cosh(\gamma l) \end{bmatrix} \begin{bmatrix} \dot{U}_k \\ \dot{I}_k \end{bmatrix} \quad (1.1.1-5)$$

式中：$\dot{U}_j$、$\dot{I}_j$ 为线路送端电压、电流；$\dot{U}_k$、$\dot{I}_k$ 为线路受端电压、电流。

1.2 长线路的分布参数模型

从交流线路的稳态传输方程可进一步推导应用于潮流计算的长距离传输线稳态分布参数模型。

从式（1.1.1-5）可以给出如图 1.1.2-1 所示的传输线二端口网络两端口电气量的关系，如式（1.1.2-1）所示。

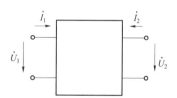

图 1.1.2-1　传输线二端口网络

$$\begin{bmatrix} \dot{U}_1 \\ \dot{I}_1 \end{bmatrix} = \begin{bmatrix} \cosh(\gamma l) & Z_\mathrm{C}\sinh(\gamma l) \\ \dfrac{1}{Z_\mathrm{C}}\sinh(\gamma l) & \cosh(\gamma l) \end{bmatrix} \begin{bmatrix} \dot{U}_2 \\ -\dot{I}_2 \end{bmatrix} = \begin{bmatrix} A & B \\ C & D \end{bmatrix} \begin{bmatrix} \dot{U}_2 \\ -\dot{I}_2 \end{bmatrix} \quad (1.1.2-1)$$

式中：A、B、C、D 分别为二端口传输矩阵的元素，此处 $A = D = \cosh(\gamma l)$、$B = Z_\mathrm{C}\sinh(\gamma l)$、$C = \sinh(\gamma l)/Z_\mathrm{C}$。

根据电路二端口理论[2]，二端口网络可以等效为如图 1.1.2-2 所示的 Ⅱ 形电路。电路中的等效阻抗和导纳由式（1.1.2-2）计算：

$$\begin{cases} Z_\mathrm{eq} = B = Z_\mathrm{C}\sinh(\gamma l) = Z_\mathrm{C}[\sinh(\alpha l)\cos(\beta l) + \mathrm{j}\cosh(\alpha l)\sin(\beta l)] \\ Y_\mathrm{eq} = \dfrac{A-1}{B} = \dfrac{\cosh(\gamma l)-1}{Z_\mathrm{C}\sinh(\gamma l)} = \dfrac{\cosh(\alpha l)\cos(\beta l) + \mathrm{j}\sinh(\alpha l)\sin(\beta l)-1}{Z_\mathrm{C}[\sinh(\alpha l)\cos(\beta l) + \mathrm{j}\cosh(\alpha l)\sin(\beta l)]} \end{cases} \quad (1.1.2-2)$$

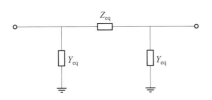

图 1.1.2－2　传输线二端口网络等值 Π 形电路

这一 Π 形电路及其等值参数，即为交流线路的分布参数模型。该模型是在传输线基本方程基础上，考虑工频正弦稳态激励经过公式推导获得，在理论上是严格等效的，可适用于任何长度交流线路的稳态计算。

1.3　长线路多分段及不分段分布参数模型的等效性

在实际工程计算中，为了关注线路的沿线电压、电流及功率分布情况，以及为了对线路进行故障校核，通常需要将较长线路分为多段进行仿真。

在本节将给出理论证明：如果每段线路采用分布参数模型，各分段 Π 形等效线路模型的级联与全线不分段分布参数 Π 形线路模型是完全等效的，且模型精度与线路分段数无关。

设输电线路的总长度为 l，将其分为任意长度的 n 段，则有：

$$l_1 + l_2 + \cdots + l_{n-1} + l_n = l$$

如果每段线路都按照二端口模型选取，并注意电流方向，则有：

$$\begin{bmatrix} \dot{U}_1 \\ \dot{I}_1 \end{bmatrix} = \begin{bmatrix} \cosh(\gamma l_1) & Z_{\mathrm{C}}\sinh(\gamma l_1) \\ \dfrac{1}{Z_{\mathrm{C}}}\sinh(\gamma l_1) & \cosh(\gamma l_1) \end{bmatrix} \begin{bmatrix} \dot{U}_2 \\ \dot{I}_2 \end{bmatrix} \tag{1.1.3－1}$$

$$\begin{bmatrix} \dot{U}_2 \\ \dot{I}_2 \end{bmatrix} = \begin{bmatrix} \cosh(\gamma l_2) & Z_{\mathrm{C}}\sinh(\gamma l_2) \\ \dfrac{1}{Z_{\mathrm{C}}}\sinh(\gamma l_2) & \cosh(\gamma l_2) \end{bmatrix} \begin{bmatrix} \dot{U}_3 \\ \dot{I}_3 \end{bmatrix} \tag{1.1.3－2}$$

将式（1.1.3－2）的 $\dot{U}_2$、$\dot{I}_2$ 代入式（1.1.3－1），得到：

$$\dot{U}_1 = \cosh(\gamma l_1)\dot{U}_2 + Z_{\mathrm{C}}\sinh(\gamma l_1)\dot{I}_2$$

$$= \cosh(\gamma l_1)[\cosh(\gamma l_2)\dot{U}_3 + Z_{\mathrm{C}}\sinh(\gamma l_2)\dot{I}_3] + Z_{\mathrm{C}}\sinh(\gamma l_1)\left[\frac{1}{Z_{\mathrm{C}}}\sinh(\gamma l_2)\dot{U}_3 + \cosh(\gamma l_2)\dot{I}_3\right]$$

$$\dot{U}_1 = \dot{U}_3\cosh[\gamma(l_1 + l_2)] + Z_{\mathrm{C}}\dot{I}_3\sinh[\gamma(l_1 + l_2)] \tag{1.1.3－3}$$

$$\dot{I}_1 = \frac{\dot{U}_2}{Z_{\mathrm{C}}}\sinh(\gamma l_1) + \cosh(\gamma l_1)\dot{I}_2$$

$$= \frac{1}{Z_{\mathrm{C}}}\sinh(\gamma l_1)[\cosh(\gamma l_2)\dot{U}_3 + Z_{\mathrm{C}}\sinh(\gamma l_2)\dot{I}_3] + \cosh(\gamma l_1)\left[\frac{1}{Z_{\mathrm{C}}}\sinh(\gamma l_2)\dot{U}_3 + \cosh(\gamma l_2)I_3\right]$$

$$\dot{I}_1 = \frac{\dot{U}_3}{Z_\mathrm{C}}\sinh[\gamma(l_1+l_2)] + \dot{I}_3\cosh[\gamma(l_1+l_2)] \qquad (1.1.3-4)$$

由式（1.1.3 − 3）和式（1.1.3 − 4）得出 $\dot{U}_1$、$\dot{I}_1$ 与 $\dot{U}_3$、$\dot{I}_3$ 的矩阵公式：

$$\begin{bmatrix} \dot{U}_1 \\ \dot{I}_1 \end{bmatrix} = \begin{bmatrix} \cosh[\gamma(l_1+l_2)] & Z_\mathrm{C}\sinh[\gamma(l_1+l_2)] \\ \dfrac{1}{Z_\mathrm{C}}\sinh[\gamma(l_1+l_2)] & \cosh[\gamma(l_1+l_2)] \end{bmatrix} \begin{bmatrix} \dot{U}_3 \\ \dot{I}_3 \end{bmatrix} \qquad (1.1.3-5)$$

$$\begin{bmatrix} \dot{U}_3 \\ \dot{I}_3 \end{bmatrix} = \begin{bmatrix} \cosh(\gamma l_3) & Z_\mathrm{C}\sinh(\gamma l_3) \\ \dfrac{1}{Z_\mathrm{C}}\sinh(\gamma l_3) & \cosh(\gamma l_3) \end{bmatrix} \begin{bmatrix} \dot{U}_4 \\ \dot{I}_4 \end{bmatrix} \qquad (1.1.3-6)$$

将式（1.1.3 − 6）中 $\dot{U}_3$、$\dot{I}_3$ 表达式代入式（1.1.3 − 5）可得：

$$\dot{U}_1 = \cosh[\gamma(l_1+l_2)]\dot{U}_3 + Z_\mathrm{C}\sinh[\gamma(l_1+l_2)]\dot{I}_3$$

$$= \cosh[\gamma(l_1+l_2)][\cosh(\gamma l_3)\dot{U}_4 + Z_\mathrm{C}\sinh(\gamma l_3)\dot{I}_4] + Z_\mathrm{C}\sinh(\gamma l_1)\left[\frac{1}{Z_\mathrm{C}}\sinh(\gamma l_3)\dot{U}_4 + \cosh(\gamma l_3)\dot{I}_4\right]$$

$$\dot{U}_1 = \dot{U}_4\cosh[\gamma(l_1+l_2+l_3)] + Z_\mathrm{C}\dot{I}_4\sinh[\gamma(l_1+l_2+l_3)] \qquad (1.1.3-7)$$

同理可以推出：

$$\dot{I}_1 = \frac{\dot{U}_4}{Z_\mathrm{C}}\sinh[\gamma(l_1+l_2+l_3)] + \dot{I}_4\cosh[\gamma(l_1+l_2+l_3)] \qquad (1.1.3-8)$$

由式（1.1.3 − 7）和式（1.1.3 − 8）可以得出 $\dot{U}_1$、$\dot{I}_1$ 与 $\dot{U}_4$、$\dot{I}_4$ 的矩阵公式：

$$\begin{bmatrix} \dot{U}_1 \\ \dot{I}_1 \end{bmatrix} = \begin{bmatrix} \cosh[\gamma(l_1+l_2+l_3)] & Z_\mathrm{C}\sinh[\gamma(l_1+l_2+l_3)] \\ \dfrac{1}{Z_\mathrm{C}}\sinh[\gamma(l_1+l_2+l_3)] & \cosh[\gamma(l_1+l_2+l_3)] \end{bmatrix} \begin{bmatrix} \dot{U}_4 \\ \dot{I}_4 \end{bmatrix} \qquad (1.1.3-9)$$

以此类推，可以得到：

$$\begin{bmatrix} \dot{U}_1 \\ \dot{I}_1 \end{bmatrix} = \begin{bmatrix} \cosh[\gamma(l_1+l_2+\cdots+l_{n-1}+l_n)] & Z_\mathrm{C}\sinh[\gamma(l_1+l_2+\cdots+l_{n-1}+l_n)] \\ \dfrac{1}{Z_\mathrm{C}}\sinh[\gamma(l_1+l_2+\cdots+l_{n-1}+l_n)] & \cosh[\gamma(l_1+l_2+\cdots+l_{n-1}+l_n)] \end{bmatrix} \begin{bmatrix} \dot{U}_{n+1} \\ \dot{I}_{n+1} \end{bmatrix}$$

$$= \begin{bmatrix} \cosh(\gamma l) & Z_\mathrm{C}\sinh(\gamma l) \\ \dfrac{1}{Z_\mathrm{C}}\sinh(\gamma l) & \cosh(\gamma l) \end{bmatrix} \begin{bmatrix} \dot{U}_{n+1} \\ \dot{I}_{n+1} \end{bmatrix} \qquad (1.1.3-10)$$

由此可见，对输电线路进行任意长度分段，只要每段线路采用分布参数模型，则输电线路分成任意 n 段与不分段的分布参数模型理论上是完全等效的。

1.4　长线路倍乘集中参数模型与分布参数模型的误差分析

当线路较短时，式（1.1.2 – 2）中：

$$\gamma l \to 0, \quad \sinh(\gamma l) \to \gamma l, \quad \cosh(\gamma l) \to 1 + (\gamma l)^2 / 2$$

从而得到：

$$\begin{cases} Z_{\text{eq}} = Z_{\text{C}} \sinh(\gamma l) \approx Z_{\text{C}} \gamma l = (R_0 + \mathrm{j}\omega L_0)l \\ Y_{\text{eq}} \approx \dfrac{1}{2} \gamma l / Z_{\text{C}} = \dfrac{1}{2}(G_0 + \mathrm{j}\omega C_0)l \end{cases} \quad （1.1.4 – 1）$$

式（1.1.4 – 1）便是倍乘集中参数模型，为线路分布参数模型的简化形式之一。

显然，倍乘集中参数模型适用于线路较短的情况。图 1.1.4 – 1 以特高压线路（$\text{LGJ} - 8 \times 500\text{mm}^2$）为例，给出了倍乘集中参数模型与分布参数模型求取 Π 形电路等值电抗误差比较曲线。曲线显示，当线路长度超过 500km 时，倍乘集中参数模型之等值电抗的偏差随长度逐渐增大，并达到不可接受的程度。倍乘集中参数模型的等值参数与线路长度呈正比，而分布参数模型的等值参数与长度的关系为非线性，倍乘集中参数模型为分布参数模型的一阶近似。

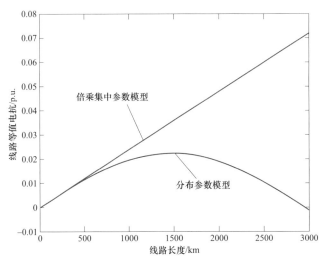

图 1.1.4 – 1　倍乘集中参数模型与分布参数模型求取 Π 形
电路等值电抗误差比较曲线

在工程计算中，将长线路适当的分为若干段，每段（不大于 300km）采用集中参数，可提高倍乘集中参数模型的适用范围。

例如，工频半波长交流线路长度为 3000km，等分为 10 段，每段 300km。算例

1 每段采用倍乘集中参数模型，算例 2 每段采用分布参数模型。算例 1 和算例 2 的电压分布与全线不分段采用分布参数模型的电压分布对比结果分别如图 1.1.4 – 2 和图 1.1.4 – 3 所示。

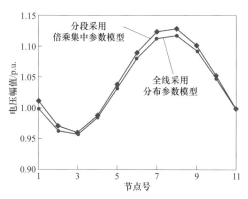

图 1.1.4 – 2　算例 1 与全线不分段采用分布参数模型的电压分布对比

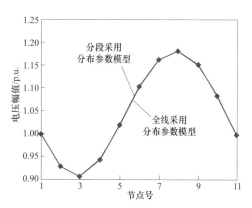

图 1.1.4 – 3　算例 2 与全线不分段采用分布参数模型的电压分布对比

从图 1.1.4 – 2 和图 1.1.4 – 3 可以看出，以全线不分段采用分布参数模型得到的电压分布为基准，采用分段倍乘集中参数模型存在明显误差，而采用分段分布参数模型的算例则吻合得很好。同时值得指出，分段分布参数模型的计算精度与线路分段数无关，不论分几段，其仿真精度与全线采用分布参数模型的计算结果都是一样的。

1.5　分布参数模型的其他简化方式

除了倍乘集中参数模型外，由线路分布参数模型还可以简化得到其他几种简化模型[3]。

1.5.1　修正系数法简化模型

将式（1.1.2 – 2）中的 Z_C 用线路的单位长度参数 Z_0、Y_0 表示，有：

$$Z_{eq} = \sqrt{\frac{Z_0 Z_0 l^2}{Y_0 Z_0 l^2}}\sinh(\gamma_0 l) = Z_0 l \frac{\sinh(\gamma_0 l)}{\gamma_0 l} = Z_0 l \underline{k}_s \qquad (1.1.5-1)$$

$$Y_{eq} = Y_0 \frac{l}{2} \times \frac{\tanh\left(\gamma_0 \frac{l}{2}\right)}{\left(\gamma_0 \frac{l}{2}\right)} = Y_0 \frac{l}{2} \underline{k}_y \qquad (1.1.5-2)$$

式中：k_s、k_y 为计算线路参数分布特性的修正系数；l 为线路长度。

通过对式（1.1.5－1）和式（1.1.5－2）进行泰勒级数分解、忽略二次以上较小的级数项、进行实部和虚部整理，可得到 Π 形等值电路中电阻、电抗和电纳的修正系数：

$$\begin{cases} k_r = 1 - \dfrac{l^2}{3}k_0 b_0 = 1 - \dfrac{\lambda^2}{3} \\ k_x = 1 - \dfrac{l^2}{6}k_0 b_0 = 1 - \dfrac{\lambda^2}{6} \\ k_b = 1 + \dfrac{l^2}{12}k_0 b_0 = 1 + \dfrac{\lambda^2}{12} \end{cases} \quad (1.1.5-3)$$

其中，$\lambda = l\sqrt{k_0 b_0}$。应用这些系数，Π 形等值电路的参数为：

$$\begin{cases} r_{eq} = r_0 l k_r \\ x_{eq} = x_0 l k_x \\ b_{eq} = b_0 \dfrac{l}{2} k_b \end{cases} \quad (1.1.5-4)$$

在工程实践中，通常会按照上述方法计算得出某种型号线路不同长度的修正系数值，并制成表格便于查用。如《电力系统设计手册》[4]以某 500kV 线路正序分布参数为例，给出了不同长度线路正序 Π 形等值电路的修正系数，见表 1.1.5－1。

表 1.1.5－1　不同长度 500kV 线路的正序 Π 形等值电路的修正系数

长度（km）	k_r	k_x	k_b
100	0.996 22	0.998 12	1.000 95
150	0.991 51	0.995 77	1.002 13
200	0.984 93	0.992 50	1.003 80
250	0.976 50	0.988 29	1.005 95
300	0.966 24	0.983 16	1.008 59
350	0.954 18	0.977 12	1.011 74
400	0.940 34	0.970 18	1.015 9
450	0.924 77	0.962 36	1.019 5

长度小于 250km 的线路，修正系数接近于 1，此时误差小于 2%，符合工程计算误差允许范围，可以采用倍乘集中参数模型；修正系数法简化模型适用于长度为

250～500km 的线路；对于长度超过 500km 的线路，应该使用其他方法进行修正。

1.5.2　果列夫（Gorev）方法简化模型

果列夫方法的本质，在于用三角函数代替了复变量的双曲函数，与线性近似的修正系数法相比，可得到更准确的结果。果列夫方法的主要假设是忽略了电晕电能损耗，即 $g_0 = 0$。

在上述假设下，电磁波的传播系数 γ_0 和波阻抗 Z_C 可以写成如下形式：

$$\begin{cases} \gamma_0 = \sqrt{(r_0 + \mathrm{j}x_0)\mathrm{j}b_0} = \mathrm{j}\sqrt{x_0 b_0}\sqrt{1 - \mathrm{j}\dfrac{r_0}{x_0}} \\[3mm] Z_C = \sqrt{\dfrac{r_0 + \mathrm{j}x_0}{\mathrm{j}b_0}} = \sqrt{\dfrac{x_0}{b_0}}\sqrt{1 - \mathrm{j}\dfrac{r_0}{x_0}} \end{cases} \quad (1.1.5-5)$$

可见，上述两个方程的第一个因子分别对应于线路的相位系数和波阻抗，第二个因子是相同的。

对第二个因子进行幂级数分解、忽略二次以上的级数项，可得：

$$\begin{cases} \gamma_0 = \mathrm{j}\sqrt{x_0 b_0}\left(1 - \mathrm{j}\dfrac{r_0}{2x_0}\right) \\[3mm] Z_C = \sqrt{\dfrac{x_0}{b_0}}\left(1 - \mathrm{j}\dfrac{r_0}{2x_0}\right) \end{cases} \quad (1.1.5-6)$$

考虑到 $\lambda = l\sqrt{x_0 b_0}$，有：

$$\gamma_0 l = \mathrm{j}\lambda + \lambda\frac{r_0}{2x_0} \quad (1.1.5-7)$$

将式（1.1.5-7）代入式（1.1.2-2），可得 Z_{eq}、Y_{eq} 的简化表达式：

$$Z_{eq} = Z_C \frac{r_0}{2x_0}(\lambda\cos\lambda + \sin\lambda) + \mathrm{j}Z_C\sin\lambda \quad (1.1.5-8)$$

$$Y_{eq} = \frac{1}{Z_C}\left(\frac{r_0}{2x_0}\cdot\frac{\lambda - \sin\lambda}{1 + \cos\lambda} + \mathrm{j}\tan\frac{\lambda}{2}\right) \quad (1.1.5-9)$$

果列夫（Gorev）方法简化模型适用于长度为 250～1500km 的线路建模。

1.5.3 不同长度线路采用不同方法求得的等值参数误差分析

表 1.1.5-2 中给出了不同长度线路采用不同方法计算得到的 Π 形等值电路参数。以分布参数模型为标准，倍乘集中参数模型在线路长度 300km 时误差已达 1.68%，修正系数法简化模型在线路长度 1000km 时误差已达 1.36%，果列夫法简化模型在线路长度 1500km 时误差仅为 0.03%，果列夫法简化模型精度是比较高的。

表 1.1.5-2 　　　　　　　 不同长度的线路模型等值参数对比表
（ $S_{\mathrm{B}} = 1000\mathrm{MVA}$ ， $V_{\mathrm{B}} = 1050\mathrm{kV}$ ）

线路长度/km	倍乘集中参数模型				修正系数法简化模型			
	$Z_{\mathrm{eq}} = R_{\mathrm{eq}} + jX_{\mathrm{eq}}$	X_{eq} 相对误差/%	$Y_{\mathrm{eq}} = G_{\mathrm{eq}} + jB_{\mathrm{eq}}$	B_{eq} 相对误差/%	$Z_{\mathrm{eq}} = R_{\mathrm{eq}} + jX_{\mathrm{eq}}$	X_{eq} 相对误差/%	$Y_{\mathrm{eq}} = G_{\mathrm{eq}} + jB_{\mathrm{eq}}$	B_{eq} 相对误差/%
100	0.000 726 53 + j0.023 863 95	0.14	j0.239 508 34	0.06	0.000 723 76 + j0.023 818 48	0.05	j0.239 736 53	0.04
300	0.002 179 59 + j0.071 591 84	1.68	j0.718 525 03	0.82	0.002 104 84 + j0.070 364 12	0.06	j0.724 685 95	0.03
500	0.003 632 65 + j0.119 319 73	4.87	j1.197 541 72	2.35	0.003 286 57 + j0.113 635 87	0.12	j1.226 064 49	0.03
750	0.005 448 98 + j0.178 979 59	11.52	j1.796 312 58	5.38	0.004 280 94 + j0.159 796 57	0.44	j1.892 576 93	0.31
1000	0.007 265 31 + j0.238 639 46	21.87	j2.395 083 44	9.67	0.004 496 61 + j0.193 168 59	1.36	j2.623 265 59	1.06
1500	0.010 897 96 + j0.357 959 18	60.34	j3.592 625 16	22.36	0.001 553 62 + j0.204 495 00	8.40	j4.362 739 92	5.72

线路长度/km	果列夫法简化模型				分布参数模型			
	$Z_{\mathrm{eq}} = R_{\mathrm{eq}} + jX_{\mathrm{eq}}$	X_{eq} 相对误差/%	$Y_{\mathrm{eq}} = G_{\mathrm{eq}} + jB_{\mathrm{eq}}$	B_{eq} 相对误差/%	$Z_{\mathrm{eq}} = R_{\mathrm{eq}} + jB_{\mathrm{eq}}$	X_{eq} 相对误差/%	$Y_{\mathrm{eq}} = G_{\mathrm{eq}} + jB_{\mathrm{eq}}$	B_{eq} 相对误差/%
100	0.000 724 13 + j0.023 830 44	0.00	0.000 006 96 + j0.239 643 94	0.00	0.000 361 30 + j0.023 830 5	—	0.003 654 19 + j0.239 643 8	—
300	0.002 106 47 + j0.070 405 69	0.00	0.000 191 41 + j0.724 469 32	0.00	0.001 034 53 + j0.070 406 53	—	0.011 217 31 + j0.724 464 89	—
500	0.003 295 57 + j0.113 773 54	0.00	0.000 919 89 + j1.226 428 82	0.00	0.001 563 38 + j0.113 777 30	—	0.019 585 04 + j1.226 407 00	—
750	0.004 338 31 + j0.160 484 41	0.01	0.003 346 65 + j1.898 462 86	0.00	0.001 895 03 + j0.160 496 36	—	0.032 238 78 + j1.898 379 46	—
1000	0.004 727 93 + j0.195 796 26	0.01	0.008 857 28 + j2.651 738 42	0.01	0.001 747 19 + j0.195 822 19	—	0.049 211 09 + j2.651 501 33	—
1500	0.003 217 16 + j0.223 178 07	0.03	0.042 609 23 + j4.628 782 21	0.03	− 0.000 180 12 + j0.223 244 56	—	0.113 024 39 + j4.627 356 48	—

在实际工程中，对长线路还可以采用增加线路分段数的方式，提高线路简化模型等值参数的精度。

以长度为 3000km 的单回半波长交流特高压线路（LGJ $-8\times500\text{mm}^2$）为例，采用多段 Π 形等值电路串联的线路模型，每段 Π 形等值电路分别考虑采用倍乘集中参数、修正系数法、果列夫法和分布参数方法求取等值参数，比较不同方法的沿线电压和电流最大相对误差。

表 1.1.5－3 中给出了分段长度不同和采用不同方法建模计算得到的沿线电压、电流幅值与分布参数模型沿线电压、电流幅值的最大相对误差。由此可以看出，倍乘集中参数模型在分段长度为 100km 时误差小于 1%，即采用倍乘集中参数模型模拟长线路时，分段长度不大于 100km 时是合理的。修正系数法简化模型在线路分段长度 500km 时误差小于 1%，即采用修正系数法简化模型模拟长线路时，分段长度不大于 500km 时是合理的。果列夫法简化模型在分段长度为 1500km 时误差小于 1%，即采用果列夫法简化模型模拟长线路时，分段长度不大于 1500km 时是合理的。

表 1.1.5－3　　　　线路不同分段长度以及采用不同建模方法求得的
电压、电流相对误差对比

均匀分段长度/km	简单倍乘集中参数模型		修正系数法简化模型		果列夫法简化模型	
	$\Delta U/\%$	$\Delta I/\%$	$\Delta U/\%$	$\Delta I/\%$	$\Delta U/\%$	$\Delta I/\%$
100	0.804 8%（2200km）	0.806 2%（2200km）	0.728 7%（2300km）	0.736 4%（2300km）	0.750 1%（2300km）	0.754 8%（2300km）
300	1.600 5%（2100km）	1.544 0%（2100km）	0.745 5%（900km）	0.724 0%（900km）	0.722 1%（2400km）	0.725 1%（2400km）
500	3.663 7%（1500km）	3.371 4%（1500km）	0.770 8%（1000km）	0.685 2%（1000km）	0.661 4%（2500km）	0.662 4%（2500km）
750	8.949 0%（1500km）	7.753 3%（1500km）	1.050 9%（750km）	0.806 9%（750km）	0.748 3%（2250km）	0.753 8%（2250km）
1000	16.130 1%（2000km）	12.760 9%（2000km）	1.566 4%（1000km）	0.818 1%（1000km）	0.639 9%（1000km）	0.638 4%（1000km）
1500	61.904 6%（1500km）	32.655 2%（1500km）	9.272 5%（1500km）	6.439 4%（1500km）	0.089 8%（0km）	0.089 3%（0km）

注　括号中的数值为最大误差所在的位置。

1.6　考虑沿线不同环境影响因素的长线路稳态模型等值参数

考虑实际工程中交流长线路往往需要跨越具有不同气候条件、不同地形地貌的多个地区，不同环境下线路的参数存在差异，往往需要采用分段均匀等值的方法进行处理，然后再拼接转换得到整条长线路的稳态等值参数[5]。

图 1.1.6－1 为一条交流远距离输电线路示意图，该线路由 3 段组成，依次为同

塔双回线（平原地区）、普通双回线（山区）、同塔双回线（山区），长度分别为 l_1、l_2、l_3，3 段线路的单位长度参数、波阻抗 Z_{C1}、Z_{C2}、Z_{C3} 和传播常数 γ_1、γ_2、γ_3 是不同的。

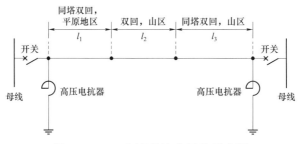

图 1.1.6 – 1　交流长输电线路示意图

可以分别计算出 3 段线路的 Π 形等值电路和等值参数（Z_{eq1}、Y_{eq1}、Z_{eq2}、Y_{eq2}、Z_{eq3}、Y_{eq3}），进而得到如图 1.1.6 – 2 所示的等效电路模型。

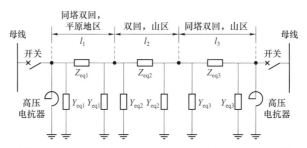

图 1.1.6 – 2　不同线路走廊环境下的线路等效模型

整条输电线路的等值模型可以看作是 3 段不同的 Π 形等值电路模型的级联，整条线路的传输矩阵 $\boldsymbol{T}$ 是这 3 段线路传输矩阵（$\boldsymbol{T}_1$、$\boldsymbol{T}_2$、$\boldsymbol{T}_3$）的乘积：

$$\boldsymbol{T} = \boldsymbol{T}_1 \boldsymbol{T}_2 \boldsymbol{T}_3 \tag{1.1.6 – 1}$$

式中：

$$\boldsymbol{T}_1 = \begin{bmatrix} \cosh(\gamma_1 l_1) & \mathrm{j} Z_{C1} \sinh(\gamma_1 l_1) \\ \mathrm{j} \dfrac{1}{Z_{C1}} \sinh(\gamma_1 l_1) & \cosh(\gamma_1 l_1) \end{bmatrix} \tag{1.1.6 – 2}$$

$$\boldsymbol{T}_2 = \begin{bmatrix} \cosh(\gamma_2 l_2) & \mathrm{j} Z_{C2} \sinh(\gamma_2 l_2) \\ \mathrm{j} \dfrac{1}{Z_{C2}} \sinh(\gamma_2 l_2) & \cosh(\gamma_2 l_2) \end{bmatrix} \tag{1.1.6 – 3}$$

$$\boldsymbol{T}_3 = \begin{bmatrix} \cosh(\gamma_3 l_3) & \mathrm{j} Z_{C3} \sinh(\gamma_3 l_3) \\ \mathrm{j} \dfrac{1}{Z_{C3}} \sinh(\gamma_3 l_3) & \cosh(\gamma_3 l_3) \end{bmatrix} \tag{1.1.6 – 4}$$

由式（1.1.6-1）～式（1.1.6-4）可以计算出整条输电线路的传输矩阵 **T**，再根据式（1.1.2-2）即可得出图 1.1.6-3 中整条线路的等效模型参数（Z_{eq}、Y_{eq}）。

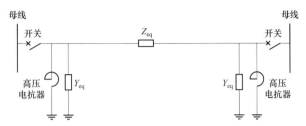

图 1.1.6-3　不同线路走廊环境下的整条线路简化模型

第 2 章
长线路分布参数动态相量模型

交流线路的功率传输本质上是电磁波的传输过程。当交流线路长度较短（远小于电磁波的波长）时，线路一端电压发生变化，沿线的电压、电流分布几乎在瞬间即可完成过渡过程达到新的稳态，因此在机电暂态仿真中，采用线路的稳态模型是忽略该过渡过程的。但是当交流线路的长度达到与电磁波的波长可比时（如半波长输电），在其某些位置发生三相短路故障，导致系统出现串联谐振现象（该内容在第三篇详细介绍），故障点两侧电磁波折射、反射过程需持续 0.8～1.0s 沿线电压电流才能达到短路稳态，半波长线路的过渡过程显然已经不能忽略。

为此，本章将着重介绍在机电暂态仿真中考虑长线路过渡过程的新模型——分布参数动态相量模型[6-9]。

2.1 长线路分布参数动态相量模型建模

架空线路由若干根地线和相线组成，相线大多数是由分裂导线构成，它们组成了一个彼此间存在电磁耦合且具有分布参数的多导线系统。

在电磁暂态仿真中，对于多导线系统，通常采用相—模变换法，通过变换矩阵将多导线间存在耦合的变量（称为相变量）变换为相互解耦的变量（称为模变量），使模变量描述的偏微分方程中各分量相互独立。这样，对于模变量中的每个分量，便可以分别采用单导体传输线电磁暂态模型的计算方法求得，然后再反变换成待求解的相变量。

在机电暂态仿真中，最典型应用相—模变换法的例子，就是相—序变换，通过相—序变换矩阵，将 A、B、C 三相的相变量转换为正序、负序、零序的模变量，实现各序变量间的解耦，对三序分别进行计算后再通过序—相变换矩阵，将序变量转换为相变量。

为了在机电暂态仿真中考虑长线路的过渡过程，也将尝试对空间结构上完全对称的单回三相交流线路通过相—序变换矩阵进行相—模变换，从而解除各相之间的耦合，得到正序、负序、零序三个独立模变量，对三个模变量分别采用单导体传输线暂态模型（线路分布参数动态相量模型）的计算后，再通过序—相变换矩阵，将序变量转换为相变量。下面将推导用于机电暂态仿真的单导体传输线模型公式。

对于如图 1.1.1－1 所示的单根导线有损传输线，在式（1.1.1－1）的推导中，假定沿线任意位置 x 处的电压、电流已经达到稳态，从而电压、电流幅值对时间的偏导数为 0。然而在过渡过程中，沿线电压经过入射波和反射波的多次叠加，沿线任意点的电压、电流幅值均在变化。考虑到该过渡过程时，式（1.1.1－2）应写为如下形式：

$$\begin{cases} u(x,t) = \mathrm{Re}[\dot{U}(x,t)\mathrm{e}^{\mathrm{j}\omega t}] \\ i(x,t) = \mathrm{Re}[\dot{I}(x,t)\mathrm{e}^{\mathrm{j}\omega t}] \end{cases} \quad (1.2.1-1)$$

即电压、电流的幅值也随时间变化。将其代入式（1.1.1－1）可得：

$$\begin{cases} \dfrac{\mathrm{d}\dot{U}(x,t)}{\mathrm{d}x} + (R_0 + \mathrm{j}\omega L_0)\dot{I}(x,t) + L_0\dfrac{\mathrm{d}\dot{I}(x,t)}{\mathrm{d}t} = 0 \\ \dfrac{\mathrm{d}\dot{I}(x,t)}{\mathrm{d}x} + (G_0 + \mathrm{j}\omega C_0)\dot{U}(x,t) + C_0\dfrac{\mathrm{d}\dot{U}(x,t)}{\mathrm{d}t} = 0 \end{cases} \quad (1.2.1-2)$$

为了与机电暂态仿真中其他各元件保持一致性，只计及网络电气量的工频分量，式中 ω 为工频角速度。$\dot{U}(x,t)$、$\dot{I}(x,t)$ 分别为线路上 x 处同步旋转相量空间的电压、电流时变相量。

应用拉普拉斯变换与反变换方法，求解式（1.2.1－2），得到相量形式的波动方程通解，即贝瑞隆方程，并推导得到单导线输电线路两端电流与电压的关系式，即：

$$\begin{cases} \dot{I}_{jk}(t) = \dfrac{1}{Z_C'}\dot{U}_j(t) + \dot{I}_j(t-\tau)\mathrm{e}^{-\mathrm{j}\theta} \\ \dot{I}_{kj}(t) = \dfrac{1}{Z_C'}\dot{U}_k(t) + \dot{I}_k(t-\tau)\mathrm{e}^{-\mathrm{j}\theta} \end{cases} \quad (1.2.1-3)$$

$$\begin{cases} \dot{I}_j(t-\tau) = -\dfrac{1+h}{2}\left[\dfrac{\dot{U}_k(t-\tau)}{Z_C'} + h\dot{I}_{kj}(t-\tau)\right] \\ \qquad\qquad -\dfrac{1-h}{2}\left[\dfrac{\dot{U}_j(t-\tau)}{Z_C'} + h\dot{I}_{jk}(t-\tau)\right] \\ \dot{I}_k(t-\tau) = -\dfrac{1+h}{2}\left[\dfrac{\dot{U}_j(t-\tau)}{Z_C'} + h\dot{I}_{jk}(t-\tau)\right] \\ \qquad\qquad -\dfrac{1-h}{2}\left[\dfrac{\dot{U}_k(t-\tau)}{Z_C'} + h\dot{I}_{kj}(t-\tau)\right] \end{cases} \quad (1.2.1-4)$$

$$Z_{\mathrm{C}}' = \frac{4Z_{\mathrm{C}}}{Z_{\mathrm{C}}G+4} + \frac{R}{4} \qquad (1.2.1-5)$$

$$h = \left(\frac{4Z_{\mathrm{C}}}{Z_{\mathrm{C}}G+4} - \frac{R}{4} \right) \Big/ \left(\frac{4Z_{\mathrm{C}}}{Z_{\mathrm{C}}G+4} + \frac{R}{4} \right) \qquad (1.2.1-6)$$

式中：$\theta = 2\pi f\tau$ 为延迟角度；R 为单导体有损传输线的总电阻；G 为线路总电导；Z_{C} 为线路波阻抗。

式（1.2.1-3）～式（1.2.1-6）即为考虑线路过渡过程的单导体有损传输线模型，称做单导体线路分布参数动态相量模型。

动态相量模型中的角度延迟项 $\mathrm{e}^{-\mathrm{j}\theta}$，其物理意义是明确的，即当（$t-\tau$）时刻的变量传输到 t 时刻时，由于时间延迟效应，其相量延迟相应的角度。

对于空间完全对称的单回三相交流线路，分别应用其正序、负序、零序参数按照式（1.2.1-3）和式（1.2.1-4）进行计算，可以得到线路两端三序电流与电压的关系式，波阻抗、传输时间分别取各序对应的数值。

对于不完全换位三相交流线路，应用相—序变换不能实现正负零三序解耦。对于同杆并架双回（或多回）线路，即使各回线路实现完全换位，应用相—序变换可以实现正、负、零三序解耦，但是双回（或多回）之间依然存在零序耦合，这就意味着其零序参数矩阵不是完全的对角矩阵。这些情况下，相—序变换矩阵是不适用的，还应引入电磁暂态仿真中应用的相—模变换矩阵（一般而言，可取参数矩阵的特征矩阵）实现各模量解耦，才能对各模量应用单导体线路分布参数动态相量模型。

2.2　应用分布参数动态相量模型的仿真步长选择

长线路选用分布参数动态相量模型进行仿真计算时，其线路内、外部故障仿真步长的选择是有区别的。

2.2.1　线路外部故障的仿真步长选择

机电暂态程序通常采用网络方程与动态元件微分方程组交替求解的方法。处理动态相量模型模拟的交流线路时，不仅需要修改网络导纳矩阵，还需要修改 t 时刻的各节点注入电流。网络导纳矩阵元素用式（1.2.2-1）计算，为常数。t 时刻节点 j、节点 k 的注入电流用式（1.2.2-2）计算，由（$t-\tau$）时刻的变量计算得到。

$$Y_{jj} = Y_{kk} = \frac{1}{Z'_{\mathrm{C}}} \qquad (1.2.2-1)$$

$$\begin{cases} \dot{I}_j(t) = -\dot{I}_j(t-\tau)\mathrm{e}^{-\mathrm{j}\theta} \\ \dot{I}_k(t) = -\dot{I}_k(t-\tau)\mathrm{e}^{-\mathrm{j}\theta} \end{cases} \qquad (1.2.2-2)$$

对于半波长线路外部故障，$\tau = l/v$ 约为半周波时长，对于 50Hz 系统而言，该时长约为 10ms（通常半波长线路长度取略长于精确半波长，传输时间略长于 10ms），与通常采用的机电暂态仿真步长 $\Delta t = 1.0/(2f_{\mathrm{N}})$ 相同，即 $\Delta t \approx \tau$。计算 t 时刻变量时，线路 $(t-\tau)$ 时刻的电压、电流数值为已知量，因此可直接应用式（1.2.2 - 1）和式（1.2.2 - 2）。

2.2.2　线路内部故障的仿真步长选择

当半波长线路内部发生故障时，将破坏半波长线路的整体性，必须将半波长线路在故障点处进行分段，这将使两侧每段线路电磁波的传输时间 $\tau_1 < \tau$、$\tau_2 < \tau$，则有 $\Delta t > \tau_1$、τ_2，不能直接应用式（1.2.2 - 1）和式（1.2.2 - 2）。特别是当半波长线路沿线装设快速接地开关组（详见第三篇抑制半波长线路潜供电流相关内容）条件下，半波长线路被分成若干段，每段线路传输时间远小于 10ms，如果取 $\Delta t < \tau_i$，将大大降低机电暂态仿真的效率。

1. 基于线性插值法的大步长仿真方法

为了保持较大仿真步长的优势，当仿真步长 $\Delta t > \tau$ 时，可采用一种基于线性插值法的处理方法。即将 $\dot{X}(t-\tau) = p\dot{X}(t) + q\dot{X}(t-\Delta t)$ 代入式（1.2.1 - 3）和式（1.2.1 - 4），式中 $p = (\Delta t - \tau)/\Delta t$，$q = \tau/\Delta t$。推导得到有损线路的大步长动态相量计算公式如式（1.2.2 - 3）和式（1.2.2 - 4）所示：

$$\begin{bmatrix} \dot{I}_{jk}(t) \\ \dot{I}_{kj}(t) \end{bmatrix} = \begin{bmatrix} A & B \\ B & A \end{bmatrix}^{-1} \begin{bmatrix} C & D \\ D & C \end{bmatrix} \begin{bmatrix} \dot{U}_j(t) \\ \dot{U}_k(t) \end{bmatrix} + \begin{bmatrix} A & B \\ B & A \end{bmatrix}^{-1} \begin{bmatrix} q'\dot{I}_j(t-\Delta t) \\ q'\dot{I}_k(t-\Delta t) \end{bmatrix} \qquad (1.2.2-3)$$

$$\begin{cases} \dot{I}_j(t-\Delta t) = -\dfrac{1+h}{2}\left[\dfrac{\dot{U}_k(t-\Delta t)}{Z'_{\mathrm{C}}} + h\dot{I}_{kj}(t-\Delta t)\right] - \dfrac{1-h}{2}\left[\dfrac{\dot{U}_j(t-\Delta t)}{Z'_{\mathrm{C}}} + h\dot{I}_{jk}(t-\Delta t)\right] \\ \dot{I}_k(t-\Delta t) = -\dfrac{1+h}{2}\left[\dfrac{\dot{U}_j(t-\Delta t)}{Z'_{\mathrm{C}}} + h\dot{I}_{jk}(t-\Delta t)\right] - \dfrac{1-h}{2}\left[\dfrac{\dot{U}_k(t-\Delta t)}{Z'_{\mathrm{C}}} + h\dot{I}_{kj}(t-\Delta t)\right] \end{cases} \qquad (1.2.2-4)$$

式中：

$$A = 1 + p'h(1-h)/2$$

$$B = p'h(1+h)/2$$

$$C = [1 - p'(1-h)/2]/Z'_C$$

$$D = -p'(1+h)/(2Z'_C)$$

$$p' = p\mathrm{e}^{-\mathrm{j}\theta}, \quad q' = q\mathrm{e}^{-\mathrm{j}\theta}$$

对比式（1.2.1－3）、式（1.2.1－4）与式（1.2.2－3）、式（1.2.2－4）可知，在这种情况下，交流线路对应的导纳矩阵元素不仅仅有对角元素，还有非对角元素。

2. 变步长仿真方法

当半波长线路内部发生故障时，另一种处理方法是采用变步长仿真方法。在线路故障期间采用较小步长，其步长由较短的一段线路的传输时间决定；当故障清除一段时间后，再恢复原步长。

需要指出的是，不能在故障清除后立即恢复大步长仿真，其原因在于故障点电气状态在故障清除之前的瞬间已向两侧节点传播出去，形成了"自由波"，故障清除之后线路两侧的电气量与"自由波"叠加决定沿线的状态。只有当"自由波"衰减到一定程度后，沿线的状态才完全由线路两端状态决定。

假设半波长线路内部故障，并且由于快速接地开关动作使沿线新增若干节点，靠近送受端的节点分别为 m、n，如图 1.2.2－1 所示。

图 1.2.2－1 半波长线路由于故障分为多段示意图

对于沿线故障均清除后的某时刻 t，根据式（1.2.1－2）和式（1.2.1－3），按照线路全长计算电流 $I_{jk}(t)$、$I_{kj}(t)$，并与 $I_{jm}(t)$、$I_{kn}(t)$ 比较，当偏差值满足判据式（1.2.2－5）时，进行下一时刻仿真时即可采用半周波大步长。

$$\max\{|I_{jk}(t) - I_{jm}(t)|, |I_{kj}(t) - I_{kn}(t)|\} < \zeta \tag{1.2.2－5}$$

式中：ζ 为给定的正小数，如 $\zeta = 1.0 \times 10^{-4}$。

2.3 长线路分布参数动态相量模型的仿真效果

2.3.1 线路外部故障验证

搭建点对网半波长输电系统，其基础参数详见附录 A。假设系统外部某一线路上发生三相短路故障，分别采用如下三种方法进行故障仿真。

（1）电磁暂态仿真，半波长交流线路应用贝瑞隆模型，仿真步长 0.1ms，节点电压、线路电流曲线采用快速傅里叶变换（FFT）提取工频分量。

（2）机电暂态仿真，半波长交流线路应用分布参数稳态模型，仿真步长 10ms。

（3）机电暂态仿真，半波长交流线路应用分布参数动态相量模型，仿真步长 10ms。

仿真结果（发电机转速、发电机电磁功率、线路送端电压、线路送端电流曲线）分别如图 1.2.3-1（a）～图 1.2.3-1（d）所示。仿真结果表明，交流线路动态相量模型在模拟半波长系统的振荡特性、短路过渡过程特性等方面比传统稳态模型更准确，更接近于电磁暂态仿真结果。

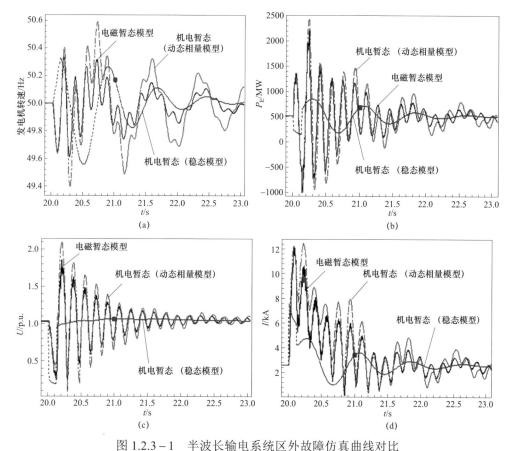

图 1.2.3-1　半波长输电系统区外故障仿真曲线对比

（a）发电机转速曲线；（b）发电机电磁功率曲线；（c）线路送端电压曲线；（d）线路送端电流曲线

根据图 1.2.3-1（c）和图 1.2.3-1（d），半波长输电系统受端外部发生短路时，电磁暂态仿真与应用动态相量模型的机电暂态仿真均能模拟出送端电流、电压缓慢变化的过程，而应用稳态模型的传统机电暂态仿真结果则在短路瞬间即发生电压、电流数值的突变。

图 1.2.3 – 1（a）发电机转速曲线中，动态相量模型的仿真结果虽然更接近电磁暂态仿真结果，但仍存在一定偏差。其原因在于机电暂态仿真只模拟了工频电气量，而电磁暂态仿真则包含了全部频率的响应。这种取舍造成的偏差会随着线路长度的增加而增大。

2.3.2 半波长线路故障验证

当半波长线路内部发生故障时，需将线路在故障处分段，前后两段线路分别应用动态相量模型。为了抑制潜供电流，半波长线路沿线可能会配置快速接地开关，故障相快速接地开关动作时，还需增加新的接地点，从而需要将线路分为多段。

相关研究表明，半波长线路不同位置发生短路故障对系统稳定性的影响不同，其串联谐振点与送端开机数量有关，在距离送端 2400～2700km 范围内。假设距离送端 2400km 位置发生单相瞬时性短路故障，分别用以下四种方法模拟故障及重合闸过程。

（1）方法 1：电磁暂态仿真，交流线路应用贝瑞隆模型，仿真步长 0.1ms。

（2）方法 2：机电暂态仿真，交流线路应用分布参数稳态模型，仿真步长 10ms。

（3）方法 3：机电暂态仿真，交流线路应用分布参数动态相量模型，应用大步长仿真方法，仿真步长 10ms。

（4）方法 4：机电暂态仿真，交流线路应用分布参数动态相量模型，应用变步长方法，最短步长为 1ms，原步长为 10ms。

仿真结果曲线分别如图 1.2.3 – 2（a）～图 1.2.3 – 2（d）所示。以电磁暂态仿真结果作为参照，三种机电暂态仿真结果的精度比较为：应用交流长线路稳态模型的机电暂态仿真精度最低；动态相量模型结合变步长仿真的方法最接近电磁暂态结果，其精度最高；动态相量模型并应用大步长仿真的方法则介于两者之间。

2.3.3 暂态稳定极限仿真分析

为了进一步分析不同仿真方法对系统暂态稳定性的影响，分别在距离送端 2100、2400、2700km 位置设置单相瞬时性短路故障，计算得到的暂态稳定极限功率见表 1.2.3 – 1。

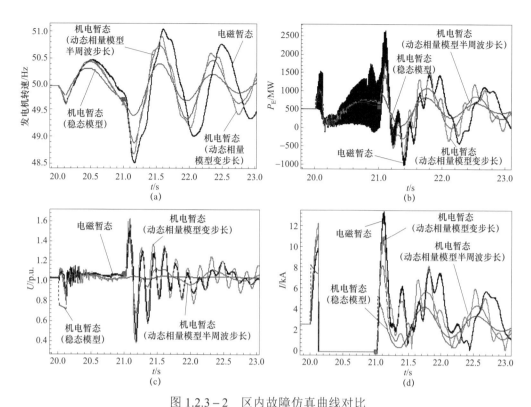

图 1.2.3－2　区内故障仿真曲线对比

（a）发电机转速曲线；（b）发电机电磁功率曲线；（c）线路送端电压曲线；（d）线路送端电流曲线

表 1.2.3－1　　　　　　　　不同仿真方法的暂态稳定极限功率

故障位置	2100km	2400km	2700km
方法 1	5920MW	5530MW	6030MW
方法 2	6620MW 11.8%	4950MW −10.5%	7120MW 16.4%
方法 3	6200MW 4.7%	5250MW −5.1%	6500MW 7.8%
方法 4	6100MW 3.0%	5300MW −4.2%	6350MW 5.3%

表 1.2.3－1 结果表明，不同方法得到的系统稳定功率极限有较为显著的差异。以电磁暂态仿真（方法 1）得到的稳定功率极限作为参考，应用分布参数线路稳态模型的机电暂态仿真（方法 2）精度最低，稳定极限结果偏差均超过 10%；应用分布参数线路动态相量模型且采用变步长仿真的机电暂态方法（方法 4）精度最接近电磁暂态仿真结果，稳定极限偏差在 −4.2%～5.3% 范围内；应用分布参数线路动态相量模型且保持大步长仿真的机电暂态方法（方法 3）精度在两者之间，稳定极限

偏差在 $-5.1\%\sim7.8\%$ 范围内。

2.4 分布参数线路动态相量模型在系统短路计算中的应用

短路电流计算通常采用稳态简化方法，即线路、变压器等网络元件应用工频稳态阻抗模型，同步发电机应用次暂态同步电抗后的等效电势恒定模型。应用稳态简化方法计算得到的短路电流为稳态短路电流工频分量初始值。受到线路模型限制，该方法的准确度适用于交流线路不太长的情况。当系统中存在超远距离线路（如半波长线路）或系统中研究某些工频谐振情况时（如串联补偿电容近区短路），稳态简化方法的精度将显著降低，甚至不能满足工程计算要求。元件的电磁暂态模型具有更高的精度，当稳态模型不能满足要求时，需要采用电磁暂态时域仿真方法。

本节介绍一种基于动态相量模型的短路电流计算方法[10]，该方法可以像电磁暂态计算方法那样具有更广泛的适用性，同时也可应用于大规模电力网络。其元件模型应用本篇 2.1 提出的动态相量模型。

2.4.1 算法流程

与电磁暂态等时域仿真的基本算法类似，动态相量法仿真的基本原理也是微分方程的时域积分。一般而言，系统元件的动态相量模型可统一用式（1.2.4-1）表示：

$$\dot{I}(t+\Delta t) = \dot{Y}\dot{U}(t+\Delta t) + \dot{I}_{js}(t) \qquad (1.2.4-1)$$

式中：$\dot{I}(t+\Delta t)$ 为通过该元件的电流；$\dot{U}(t+\Delta t)$ 为施加在该元件端口上的电压；$\dot{Y}$ 为元件的计算导纳，一般为常数，且与元件参数和仿真步长有关；$\dot{I}_{js}(t)$ 为计算电流源，对于（$t+\Delta t$）时刻而言，其为已知项，由 t 时刻的状态决定。

由计算电流源及节点电压可写出用系统计算导纳矩阵表示的方程：

$$\mathbf{I}_{n\times 1} = \mathbf{Y}_{n\times n}\mathbf{U}_{n\times 1} \qquad (1.2.4-2)$$

式中：n 为节点数量。

动态相量时域仿真流程如图 1.2.4-1 所示。计算矩阵 $\mathbf{Y}_{n\times n}$ 为稀疏矩阵，仿真中可应用成熟的稀疏技术求解。

2.4.2 实际电网算例

以某实际电网为例，其中 B 站 500kV 串补装置位于该电网 A 站－B 站 500kV 双回、C 站－B 站 500kV 单回输电线路 B 站侧，如图 1.2.4-2 所示，线路长度分别为 177km、192km 和 229km，导线型号为 LGJ－4×400。这三组串补装置的补偿度分别为 43%、40% 和 33%。

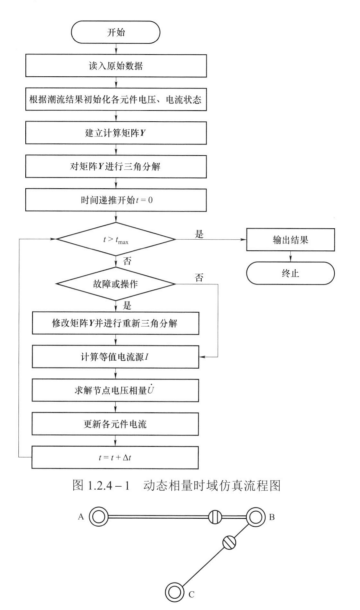

图 1.2.4－1　动态相量时域仿真流程图

图 1.2.4－2　某实际电网加装串补装置线路示意图

1. 串补装置投入运行的情况

在 A 站－B 站 I 线，距离 A 站侧 0%、10%、20%、…、80%、90%、100%位置上分别设置三相短路。用动态相量模型程序计算流经故障点的短路电流，不模拟与电容补偿并联的金属氧化物避雷器（MOA）、间隙等装置的作用。

在不考虑断路器动作情况下，短路电流曲线如图 1.2.4 – 3 所示。仿真结果表明，在距离 A 站侧约 80% 位置短路时，流经短路点的电流最大，幅值达到约 120kA，呈现串联谐振特征，从短路发生至达到短路电流稳态，过渡过程持续约 0.3s。

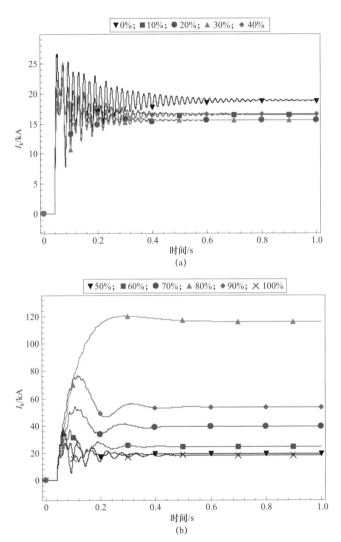

图 1.2.4 – 3　A 站 – B 站 I 线距 A 站侧 0%～100% 位置三相短路时的短路电流曲线

（a）0%～40% 位置；（b）50%～100% 位置

2. 串补装置退出运行的情况

将串补装置旁路，在距离 A 站侧 80% 位置设置三相短路故障，不考虑断路器动作情况下，仍用动态相量模型进行仿真，流经短路点的电流如图 1.2.4 – 4 所示。短路电流可在短路瞬间达到最大值，且无串联谐振特征。

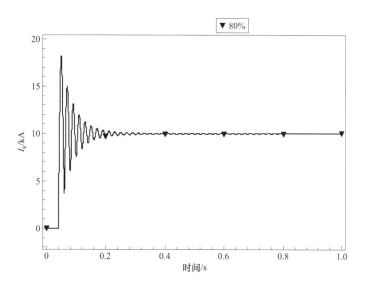

图 1.2.4-4　A 站-B 站 I 线距 A 站侧 80%位置三相短路时的短路电流（串补退出）

3. 电磁暂态仿真对比

上述过程用电磁暂态仿真进行验证。当串补装置投入时（不考虑串补装置保护动作），在 80%位置三相短路时的电磁暂态仿真结果如图 1.2.4-5 所示。可以看出故障点短路电流不断升高，经约 0.3s 达到稳态，稳态短路电流幅值约为 110kA，与动态相量法计算结论基本一致。

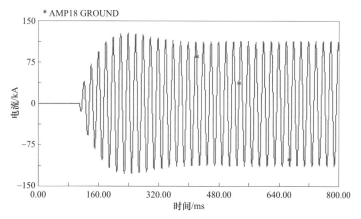

图 1.2.4-5　A 站-B 站 I 线距 A 站侧 80%位置三相短路时的电磁暂态仿真结果

值得注意的是，本节提及的某电网三条装设有串补装置的线路，长度均未超过 230km，当串补装置投入时，在线路近串补装置侧短路呈现串联谐振特征，从短路发生到稳态，过渡过程持续约 0.3s，此种情况下线路的稳态模型是不适用的。

第3章
长线路不同模型的适用范围

本章将重点分析长线路稳态模型（线路倍乘集中参数模型、系数修正法简化模型、果列夫法简化模型、分布参数模型）和分布参数动态相量模型的适用范围。

3.1　线路稳态模型的适用范围

从本篇第 1 章可知，线路稳态模型对于短线路是适用的，因其线路上的过渡过程可以被忽略，对于接近 3000km 的半波长线路则不适用。本节通过算例说明，由于长线路上的过渡过程缓慢变化，将导致线路稳态模型产生较大偏差。

以图 1.3.1 – 1 所示的端对端系统为例，线路两端是带有一定系统内电势的电压源，不考虑发电机功角摇摆过程对线路过渡过程的影响。计算采用可以反映线路过渡过程的电磁暂态仿真程序，系统参数见图 1.3.1 – 1 与附录 A。

图 1.3.1 – 1　端对端系统示意图

表 1.3.1 – 1 为不同长度线路受端发生三相短路故障时送端短路电流的计算结果。t_s 为从故障发生到进入稳态的持续时间；I_{3fB} 为线路送端短路电流进入稳态的工频有效值，这一结果通常与机电暂态程序计算得出的稳态值是相等的；I_{3fE} 为断路器 100ms 跳闸时刻的短路电流工频有效值；δ 为 I_{3fB} 与 I_{3fE} 之间的差异，在一定程度上反映了线路稳态模型不考虑线路过渡过程带来的误差。

表 1.3.1－1　不同长度线路受端三相短路故障下送端短路电流仿真结果

线路长度/km	进入稳态时间 t_s/ms	稳态短路电流 I_{3fB}/kA，有效值	100ms 跳闸时短路电流 I_{3fE}/kA，有效值	I_{3fB} 与 I_{3fE} 之间的差异 δ/%
300	20	5.56	5.61	－0.8
600	20	2.91	2.93	－0.7
900	20	1.62	1.61	0.9
1200	90	0.73	0.71	2.1
1300	250	0.46	0.50	－6.9
1400	350	0.21	0.26	－19.7
1500	400	0.09	0.12	－23.3
1800	400	0.95	1.75	－46.0
2100	500	2.17	3.78	－42.6
2400	600	4.58	8.10	－43.4
2700	850	15.47	18.52	－16.5
2800	1050	38.00	20.72	83.4
3000	900	13.94	17.89	－22.1

从表 1.3.1－1 可以看出，1200km 以内的线路受端三相短路故障时，t_s 小于 100ms，短路电流在断路器跳闸前便达到稳态值，且 δ 不超过 5%；1300～3000km 线路受端发生三相故障时，t_s 超过 100ms，δ 超过 5%。因此，在图 1.3.1－1 和附录 A 确定的边界条件下，线路稳态模型适用于计算长度在 1200km 以内线路的三相短路故障。

表 1.3.1－2 为不同长度线路受端发生单相短路故障时送端短路电流的计算结果。由此可见，1400km 以内的线路受端单相短路故障时，t_s 小于 100ms，短路电流在断路器跳闸前便达到稳态值，且 δ 不超过 5%；1500～3000km 线路受端发生单相故障时，t_s 超过 100ms，δ 超过 5%。尤其当送电距离超过 2000km 时，t_s 超过 500ms，δ 超过 40%。因此，在图 1.3.1－1 和附录 A 确定的边界条件下，线路稳态模型适用于计算长度在 1400km 以内线路的单相短路故障。

表 1.3.1－2　不同长度线路受端单相短路故障下送端短路电流仿真结果

线路长度/km	进入稳态时间 t_s/ms	稳态短路电流 I_{1fB}/kA，有效值	100ms 跳闸时短路电流 I_{1fE}/kA，有效值	I_{1fB} 与 I_{1fE} 之间的差异 δ/%
1300	80	0.39	0.40	－3.5
1400	90	0.49	0.50	－1.4
1500	250	0.67	0.78	－13.5
1600	200	0.92	1.12	－18.0

线路长度/km	进入稳态时间 t_s/ms	稳态短路电流 I_{1fB}/kA，有效值	100ms 跳闸时短路电流 I_{1fE}/kA，有效值	I_{1fB} 与 I_{1fE} 之间的差异 δ/%
1700	300	0.51	0.89	−42.9
1800	350	0.91	1.38	−34.0
2000	350	1.53	2.03	−24.7
2200	600	1.45	3.36	−56.9
2400	600	2.46	5.07	−51.5
2600	700	6.07	9.92	−38.8
2800	900	26.33	11.57	127.6

电磁暂态仿真的三相和单相短路故障情况下不同故障位置送端断路器短路电流波形图参见附录 B。

值得注意的是，对于某些加装串补装置的常规线路，在发生线路近串补装置侧短路故障时可能引发串联谐振（详见本篇 2.4.2），此种情况下，尽管线路长度未超过230km，但线路的稳态模型也是不适用的。

3.2　分布参数线路动态相量模型的适用范围

分布参数动态相量模型是一种介于稳态模型与电磁暂态模型之间的数学模型。交流线路应用分布参数动态相量模型，可以较好地描述其暂态过渡过程。对于短线路而言，分布参数动态相量模型不仅可以准确描述短路后电流的稳态值，还能够近似描述直流分量衰减的过程。对于长线路而言，直流分量很小，分布参数动态相量模型能够很好地模拟出短路电流的缓慢爬升效果。

以图 1.3.2 − 1 所示的简单电路为例。R_S、L_S 分别为交流电压源 U_S 的内电阻、内电感，电压源经过长度为 l 的交流线路给负载 R_L 供电。线路受端三相短路，应用分布参数动态相量模型与电磁暂态仿真结果对比。线路长度从 300km 到 3000km 变化、线路受端三相短路时，送端短路电流如图 1.3.2 − 2 所示。其中 EMTP 曲线为电磁暂态仿真得到的结果，DP 仿真曲线为分布参数动态相量模型计算得到的结果。

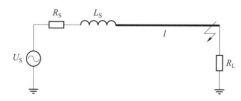

图 1.3.2 − 1　交流电压源经交流线路带负载示意图

由计算结果对比可以得出以下结论：

（1）动态相量模型计算曲线与电磁暂态计算曲线对比，无论线路长度如何变化，动态相量结果曲线均能够较好地"包络"电磁暂态得出的瞬时值曲线，能够近似模拟交流线路电流变化的暂态特征。

（2）线路长度较短时，如图 1.3.2－2（a）和图 1.3.2－2（b）所示，短路电流具有明显的衰减直流分量，动态相量模型得出的结果也表现出随时间衰减的特征。

（3）线路长度较长时，如图 1.3.2－2（c）～图 1.3.2－2（f）所示，短路电流具有高频分量，动态相量模型得出的结果也呈现出高频变化的特点。

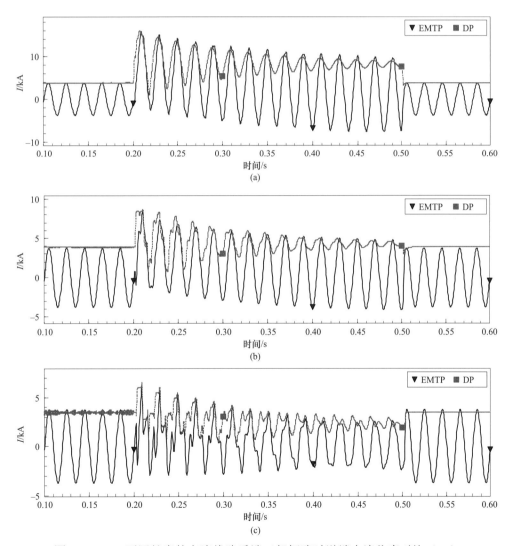

图 1.3.2－2　不同长度的交流线路受端三相短路时送端电流仿真对比（一）
（a）交流线路长度为 300km；（b）交流线路长度为 600km；（c）交流线路长度为 900km

（4）当线路长度很长时，如图 1.3.2 - 2（g）～图 1.3.2 - 2（j）所示，短路电流呈现被"调制"的交流电流特征，动态相量模型结果则为"调制"交流电流的轮廓线。

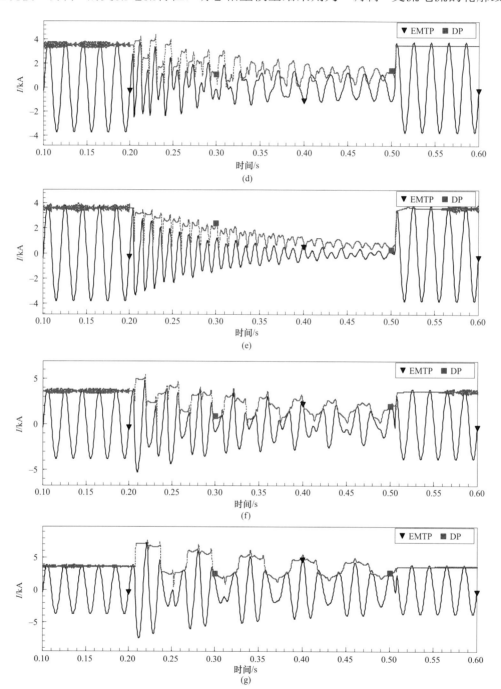

图 1.3.2 - 2　不同长度的交流线路受端三相短路时送端电流仿真对比（二）

（d）交流线路长度为1200km；（e）交流线路长度为1500km；（f）交流线路长度为1800km；

（g）交流线路长度为2100km

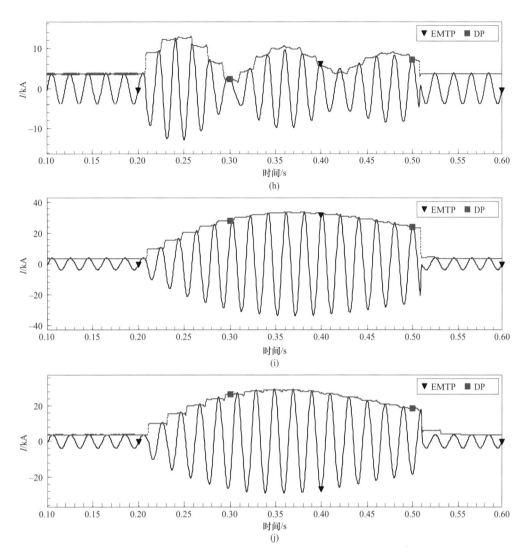

图 1.3.2 – 2　不同长度的交流线路受端三相短路时送端电流仿真对比（三）

（h）交流线路长度为 2400km；（i）交流线路长度为 2700km；（j）交流线路长度为 3000km

可见，随着交流线路长度的变化，其短路电流特征也随之改变，分布参数动态相量模型均能较好地模拟出这些特征变化。

线路不同模型的精度和适用范围不同，在进行机电暂态仿真时应根据线路长度及工程精度要求进行选择。

（1）单导体线路的动态相量模型适用于任意长度线路（0～3000km），相—序变换矩阵仅适用于在空间结构上完全对称的三相交流线路。

（2）目前观察到有两种情形可能引起系统的串联谐振，从而导致线路上的过渡过程不可忽略：一是当线路的长度增加到一定程度（见本篇 3.1）；二是系统内某些串联补偿电容近区发生短路（见本篇 2.4.2，即使线路长度不超过 230km）。也就是说，在系统发生串联谐振的条件下，线路的各种稳态模型均不适用。

在系统不发生串联谐振的条件下：以图 1.2.1－1 和附录 A 确定的边界条件为例，线路分布参数模型、果列夫法简化模型适用于 0～1200km 线路；修正系数法简化模型适用于 0～500km 线路；倍乘集中参数模型适用于 0～250km 线路。

参　考　文　献

[1] 李光琦. 电力系统暂态分析（第三版）[M]. 北京：中国电力出版社，2007.

[2] 邱关源. 电路 [M]. 4版. 北京：高等教育出版社，1999.

[3] RYZHKOV. 超高压远距离输电 [M]. 王承民，姜松涛译. 北京：机械工业出版社，2013.

[4] 电力工业部电力规划设计总院. 电力系统设计手册 [M]. 北京：中国电力出版社，2014.

[5] 秦晓辉，申洪，周勤勇，等. 特高压串补线路沿线电压分布及串补布置方案研究 [J]. 中国电机工程学报，2011，31（25）：43-49.

[6] 黄胜利，宋瑞华，赵宏图，等. 应用动态相量模型分析高压直流输电引起的次同步振荡现象 [J]. 中国电机工程学报，2003，23（7）：1-4.

[7] 黄胜利，周孝信. 分布参数输电线路的时变动态相量模型及其仿真 [J]. 中国电机工程学报，2002，22（11）：1-5.

[8] 应迪生，张明，陈家荣. 三相分布参数线路动态相量法的建模与仿真 [J]. 中国电机工程学报，2007，27（34）：46-51.

[9] 张彦涛，秦晓辉，汤涌，等. 输电线路工频动态相量模型在半波长交流输电系统机电暂态仿真中的应用研究 [J]. 中国电机工程学报，2017，37（18）：5294-5302.

[10] 邱丽萍，张彦涛，王蒙，等. 适用于交流长线路的动态相量时域短路电流计算方法研究 [J]. 中国电机工程学报，2019，39（13）：3736-3744.

[11] Wolf A A，SHCHERBACHEV O V. On normal working conditions of compensated lines with half-wave characteristics [J]. Elektrichestvo，1940（1）：147-158（in Russian）.

[12] HUBERT F J，GENT M R. Half-wavelength power transmission lines [J]. IEEE Transactions on Power Apparatus and Systems，1965，84（10）：965-974.

[13] PRABHAKARA F S，PARTHASARATHY K，RAMACHANDRA RAO H N. Analysis of natural half-wave-length power transmission lines [J]. IEEE Transactions on Power Apparatus and Systems，1969，PAS-88（12）：1787-1794.

[14] PRABHAKARA F S，PARTHASARATHY K，RAMACHANDRA RAO H N. Performance of tuned half-wave-length power transmission lines [J]. IEEE Transactions on Power Apparatus and Systems，1969，88（12）：1795-1802.

[15] ILICETO F，CINIREI E. Analysis of half-wave-length transmission lines with simulation of

corona losses [J]. IEEE Transactions on Power Delivery，3（4），1988：2081 – 2091.

[16] GATTA F M，ILICETO F. Analysis of some operation problems of half-wave length power transmission lines [C] //Proceedings of the 3rd AFRICON Conference. Ezulwini Valley，Swaziland：the 3rd AFRICON Conference，1992：59 – 64.

[17] SANTOS G Jr. FACTS-controlled half-wavelength transmission line evaluation（in Portuguese）[C] // COPPE/UFRJ. Brazil：COPPE/UFRJ，2003：1787 – 1794.

[18] TAVARES1 M C，PORTELA C M. Half-wave length line energization case test–Proposition of a real test [C] //2008 International Conference on High Voltage Engineering and Application. Chongqing，China：2008 International Conference on High Voltage Engineering and Application，2008：261 – 264.

[19] 郑健超. 智能电力设备与半波长交流输电 [J]. 中国电机工程学会动力与电气工程，2009（10）：12 – 15.

[20] 周孝信. 新能源变革中电网和电网技术的发展前景 [J]. 华电技术，2011，33（12）：1 – 5.

[21] 王冠，吕鑫昌，孙秋芹，等. 半波长交流输电技术的研究现状与展望 [J]. 电力系统自动化，2010，34（16）：13 – 19.

[22] 孙玉娇，周勤勇，申洪. 未来中国输电网发展模式的分析与展望 [J]. 电网技术，2013，37（7）：1929 – 1935.

[23] 王义红，周勤勇，卜广全，等. FACTS 和新型输电技术发展现状及在我国特高压电网中的应用前景研究 [J]. 电工电能新技术，2013，32（4）：84 – 90.

[24] 梁旭明. 半波长交流输电技术研究及应用展望 [J]. 智能电网，2015，3（15）：1091 – 1096.

[25] 中国电力科学研究院. 特高压半波长交流输电技术经济可行性初步研究 [R]. 2010.

[26] 中国电力科学研究院. 特高压半波长交流输电系统稳态特性及暂态稳定研究 [R]. 2010.

[27] 秦晓辉，张志强，徐征雄，等. 基于准稳态模型的特高压半波长交流输电系统稳态特性与暂态稳定研究 [J]. 中国电机工程学报，2011，31（31）：66 – 76.

[28] 王玲桃，崔翔. 特高压半波长交流输电线路稳态特性研究 [J]. 电网技术，2011，35（9）：7 – 12.

[29] 张志强，秦晓辉，王皓怀，等. 特高压半波长交流输电线路稳态电压特性 [J]. 电网技术，2011，35（9）：33 – 36.

[30] 张志强，秦晓辉，徐征雄，等. 特高压半波长交流输电技术在我国新疆地区电源送出规划中的暂态稳定性研究 [J]. 电网技术，2011，35（9）：42 – 45.

[31] 周静姝，马进，徐昊，等. 特高压半波长交流输电系统稳态及暂态运行特性 [J]. 电网技

术，2011，35（9）：28－32.

［32］国网电力科学研究院. 特高压半波长交流输电技术内部过电压研究［R］. 2010.

［33］中国电力科学研究院. 特高压半波长交流输电技术电磁暂态及绝缘配合研究［R］. 2010.

［34］娄颖，周沛洪，修木洪，等. 特高压半波长交流输电线路电磁暂态仿真［J］. 高电压技术，2012，38（6）：1459－1465.

［35］韩彬，林集明，班连庚，等. 特高压半波长交流输电系统电磁暂态特性分析［J］. 电网技术，2011，35（9）：22－27.

［36］国网北京经济技术研究院. 特高压半波长交流输电技术经济性与可靠性评估［R］. 2010.

［37］宋云亭，周霄，李碧辉，等. 特高压半波长交流输电系统经济性与可靠性评估［J］. 电网技术，2011，35（9）：1－6.

［38］孙珂. 特高压半波长交流输电经济性分析［J］. 电网技术，2011，35（9）：51－54.

［39］梁旭明，张彦涛，秦晓辉，等. 基于特高压交流半波长技术的立体电网构建研究［J］. 电网技术，2016，40（11）：3415－3419.

［40］李肖，杜丁香，刘宇，等. 半波长输电线路差动电流分布特征及差动保护原理适应性研究［J］. 中国电机工程学报. 2016，36（24）：6802－6808.

［41］杜丁香，王兴国，柳焕章，等. 半波长线路故障特征及保护适应性研究［J］. 中国电机工程学报，2016，36（24）：6788－6795.

［42］周泽昕，柳焕章，郭雅蓉，等. 适用于半波长线路的假同步差动保护［J］. 中国电机工程学报，2016，36（24）：6780－6787.

［43］郭雅蓉，周泽昕，柳焕章，等. 时差法计算半波长线路差动保护最优差动点［J］. 中国电机工程学报，2016，36（24）：6796－6801.

［44］Щербаков В.К. Настроенные электропередачи/ Новосибирск: Издательство СО АН СССР, 1963, 274с.

［45］Зильберман С.М., Самородов Г.И. Сверхдальние электропередачи полуволнового типа, Новосибирск, 2010, 326с.

［46］Вершков В.А. Комплексные испытания полуволновой электропередачи в сети 500кВ ЕЭС Европейской части СССР//Электричество, 1968, №8. – С.10 – 16.

［47］Бушуев В.В. О перспективах применения полуволновых и настроенных электропередач// Научные труды Сибнииэ, 1978, вып.71.

第二篇

交流长线路电磁暂态模型及仿真

本篇主要分析常规电磁暂态仿真对交流长线路的适应性问题。对于交流长线路，电磁暂态仿真中的线路贝瑞隆模型及频率相关模型都是适用的，但需要注意是，随着线路长度的增加和线路沿线走廊环境的多样化，对于线路单位长度电气参数的计算需要更加精细化，需要考虑土壤电阻率、邻近线路、线路架线方式及频率偏差等影响因素。当线路的长度达到一定数值（如半波长线路）时，整个长线路的特性将发生很大甚至颠覆性变化（详见第三篇），相应地，需要改变短线路仿真时的通常做法。如发电机模型需要从采用电压源和等值电抗的简单模型改为详细模型；一些设备的常规用途发生改变，如利用避雷器抑制线路沿线工频过电压（通常用来抑制操作过电压），在线路沿线加装高速接地开关抑制潜供电流（通常只在线路两端）等。

第1章
长线路电磁暂态模型及其影响因素分析

1.1 长线路电磁暂态模型

长线路的电阻、电抗、电容是沿线路均匀分布的，一般不能当作集中元件处理，有些参数还是频率的函数，在电磁暂态计算中需要考虑频率变化的影响。对于研究短路电流或潮流时，一般只需要线路的工频正序、零序参数，这些参数可以从手册查到，或者用简单公式计算得出。但在电磁暂态计算中，线路参数仅采用简单公式计算是不够的，通常需要采用程序计算的方法得到详细的线路参数。

长线路可看作由 n 条平行导线组成，根据多导体传输线理论[1]，线路上电压和电流的分布可用以下两个方程描述：

$$\frac{\mathrm{d}}{\mathrm{d}x}U = -ZI \tag{2.1.1-1}$$

$$\frac{\mathrm{d}}{\mathrm{d}x}I = -\mathrm{j}\omega CU \tag{2.1.1-2}$$

式中：$U = [U_1 U_2 \cdots U_n]^{\mathrm{T}}$；$I = [I_1 I_2 \cdots I_n]^{\mathrm{T}}$；$Z$ 和 C 分别为多导体传输线的阻抗和电容矩阵。

以特高压交流单回输电线路为例，其包括三相线路和两条地线，每相线路均采用 8 分裂导线结构，共有 26 条导体传输线，因此 Z 和 C 应为 26 阶矩阵。通过消除地线、合并相导线，可以简化得到等值相导线矩阵，单回三相线路可表示为：

$$\frac{\mathrm{d}}{\mathrm{d}x}\begin{bmatrix} U_A \\ U_B \\ U_C \end{bmatrix} = -\begin{bmatrix} Z_{AA} & Z_{AB} & Z_{AC} \\ Z_{BA} & Z_{BB} & Z_{BC} \\ Z_{CA} & Z_{CB} & Z_{CC} \end{bmatrix}\begin{bmatrix} I_A \\ I_B \\ I_C \end{bmatrix} \tag{2.1.1-3}$$

$$\frac{\mathrm{d}}{\mathrm{d}x}\begin{bmatrix} I_A \\ I_B \\ I_C \end{bmatrix} = -\mathrm{j}\omega\begin{bmatrix} C_{AA} & C_{AB} & C_{AC} \\ C_{BA} & C_{BB} & C_{BC} \\ C_{CA} & C_{CB} & C_{CC} \end{bmatrix}\begin{bmatrix} U_A \\ U_B \\ U_C \end{bmatrix} \tag{2.1.1-4}$$

简化后的串联阻抗矩阵中，对角线元素为相导线对大地和地线形成环路的串联自阻抗，非对角线元素为两相导线间的串联互阻抗。电容矩阵中，对角线元素为相导线与另外两相间电容及对地电容的总和，非对角线元素则为两相间电容的负值。

式（2.1.1-3）和式（2.1.1-4）是电磁暂态仿真中线路模型的基础。根据电磁暂态仿真关注的时间范围不同，一般常采用多相 Π 模型、贝瑞隆模型（固定参数的分布参数模型）和频率相关模型等。

1.1.1   多相 Π 模型

对于在特定频率下，如工频过电压、潜供电流及感应电压与电流的稳态计算时，常用多相 Π 形电路来模拟输电线路，如图 2.1.1-1 所示。这种多相 Π 形电路可用一个串联阻抗矩阵和在端部的两个相等的并联电容矩阵表示。这种串接 Π 形电路在特定频率范围内能够很好地近似线路参数的均匀分布，对于常规短线路工频下稳态计算可以达到较好的准确度。

在进行暂态过程研究时，Π 形电路模型在某些情况下可能并不适用，如它不能模拟频率相关线路参数，同时还会产生由于参数集中所引起的虚假振荡。

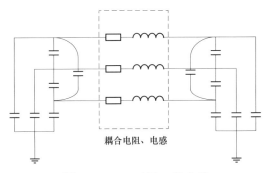

耦合电阻、电感

图 2.1.1-1   三相 Π 形电路

1.1.2   贝瑞隆模型

对于故障过电压、合闸操作过电压以及断路器开断瞬态恢复电压等问题的研究，多关注暂态求解，采用分布参数模型对长线路进行模拟是更好的选择。贝瑞隆模型[2,3]是一种基于行波理论的简单定常频率分布参数模型。根据波过程原理，应用波的多次折、反射进行分析，即可从由分布参数输电线路的微分方程推导出理想输电线路的贝瑞隆模型。该模型的核心是把分布参数元件等值为集中参数元件，以便用比较通用的集中参数的数值求解法来计算线路上的波过程。

对于实际输电线路，若忽略对地电导，则线路上的电阻、电感及电容一样具有分布特性。考虑电阻损耗，可以将整条线路的贝瑞隆模型划分成若干小段并把集中电阻插入到各分段间，这样做对计算结果影响不大，线路仅分为两个分段并分别在送受端加入集中电阻已经足够准确。在假设 $R/4 \ll Z_C$ 的条件下（其中 Z_C 是特征阻抗或波阻抗），图 2.1.1−2 所示的集中等效电阻模型能够给出合理的数值解[2]。

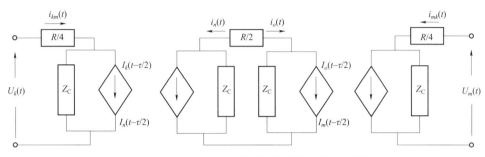

图 2.1.1−2   集中损耗线路的等效双端口网络

将中点的电阻对半分配给两侧的线路，会得到图 2.1.1−3 所示的半分线路模型。

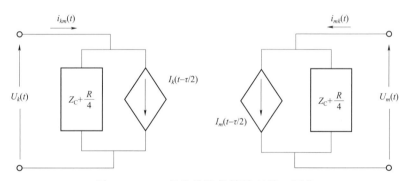

图 2.1.1−3   半分线路的等效双端口网络

根据图 2.1.1−3：

$$i_{km}(t) = \frac{1}{Z_C + R/4} U_k(t) + I_k(t - \tau/2) \qquad (2.1.1-5)$$

并且：

$$I_k(t - \tau/2) = \frac{-1}{Z_C + R/4} U_m(t - \tau/2) - \left(\frac{Z_C - R/4}{Z_C + R/4} \right)(i_m)(t - \tau/2) \quad (2.1.1-6)$$

然后，级联两个半分线路并且消除中间变量，当仅关心端口量时，就会得到图 2.1.1−4 所示的等效模型。

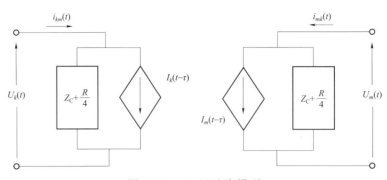

图 2.1.1 - 4　贝瑞隆模型

贝瑞隆模型和前面的模型具有相同的形式,但是代表历史项的电流源更加复杂,因为它包含了 $(t-\tau)$ 时刻线路两端的计算条件。如 k 端的电流源表示成为:

$$I'_k(t-\tau) = \frac{-Z_C}{(Z_C+R/4)^2}[U_m(t-\tau)+(Z_C-R)i_{mk}(t-\tau)]$$
$$+\frac{-R/4}{(Z_C+R/4)^2}[U_k(t-\tau)+(Z_C-R/4)i_{km}(t-\tau)] \qquad (2.1.1-7)$$

通过将标量电压和电流替换成向量并且采用电感和电容矩阵,可描述多导体传输线路频域的波动方程:

$$-\left[\frac{\mathrm{d}U_{\mathrm{phase}}}{\mathrm{d}x}\right] = [Z'_{\mathrm{phase}}][I_{\mathrm{phase}}] \qquad (2.1.1-8)$$

$$-\left[\frac{\mathrm{d}I_{\mathrm{phase}}}{\mathrm{d}x}\right] = [Y'_{\mathrm{phase}}][U_{\mathrm{phase}}] \qquad (2.1.1-9)$$

取二阶微分,可以消除其中的电压或电流向量:

$$-\left[\frac{\mathrm{d}^2 U_{\mathrm{phase}}}{\mathrm{d}x^2}\right] = [Z'_{\mathrm{phase}}]\left[\frac{\mathrm{d}I_{\mathrm{phase}}}{\mathrm{d}x}\right] = -[Z'_{\mathrm{phase}}][Y'_{\mathrm{phase}}][U_{\mathrm{phase}}] \qquad (2.1.1-10)$$

$$-\left[\frac{\mathrm{d}^2 I_{\mathrm{phase}}}{\mathrm{d}x^2}\right] = [Y'_{\mathrm{phase}}]\left[\frac{\mathrm{d}U_{\mathrm{phase}}}{\mathrm{d}x}\right] = -[Y'_{\mathrm{phase}}][Z'_{\mathrm{phase}}][I_{\mathrm{phase}}] \qquad (2.1.1-11)$$

传统上,式(2.1.1 - 10)和式(2.1.1 - 11)中矩阵包含非对角元素的复杂性,可以通过转化到自然模态进行简化处理。应用特征值分析产生对角阵,从而将相域中的耦合方程组转化为模态域中的解耦方程组。模态域中的每个方程都作为单相线路,用模态传播时间和模态波阻抗进行求解。

对于电压和电流,相量和模态量之间的变换矩阵是不同的,即:

$$[U_{\text{phase}}] = [T_u][U_{\text{mode}}] \qquad (2.1.1-12)$$

$$[I_{\text{phase}}] = [T_i][I_{\text{mode}}] \qquad (2.1.1-13)$$

将式（2.1.1-12）代入式（2.1.1-10），得到：

$$\left[\frac{\mathrm{d}^2[T_u]U_{\text{mode}}}{\mathrm{d}x^2}\right] = [Z'_{\text{phase}}][Y'_{\text{phase}}][T_u][U_{\text{mode}}] \qquad (2.1.1-14)$$

因此有：

$$\left[\frac{\mathrm{d}^2 U_{\text{mode}}}{\mathrm{d}x^2}\right] = [T_u]^{-1}[Z'_{\text{phase}}][Y'_{\text{phase}}][T_u][U_{\text{mode}}] = [\Lambda][U_{\text{mode}}] \qquad (2.1.1-15)$$

为了确定可以将 $[Z'_{\text{phase}}][Y'_{\text{phase}}]$ 进行对角化的矩阵 $[T_u]$，需要求得该矩阵的特征值和特征向量。PSCAD/EMTDC 采用了 Wedepohl 开发的平方根技术进行特征值分析[2]。

一旦特征值分析结束，便可以得到：

$$[Z_{\text{mode}}] = [T_u]^{-1}[Z'_{\text{phase}}][T_i] \qquad (2.1.1-16)$$

$$[Y_{\text{mode}}] = [T_i]^{-1}[Y'_{\text{phase}}][T_u] \qquad (2.1.1-17)$$

$$[Z_{\text{surge }i}] = \sqrt{\frac{Z_{\text{mode}}(i,i)}{Y_{\text{mode}}(i,i)}} \qquad (2.1.1-18)$$

其中，$[Z_{\text{mode}}]$ 和 $[Y_{\text{mode}}]$ 是对角矩阵。

考虑模态 i，即从式（2.1.1-15）中取出第 i 个方程，得到：

$$\left[\frac{\mathrm{d}^2 U_{\text{mode }i}}{\mathrm{d}x^2}\right] = \Lambda_{ii} U_{\text{mode }i} \qquad (2.1.1-19)$$

在线路上点 x 处的通解是：

$$U_{\text{mode }i}(x) = \mathrm{e}^{-\gamma_i x} U_{\text{mode }i}^{\text{F}}(k) + \mathrm{e}^{\gamma_i x} U_{\text{mode }i}^{\text{B}}(m) \qquad (2.1.1-20)$$

式中：$\gamma_i = \sqrt{\Lambda_{ii}}$，$\Lambda_{ii}$ 为对角矩阵 $[\Lambda]$ 对角线上的元素；U^{F} 是前向行波；U^{B} 是反向行波。

式（2.1.1-20）包含两个任意积分常数，因此 n（n 是导体数量）个这样的方程要有 $2n$ 个任意常数。这对应 $2n$ 个边界条件，每个边界条件对应一个导体的一端。相应的矩阵方程是：

$$U_{\text{mode}}(x) = [\mathrm{e}^{-\gamma x}]U_{\text{mode}}^{\text{F}}(k) + [\mathrm{e}^{\gamma x}]U_{\text{mode}}^{\text{B}}(m) \qquad (2.1.1-21)$$

1.1.3   频率相关模型

在故障过电压、合闸操作过电压以及断路器开断瞬态恢复电压等电磁暂态现象波形与峰值特性的精确仿真模拟中，线路参数的频率相关特性是一个非常重要的因素。频率相关线路模型[2-3]由分布线路参数构成，并考虑了频率相关特性，是研究电磁暂态问题要着重考虑的线路模型。其中，线路电阻和电感根据集肤效应和地回路条件按频率的函数来计算；并联电导 G 不为零（缺省值为 0.2×10^{-9}S/km）。

由于线路参数是频率的函数，相关方程首先应当在频域中进行描述，并采用曲线拟合将频率相关参数包含到仿真模型当中。两个影响波传播的重要频率相关参数是特征阻抗 Z_C 和传播常数 γ。不是在频域中的每个频段单独描述 Z_C 和 γ，而是将它们表示成频率的连续函数，并用一个拟合的有理函数作为近似。

特征阻抗由下式给出：

$$Z_\mathrm{C}(\omega) = \sqrt{\frac{R'(\omega) + \mathrm{j}\omega L'(\omega)}{G'(\omega) + \mathrm{j}\omega C'(\omega)}} = \sqrt{\frac{Z'(\omega)}{Y'(\omega)}} \qquad （2.1.1-22）$$

传播常数为：

$$\gamma(\omega) = \sqrt{[R'(\omega) + \mathrm{j}\omega L'(\omega)][G'(\omega) + \mathrm{j}\omega C'(\omega)]} = \alpha(\omega) + \mathrm{j}\beta(\omega) \qquad （2.1.1-23）$$

阻抗的频率相关性在零序模态中最为明显。

通过一系列的变换，可以得到线路频域模型和诺顿等效形式，即：

$$I_k(\omega) = Y_\mathrm{C}(\omega)U_k(\omega) - A(\omega)[I_m(\omega) + Y_\mathrm{C}(\omega)U_m(\omega)] \qquad （2.1.1-24）$$

图 2.1.1-5 给出了频率相关线路模型的诺顿等效。

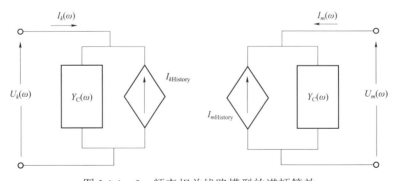

图 2.1.1-5   频率相关线路模型的诺顿等效

频率相关线路模型目前较为成熟、应用较多的是由 J.Marti 所提出的 Marti 模型。该模型有关理论推导可参见参考文献 [4]，本书不再详述。

1.2 长线路的精细化建模

对于半波长线路，由于跨度区域大，沿线环境会发生变化，有些环境因素如土壤、邻近线路会影响线路的单位长度电气参数。另外，线路的架设方式也可能会发生变化，如在部分风沙较大的区域采用更稳固的紧凑型结构。这些因素都会影响到线路的单位长度电气参数，进而影响到波传输过程。

可以依据这些因素的变化情况，将输电线路分解成一段段的均匀线路，即在每一段线路内，各种因素不发生变化，如土壤电阻率为同一数值、线路架设保持不变等。对于每段均匀线路，可以通过多导体传输线理论解析公式获得表征其两端电压、电流关系，进而通过各均匀段的级联，可以获得长线路的转移参数矩阵，再结合送受端的电源和负载情况，可以计算出送受端电压电流，最终再用转移参数矩阵作为桥梁计算出全线电压电流分布。

本节首先计算分析了土壤、邻近线路等因素对分布参数的影响，然后通过半波长线路精细化建模的几个案例，说明长线路精细化建模的必要性。

1.2.1 环境因素对线路单位长度电气参数的影响

1. 土壤电阻率的影响

以普通型线路（线路参数见表 2.1.2 – 1）为例，分别利用理论公式和 CDEGS 软件两种方法计算在 $100\Omega \cdot m$ 和 $1000\Omega \cdot m$ 土壤电阻率下的阻抗参数，两种方法的相对误差结果见表 2.1.2 – 2，其中相参数阻抗是从相参数阻抗矩阵中提取的对应相对误差最大的数。根据结果可知，理论公式和 CDEGS 软件两种方法的相对误差在 0.5%以内，说明理论公式计算是准确的；土壤电阻率对线路相参数阻抗和零序阻抗影响较大，对导纳和正（负）序阻抗影响很小。

表 2.1.2 – 1 单回普通型线路参数

项　　次		线　　路
架空地线	型号	JLB20A – 170
	水平距离	两根地线对中心线水平距离：14m
	塔上悬挂高度	77m
	弧垂	12.5m
	地线是否分段	是
导线	型号	$8 \times LGJ - 500/35$

续表

项　次		线　路
导线	分裂间距	0.4m
	水平距离	上导线对中心线的水平距离：0m 下导线（两相对称）对中心线的水平距离：16m
	塔上悬挂高度	上导线：65m 下导线（两相）：45m
	弧垂	18.5m
	档距	400m

表 2.1.2－2　普通型线路土壤电阻率分别为 100Ω·m 和 1000Ω·m 下的阻抗参数

土壤电阻率 /（Ω·m）	项目	相参数阻抗 /（10^{-5}Ω·m^{-1}）	正（负）序阻抗 /（10^{-4}Ω·m^{-1}）	零序阻抗 /（10^{-4}Ω·m^{-1}）
100	理论公式	5.653＋j14.16	0.081 89＋j2.616	1.778＋j6.864
	CDEGS 软件	5.753＋j14.14	0.080 85＋j2.618	1.763＋j6.856
	相对误差	0.12%	0.08%	0.16%
1000	理论公式	6.838＋j16.53	0.080 22＋j2.617	2.132＋j7.577
	CDEGS 软件	6.959＋j16.38	0.079 12＋j2.619	2.112＋j7.564
	相对误差	0.5%	0.08%	0.2%
1000Ω·m 相对于 100Ω·m 的相对误差		14.8%	0.04%	9.9%

2. 邻近线路的影响

以普通型线路（线路参数见表 2.1.2－1）为例，计算邻近线路水平距离从 20m 变化到 200m，线路相参数阻抗矩阵和相参数导纳矩阵中的元素相对于不存在邻近线路时的变化量，如图 2.1.2－1（a）和图 2.1.2－1（b）所示。根据结果可得，邻近线路水平距离越小，对该输电线路的单位长度电气参数影响越大，且对离邻近线路最近的相导线影响最大；邻近线路对该输电线路互阻抗和互导纳的影响比自阻抗和自导纳的影响更大。

3. 频率的影响

频率的影响即分析频率变化对输电线路分布参数的影响。尽管输电线路正常运行在工频 50Hz 的工作频率，但是在实际中会出现 50Hz 以外频率的情况。例如，工作频率可能会在 50Hz 左右稍有波动，线路上存在谐波污染，雷击、短路故障、开关操作等电磁暂态过程会出现丰富的频率分量。以工作频率波动为例，如果工作频率从 50Hz 变为 49.5Hz（1%的减少率），则对应半波长线路的长度会增加约 30km。

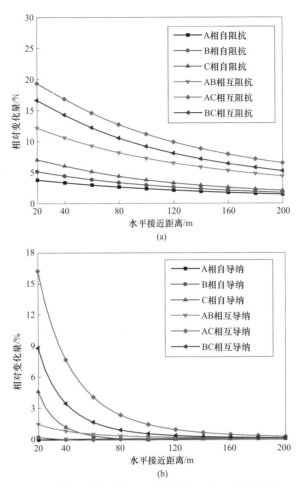

图 2.1.2 - 1　线路单位长度电气参数随水平接近距离变化关系
（a）阻抗；（b）导纳

以普通型线路（线路参数见表 2.1.2 - 1）为例，计算不同频率下线路正序、负序和零序的单位长度电阻、电感和电容。根据表 2.1.2 - 3 中的结果可得，频率改变对线路单位长度电阻（正、负、零序）、电感（零序）的影响较大，对单位长度电容（正、负、零序）无影响。

表 2.1.2 - 3　　　　　　　　　不同频率下线路的参数

频率 /Hz	正　序			零　序		
	电阻 10^{-3} / $(\Omega \cdot m^{-1})$	电感 / $(\mu H \cdot m^{-1})$	电容 / $(pF \cdot m^{-1})$	电阻 10^{-3} / $(\Omega \cdot m^{-1})$	电感 / $(\mu H \cdot m^{-1})$	电容 / $(pF \cdot m^{-1})$
15	0.007 46	0.835	13.8	0.085 2	2.85	8.46
25	0.007 67	0.834	13.8	0.126	2.52	8.46
45	0.008 09	0.833	13.8	0.171	2.22	8.46

续表

频率/Hz	正 序			零 序		
	电阻 10^{-3} / $(\Omega \cdot m^{-1})$	电感 / $(\mu H \cdot m^{-1})$	电容 / $(pF \cdot m^{-1})$	电阻 10^{-3} / $(\Omega \cdot m^{-1})$	电感 / $(\mu H \cdot m^{-1})$	电容 / $(pF \cdot m^{-1})$
50	0.008 19	0.833	13.8	0.178	2.18	8.46
55	0.008 28	0.833	13.8	0.184	2.16	8.46
1000	0.031 6	0.826	13.8	1.15	1.78	8.46

1.2.2 长线路建模计及的因素

以特高压半波长线路为例，由于半波长线路比较长，如果线路沿线存在反射点，可能导致沿线电压、电流的不均匀分布，功率输送效率降低，沿线可能出现过电压和过电流。因此，必须用传输线理论进行建模，并考虑复杂环境因素的影响，如线路弧垂、邻近线路、土壤电阻率、混合架设线路和三相不对称等，如图 2.1.2 - 2 所示。

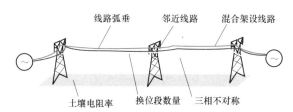

图 2.1.2 - 2 精细化传输线模型考虑因素示意图

根据半波长线路途经区域环境的不同，如所处的土壤电阻率、线路弧垂、有无邻近线路、线路类型等因素的不同，将半波长输电线路分为 n 段，如图 2.1.2 - 3 所示。

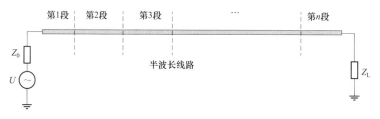

图 2.1.2 - 3 半波长线路分段示意图

整条半波长线路可看作所有分段线路级联，如图 2.1.2 - 4 所示。

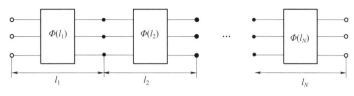

图 2.1.2 - 4　全线路级联

根据前述的相关理论，可得到半波长线路送端的电压、电流和受端的电压、电流的关系式，如式（2.1.2 - 1）所示。只需知道送端电压、电流和受端电压、电流中任意两个量，就能根据式（2.1.2 - 1）求出其他两个量。

$$\begin{bmatrix} U(l) \\ I(l) \end{bmatrix} = \Phi(l_N)\cdots\Phi(l_2)\Phi(l_1)\begin{bmatrix} U(0) \\ I(0) \end{bmatrix}$$
（2.1.2 - 1）

1.2.3　精细化传输线模型算例

1. 算例一

计算土壤电阻率对半波长线路的电压、电流和功率分布的影响。利用两条均匀线路和一条分段线路作比较，均匀线路参数见表 2.1.2 - 4 和表 2.1.2 - 5，分段线路 1 的参数见表 2.1.2 - 6。

表 2.1.2 - 4　　　　　　　　紧凑型线路参数

项　　次	参　　数
地线型号	JLB20A - 170
地线对中心线水平距离	10.36m
地线塔上悬挂高度	77m
地线弧垂	15m
导线型号	10×LGJ - 630/45
导线分裂间距	0.4m
导线对中心线水平距离	上导线（两相）：7.55m；下导线：0m
导线悬挂高度	上导线（两相）：60.8m；下导线：47.5m

表 2.1.2 - 5　　　　　　　　均匀线路的参数

名　　称	线长/km	类　　型	土壤电阻率/（Ω·m）
均匀线路 1	3000	紧凑型	100
均匀线路 2	3000	紧凑型	2000

表 2.1.2 − 6   分 段 线 路 1 的 参 数

名 称	第 1 段	第 2 段	第 3 段
线长/km	1200	300	1500
类型	紧凑型	紧凑型	紧凑型
土壤电阻率/（Ω·m）	100	2000	1000

土壤电阻率主要影响半波长线路的零序阻抗参数。在三相不对称运行条件下，假设均匀线路 1、2 C 相受端开路，沿线电压和电流分布如图 2.1.2 − 5 所示。可以看出，三相不对称运行时土壤电阻率对线路沿线电压和电流分布有较大影响；在三相对称运行方式下，土壤电阻率影响则很小，如图 2.1.2 − 6 所示。

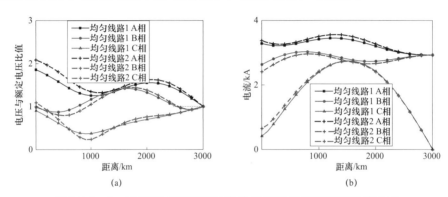

图 2.1.2 − 5 三相不对称运行时半波长线路沿线电压和电流分布
（a）沿线电压分布；（b）沿线电流分布

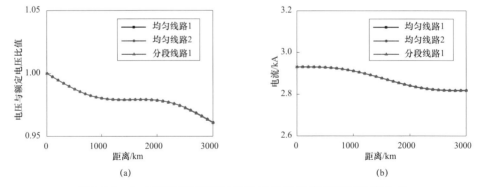

图 2.1.2 − 6 三相对称运行时半波长线路沿线电压和电流分布
（a）沿线电压分布；（b）沿线电流分布

2. 算例二

计算线路混合架设对半波长线路的电压、电流和功率分布的影响。利用均匀线路 1 和分段线路 2 作比较，分段线路 2 的参数见表 2.1.2 − 7。其中普通型线路的参数见表 2.1.2 − 1。

表 2.1.2 – 7　　　　　　　　　　　　分 段 线 路 2 的 参 数

名　称	第 1 段	第 2 段	第 3 段
线长/km	1200	300	1500
类型	紧凑型	普通型	紧凑型
土壤电阻率/（Ω·m）	100	100	100

图 2.1.2 – 7 为半波长均匀线路 1 和分段线路 2 的沿线电压和电流分布图。可以看出，混合架设的半波长线路沿线电压和电流分布与均匀线路的差别较大。研究表明，混合架设线路中普通型线路位置及长度改变，对半波长线路沿线电压和电流分布影响较大。

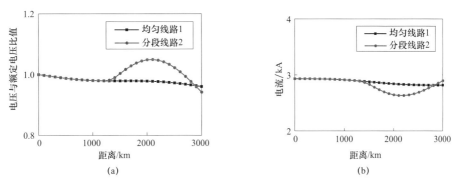

图 2.1.2 – 7　半波长均匀线路 1 和分段线路 2 沿线电压和电流分布
（a）沿线电压分布；（b）沿线电流分布

通过比较均匀线路、分段线路和三相不对称运行线路的沿线电压和电流分布，可以看出：

（1）土壤电阻率对线路零序参数有一定影响，对正序参数基本没有影响。土壤电阻率对三相不对称运行的半波长线路影响相对偏大，但一般不超过 10%。具体影响程度与土壤电阻率差异、线路不对称程度有关。土壤电阻率对三相对称运行的半波长线路影响很小。

（2）线路混合架设对半波长线路有影响，影响的大小与混合线的占比、位置有关。

（3）综合考虑各种因素，不能简单地将半波长线路途经区域的环境看作相同的来处理，需根据半波长线路途经区域的具体环境，分段精细化建模。

在本精细化传输线建模中考虑的影响因素都是人为设定的，最终要结合实际线路的实际情况进行计算，并且在线路建设完毕后，应进行实测矫正。

第 2 章
长线路的电磁暂态仿真

2.1　长线路过电压仿真

2.1.1　过电压分类

电力系统过电压按其产生的机理或起因可分为大气过电压和内部过电压[5-6]两大类。大气过电压是由电力系统外部雷电引起的过电压，又称外部过电压或雷电过电压。内部过电压是指由于电力系统故障或开关操作引起电网中电磁能量的转化，从而造成瞬时或持续时间较长的高于电网额定允许电压并对电气装置造成威胁的电压升高。内部过电压是电力系统中的一种电磁暂态现象，与系统条件、线路和设备参数等紧密相关，本书中也主要关注内部过电压。

内部过电压分为操作过电压和暂时过电压两大类[5-6]。在故障或操作时瞬间发生的过渡过程过电压称为操作过电压，其持续时间一般在几十毫秒之内。在暂态过渡过程结束以后出现持续时间大于 0.1s 至数秒甚至数小时的持续性过电压称为暂时过电压。由于现代超/特高压电力系统的保护日趋完善，在超/特高压电网出现的暂时过电压持续时间很少超过数秒以上。内部过电压能量来源于系统内部，因此过电压幅值和系统的额定电压有关，随着系统额定电压的提高，内部过电压的幅值亦增长。因此内部过电压的大小通常用其幅值与系统最高运行相电压的幅值之比表示。

过电压还可按照过电压的波形和持续时间分为暂时过电压（包括工频过电压和谐振过电压）、缓波前过电压、快波前过电压和特快速波前（VFFO）过电压。暂时过电压的波形为工频（50Hz 或 60Hz），持续时间可达数秒以至数分钟以上；缓波前过电压，波头长度一般在 20～5000μs；快波前过电压，波头长度一般在 0.1～20μs，波尾长度一般小于 300μs；特快波前过电压，波头时间较短，一般在 3～100ns。按过电压波形特点划分的目的，是为了方便在实验室仿真电压冲击波，进行设备绝缘和保护装置的应力特性试验。

2.1.2　过电压仿真方法

过电压仿真中，需要所分析系统的详细电磁暂态模型，具体包括：

（1）输电线路模型。进行工频稳态工况下的计算时可采用 Π 形参数模型。涉及暂态过渡过程中的操作过电压计算时，需要采用考虑频率影响的分布式参数计算。

（2）变电站设备。避雷器一般采用非线性电阻来表示，变压器、电抗器等根据实际设备参数建立模型。

（3）有关动作时序特性。进行有关操作或故障时，需要考虑开关操作时刻或故障发生时间进行模拟，一般需要考虑其动作的随机性。

（4）发电机模型。在常规短线路过电压仿真时，过电压产生的电磁暂态过渡过程时间较短，一般在数十毫秒以内，发电机的励磁调节还未来得及动作，在上述时间尺度下，发电机模型一般可以采用电压源和等值电抗的简单模型来模拟。在长线路过电压仿真时，以半波长线路为例，当系统扰动引起线路功率波动，可能会在沿线产生持续时间较长的过电压，此种情况下必须建立发电机的详细模型。

2.2　潜供电流的仿真

2.2.1　潜供电流产生机理

我国超/特高压输电线路一般都采用单相重合闸，以提高系统运行的稳定水平。为了提高单相重合闸的成功率，应注意重合闸过程中的潜供电流和恢复电压问题。如图 2.2.2 - 1 所示，当线路发生单相（A 相）接地故障时，故障相两端断路器跳闸后，其他两相（B、C 相）仍在运行，且保持工作电压。由于相间电容 C_{12} 和相间互感 M 的作用，故障点仍流过一定的电流 I，即潜供电流，其电弧称为潜供电弧。

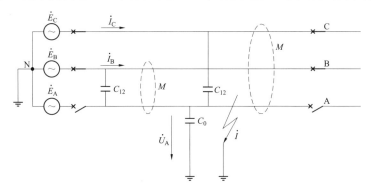

图 2.2.2 - 1　潜供电流示意图

2.2.2 潜供电流的仿真方法

长线路单相重合闸过程中的潜供电流和恢复电压计算应采用具有电磁暂态仿真功能的软件，如 EMTPE/EMTS、PSCAD/EMTDC、ATP－EMTP、EMTP－RV、NETOMAC 等。通常可只计算潜供电流和恢复电压的工频稳态解。其研究条件应该包括如下情况：

（1）发电机模型。常规线路进行潜供电流仿真时，可以采用电压源和等值电抗的简单模型来模拟。对于长线路，计算潜供电流稳态解时，也可采用上述简单模型。但在研究半波长线路单相重合闸过程中潜供电流变化过程时，发电机参数会影响重合闸期间线路健全相的功率波动，进而影响潜供电流的特性，此时需要建立发电机的详细模型。

（2）常规线路两侧系统网架结构对潜供电流与恢复电压的影响较小，可以不考虑系统短路容量的影响。但对于半波长线路，沿线某些故障点的潜供电流还与系统两侧等值阻抗有一定的关系，应针对不同系统短路容量开展研究。

（3）线路输送潮流及电压与潜供电流的恢复电压有关，应模拟线路可能出现的线路电压和潮流。

（4）输电线路宜采用常规 Ⅱ 形电路模型。

（5）故障位置影响。对于短线路，不同故障位置下的潜供电流水平变化不大；但对于长线路，不同故障位置潜供电流会有较大区别，尤其是半波长线路，因此在对长线路进行潜供电流计算时应对线路全线进行故障校验。

（6）对于同塔双回及多回线路，建模时应根据实际情况考虑线路的相序排列、线路换位、高压电抗器及其中性点小电抗配置、同塔双回及多回线路部分回路退出时的状态（包括检修和热/冷备用）等因素。

2.3 断路器开断瞬态恢复电压

2.3.1 瞬态恢复电压概念

断路器在开断电流时，在电弧熄灭后其断口两端电压将由电弧电压 u_a 上升到电源电压 u。首先出现的电压具有瞬态特征，称为瞬态恢复电压（transient recovery voltage，TRV），其存在的时间很短，只有几十微秒至几毫秒。TRV 与其后出现的工频稳态恢复电压统称为恢复电压[7]，如图 2.2.3－1 所示。从灭弧的角度来讲，瞬

态恢复电压具有决定性的意义，是关系到断
路器能否成功开断的关键，许多场合下提到
的恢复电压往往就是指瞬态恢复电压。

　　断路器的 TRV 作为一种参考电压，与额
定短路开断电流一起构成了断路器短路开断
试验中的重要参数。为了合理的表示 TRV，
通常有两种表示方法。对于电压 110kV 及以
上的系统，通常用图 2.2.3 - 2 (a) 所示的四
参数法；对于电压低于 110kV 的系统，瞬态

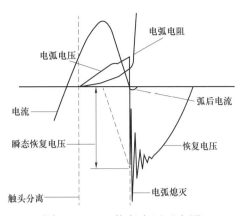

图 2.2.3 - 1　恢复电压示意图

恢复电压近似于一种单频的阻尼振荡，通常用图 2.2.3 - 2 (b) 所示的两参数表示法。
显然，两参数法是四参数法的特殊情况。

　　此外，在某些情况下，还应引入一个时延来考虑杂散电容参数的影响（如断路
器断口电容、GIS 母线对地电容、电源侧等效电容等），这些杂散电容造成 TRV 最
初几微秒内出现一个较低的电压上升率，降低了瞬态恢复电压的初始上升率，而显
然实际试验时的预期试验 TRV 波形应高于该时延线。

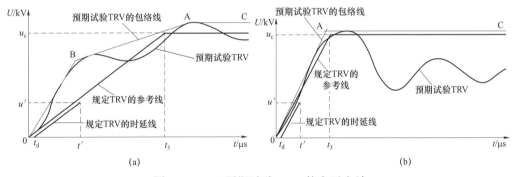

图 2.2.3 - 2　预期试验 TRV 的表示方法

（a）四参数法；（b）两参数法

　　对于 TRV，主要有峰值和上升率两个考核指标。对于特高压线路断路器，我国
率先基于前期开展的科研工作和型式试验的成果，提出了 1100kV 断路器标准，有
关 TRV 技术要求见表 2.2.3 - 1。

表 2.2.3 - 1　　　　　　　　　1100kV 断路器试验 TRV 技术要求

试验类型	首开极系数	振幅系数	TRV 峰值/kV	上升率/($kV \cdot \mu s^{-1}$)
T100	1.3	1.40	1635	2.0
T60	1.3	1.50	1751	3.0

试验类型	首开极系数	振幅系数	TRV 峰值/kV	上升率/(kV·μs⁻¹)
T30	1.3	1.53	1786	5.0
T10	1.3	1.53	1786	10.0
OP1－OP2	2.0	1.25	2245	1.54

2.3.2　瞬态恢复电压的计算方法

理想断路器的 TRV 只取决于电网参数（电源电压、电感、电容和电阻等），而与断路器的开断性能无关。理想断路器开断无直流分量的交流电流时的 TRV 称为电网的固有 TRV 或预期 TRV。在断路器标准中规定的 TRV 都是指的电网固有 TRV。

目前国内外计算 TRV 主要采用 EMTP 类的软件，此类软件的优点是对电力系统各主要元件有相当强的模拟能力。国内外针对 TRV 问题开展了大量研究，但受仿真方法的限制，计算结果总体均偏保守[7]。

TRV 研究中应尽可能多地对 TRV 的各种影响因素予以充分考虑，以求提高仿真精确程度。需要考虑的计算条件如下[7]：

（1）靠近断路器故障的 TRV 频率相当高，约几千赫兹。在这样高的频率下，损耗也会增加，对 TRV 有较大影响。目前 EMTP 中线路损耗和频率关系可用 J.Marti 模型计算，但对变压器等仍用工频参数。可能造成计算出的 TRV 峰值和上升率偏大。

（2）靠近断路器故障 TRV 的上升率受杂散参数影响很大，其中母线电容、变压器入口电容及高中压绕组之间电容和特高压及 500kV 侧参数等的影响较明显。对杂散参数有些可以估算，如主设备对地电容等，具体见表 2.2.3－2。为了安全起见，取值基本上偏保守，而另一些参数如变电站构架对母线电容的影响一般忽略不计，这样也会使计算出的 TRV 上升率偏高。

表 2.2.3－2　　　　　　　　　特高压设备杂散电容典型值

设　　　备	电容值	设　　　备	电容值
变压器	5000pF	TA	80pF
高压电抗器	5000pF	母线避雷器	40pF
CVT	5000pF	GIS 母线电容	41pF/m

（3）在电磁暂态仿真中，均把断路器模拟成理想断路器，即认为在燃弧过程弧道电阻为零，在过零熄弧后电阻立即从零变为无穷大。国际 EMTP 开发协调组织

（DCG）曾组织有关人士对此进行研究，认为计算结果偏严重。DCG 曾在新版的 EMTP 中加入了考虑断路器内部电与热过程的断路器模型，但由于参数获取上有一定困难，所以较难使用。但使用理想开关模型可能使 TRV 计算结果偏高，这是一个值得注意的问题。研究中还需要考虑断路器开断状态下的断口均压电容。

（4）故障类型及故障位置。TRV 的波形与断路器开断短路电流回路的电阻、电容、电感有关，即与系统结构、故障类型、故障位置有关。计算中系统运行方式需要考虑线路双回、单回等运行工况；对于故障类型，考虑单相接地、两相接地、三相接地、两相相间四类故障；故障地点考虑在断路器出口、沿线不同位置等，涵盖断路器端部故障、短线路故障、长线路故障。

（5）故障时刻及断路器分闸时间。不同故障时刻下，流经断路器的短路电流波形中的交直流分量情况不同，使得 TRV 的幅值与故障发生时刻及随后的断路器分闸时间等多种随机性因素有关，需要统计分析。研究中一般可考虑故障时刻在一个周期内均匀分布，断路器分闸时间结合实际断路器特性选取。

2.3.3　关于瞬态恢复电压的试验标准

按照现有计算方法存在 TRV 峰值和上升率偏高的问题。当拿这些结果与 IEC 及我国特高压断路器标准比较时，可以说是偏安全的。另外，IEC 62271 – 100《高压开关设备和控制设备　第 100 部分：交流断路器》是断路器试验标准，经过多年实践，发现其 TRV 标准要求偏高，而在实际运行中一般不会出现如此高峰值及其上升率的 TRV，因此该标准多次降低对 TRV 峰值及上升率的要求。IEC 断路器标准中瞬态恢复电压（TRV）从 20 世纪 60 年代开始经历了三次变化[7]。

1. 20 世纪 60 年代瞬态恢复电压波形包络线（两参数）

瞬态恢复电压波形包络线如图 2.2.3 – 3 所示。

图 2.2.3 – 3　20 世纪 60 年代瞬态恢复电压波形包络线

其中，峰值 $u_c = k_{pp} k_{af} U_r \sqrt{2} / \sqrt{3}$，上升率为 u_c/t_2；U_r 为额定电压；k_{pp} 为首开相系数；k_{af} 为振幅系数。

2. 1989 年后瞬态恢复电压波形包络线（四参数）

瞬态恢复电压波形包络线如图 2.2.3 – 4 所示。

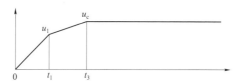

图 2.2.3 – 4　1989 年后瞬态恢复电压波形包络线（四参数）

第一参考电压 $u_1 = k_{pp}U_r\sqrt{2}/\sqrt{3}$，上升率 u_1/t_1 与图 2.2.3 – 3 中 u_c/t_2 相同，但 $t_3 > t_2$。其中图 2.2.3 – 4 比图 2.2.3 – 3 的第一参考电压 u_1 降低了 k_{af} 倍。

3. 2001 年后瞬态恢复电压波形包络线（四参数）

瞬态恢复电压波形包络线如图 2.2.3 – 5 所示。

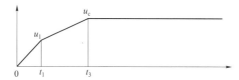

图 2.2.3 – 5　2001 年后瞬态恢复电压波形包络线（四参数）

与 1989 年相比，2001 年 IEC 断路器标准中第一参考电压 u_1 下降了 25%，$u_1 = 0.75k_{pp}U_r\sqrt{2}/\sqrt{3}$，其上升率 u_1/t_1 仍和图 2.2.3 – 4 中起始部分相同。

4. 几次修改的比较

（1）图 2.2.3 – 3 的第一参考电压（同 u_c）最高，图 2.2.3 – 4 比图 2.2.3 – 3 的第一参考电压 u_1 降低了 k_{af} 倍，而图 2.2.3 – 5 第一参考电压 u_1 是图 2.2.3 – 4 第一参考电压 u_1 的 0.75。虽然上升率保持不变，但第一参考电压愈降愈低了，考核标准降低了。

（2）原 IEC 标准中 10% 额定短路开断电流下的试验条件，T10 的上升率要求降低了，原来为 10kV/μs（500kV），现在为 7kV/μs，T10 振幅系数原来是 1.7（500kV），现在为 1.53，标准都比以前降低了。

（3）原 IEC 标准中 30% 额定短路开断电流下的试验条件，T30 的振幅系数原来是 1.5，现在为 1.53，比以前稍严一点，但变化不大。

从上述变化可以看出，经过实践考验，IEC 认为原来断路器的工作条件中关于 TRV 部分估计过于严重，现根据实际系统情况适当降低了试验条件[7]。

从 20 世纪 80 年代开始，IEC 两次降低对断路器 TRV 试验的要求，这说明实际上 TRV 的影响比原来预期的要小，其对断路器工作条件要求是不断降低的。而从计算角度看，自 20 世纪 80 年代中期以来，如不考虑复杂的断路器模型，TRV 的计算方法基本不变。这样，IEC 每降低一次标准，计算结果越容易超过标准，越容易造成断路器不符合要求的假象。这与 IEC 降低试验标准的初衷相违背，这愈加突显 EMTP 计算结果偏高的问题，需要予以注意。

2.4　输电线路间感应电压电流

当同塔双回线路一回正常运行，另一回停运检修时，由于回路之间的耦合，在被检修线路上将会存在耦合电压。为了安全起见，在检修线路时，通常需要将该检修线路的两端接地，这样，在接地处将会流过一定的感应电流。

1. 静电耦合感应电压

当线路一回退出时，若被检修线路不接地，由于还有一回线路正常运行，在被检修线路上将会产生一定的感应电压，该电压为静电耦合感应电压。

静电耦合感应电压原理示意图如图 2.2.4-1 所示。静电耦合感应电压是由运行线路和停运线路间的电容耦合作用产生，由原理图可知，静电耦合感应电压主要取决于正常线路运行电压、回路间耦合电容、以及停运线路对地电容。回路间耦合电容主要由线路杆塔导线布置、回路间距离决定。停运线路对地电容

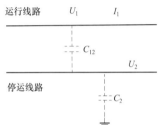

图 2.2.4-1　静电耦合感应电压原理示意图

受到杆塔参数的影响，线路装设高压电抗器后，高压电抗器会补偿线路对地电容，也会影响停运线路感应电压。

2. 电磁耦合感应电压

当线路一回退出时，若被检修线路单侧接地，由于还有一回线路正常运行，在被检修线路另外一侧将会产生一定的感应电压，该电压为电磁耦合感应电压。

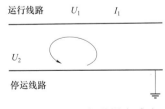

图 2.2.4-2　电磁耦合感应电压原理示意图

电磁耦合感应电压原理示意图如图 2.2.4-2 所示。电磁耦合感应电压是由运行线路和停运线路间的电感耦合作用产生，由原理图可知，电磁耦合感应电压主要取决于正常线路电流、回路间耦合电感。回路间互感主要由线路杆塔导线布置、回路间距离决定。

3. 静电耦合感应电流

在检修线路时，如线路一侧接地，其电流为容性电流，该电流为静电耦合感应电流。

静电耦合感应电流原理示意图如图 2.2.4 – 3 所示。静电耦合感应电流是由运行线路和停运线路间的电容耦合作用产生，由原理图可知，静电耦合感应电流主要取决于正常线路电压、回路间耦合电容。

4. 电磁耦合感应电流

在检修线路时，如线路两侧接地，其电流为感性电流，该电流为电磁耦合感应电流。

电磁耦合感应电流原理示意图如图 2.2.4 – 4 所示。电磁耦合感应电流是由运行线路和停运线路间的互感耦合作用产生，由原理图可知，电磁耦合感应电流主要取决于正常线路电流、回路间耦合电感。

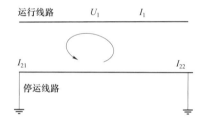

图 2.2.4 – 3 静电耦合感应电流原理示意图　　图 2.2.4 – 4 电磁耦合感应电流原理示意图

感应电压、电流仿真时，需要建立输电线路仿真模型，一般可采用 Π 形线路模型进行计算。仿真时，需要考虑运行线路运行方式，主要考虑其运行电压和输送潮流，一般需要按照最大运行电压和最大潮流进行考虑。

参 考 文 献

［1］［美国］PAUL C R. 多导体传输线分析［M］. 杨晓宪，郑涛译. 2 版. 北京：中国电力出版社，2013.

［2］［新西兰］Neville Watson. 电力系统电磁暂态仿真［M］. 陈贺，白宏，项祖涛译. 北京：中国电力出版社，2016.

［3］［加拿大］Dommel H W. 电力系统电磁暂态计算理论［M］. 李永庄，林集明，曾昭华译. 北京：水利电力出版社，1991.

［4］Marti J R. Accurate modelling of frequency-dependent transmission lines in electromagnetic transient simulations. IEEE Transactions on Power Apparatus and Systems，1982，PAS-101（1）：29-30.

［5］刘振亚. 特高压电网［M］. 北京：中国经济出版社，2005.

［6］刘振亚. 特高压交直流电网. 北京：中国电力出版社，2013.

［7］林集明，顾霓鸿，王晓刚，等. 特高压断路器的瞬态恢复电压研究［J］. 电网技术，2007，31（1）：1-5.

第三篇

交流半波长线路的基本特性

交流线路的一些基本特性，对于电力行业的从业人员来说是耳熟能详的，比如线路空载时末端电压的升高，线路因甩负荷效应导致的工频过电压，并列双回线路一回故障跳开另一回转带功率后电压的降低等。同时，对于常用的电压控制措施的应用也是按部就班的，如使用无功补偿装置解决电压过高或过低问题，使用高压电抗及中性点小电抗限制过电压和潜供电流，使用避雷器抑制操作过电压等。

然而研究表明，上述的认识和措施都是针对常规线路（长度一般不超过 500km）来说的。而对于半波长线路，其基本特性会发生很大变化，如线路甩负荷时末端不出现工频过电压，并列线路转带功率时电压不降反升。相应地，随着线路基本特性的变化，一些常规措施可能失效，如在线路两端利用并联无功补偿装置控制长线路的沿线电压收效甚微，而利用沿线配置避雷器抑制工频过电压更为有效。

本篇将对半波长线路的特性做详细分析，在算例验证中采用 PSD－BPA 潮流计算、机电暂态计算工具与 EMTPE 电磁暂态计算工具。基于本书第一、二篇内容，线路模型在机电暂态仿真中选用分布参数稳态模型和动态相量模型，在电磁暂态仿真中选用多相Π模型、贝瑞隆模型及频率相关模型。

第1章
交流半波长线路的稳态特性

50Hz 工频交流电磁波的波长（指波在一个振动周期内传播的距离）接近 6000km，半波长接近 3000km。为了分析半波长线路的稳态特性，可以搭建如图 3.1.0 – 1 所示的线路受端带负载 Z_L 的工频稳态电路。

设线路受端电压相量幅值 $|\dot{U}_2| = 1$（标幺值，下同）、相角 0°，线路受端的负载功率 $P_2 + jQ_2$ 已知，则：

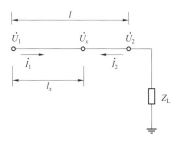

图 3.1.0 – 1 线路受端带负载 Z_L 的工频稳态电路

$$-\dot{I}_2 = \frac{P_2 - jQ_2}{\dot{U}_2^*} \qquad (3.1.0 - 1)$$

$$\begin{bmatrix} \dot{U}_1 \\ \dot{I}_1 \end{bmatrix} = \begin{bmatrix} \cosh(\gamma l) & Z_C \sinh(\gamma l) \\ \dfrac{1}{Z_C} \sinh(\gamma l) & \cosh(\gamma l) \end{bmatrix} \begin{bmatrix} \dot{U}_2 \\ -\dot{I}_2 \end{bmatrix} = \begin{bmatrix} A & B \\ C & D \end{bmatrix} \begin{bmatrix} \dot{U}_2 \\ -\dot{I}_2 \end{bmatrix} \qquad (3.1.0 - 2)$$

其中，$\gamma = \alpha + j\beta$ 为传播系数。

将式（3.1.0 – 1）代入式（3.1.0 – 2），可计算得到任意长线路沿线任意点电压、电流、有功和无功功率分布。

1.1 交流半波长线路的沿线电压分布特性

1000kV 交流长线路的单位长度参数参见附录 A，由此可得相应的波阻抗为 Z_C=246.11 – j3.745 5Ω，1050kV 下自然功率为 P_{zr}=4478.71 – j68.16MVA，波长为 λ=5876.7km，半波长为 2938.3km[1–3]。

采用线路稳态模型进行潮流计算，可得到沿线电压随受端负载有功功率变化的曲线簇[3]，如图 3.1.1 – 1 所示（设负载无功功率为零）。从图 3.1.1 – 1 可以看出，当线路输送自然功率（4478MW）时，全线电压为 1.0；当输送功率大于自然功率时，线路中部电压升高，最高电压标幺值为输送功率与自然功率的比值；当输送功率小于自然功率时，线路中部电压降低，最低电压标幺值为输送功率与自然功率的比值，线路空载时中点电压为 0。

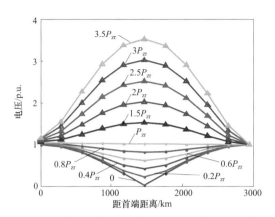

图 3.1.1－1 交流半波长线路沿线电压随受端有功负载变化曲线

交流半波长线路沿线电压随受端负载无功功率变化的曲线系列如图 3.1.1－2 所示[3]（有功功率始终为自然功率，功率因数为正代表滞后，即带感性无功负载）。

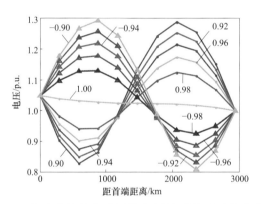

图 3.1.1－2 交流半波长线路沿线电压随受端无功负载变化曲线

从图 3.1.1－2 可以看出，当线路受端有功功率不变而无功负载变化时，沿线电压为类似正弦曲线分布，且无功功率越大，沿线电压波动越大，因此，应尽量避免无功功率通过半波长线路传送。

1.1.1 不同功率因数下的沿线电压最大/最小值解析

以无损半波长输电线路为例，取受端电压 $\dot{U}_2 = U_2 \angle 0°$ 为基准电压，以自然功率 $S_n = \dfrac{U_2^2}{Z_C}$ 为基准容量，受端传输功率为 $S_2 = P_2 + jQ_2$，电压 $U_2 = 1$，则沿线电压方程可以简化为：

$$\dot{U}_x = \cos(\beta l_x) + Q_2 \sin(\beta l_x) + jP_2 \sin(\beta l_x) \qquad (3.1.1-1)$$

式中：$\beta = \dfrac{2\pi}{\lambda}$。

当功率因数不等于 1 时，即半波长线路末端存在无功功率传输，由式（3.1.1-1）可以看出无功功率也会影响沿线电压分布。

设 $k=\cos\varphi$，$\cos\varphi$ 为负载功率因数，则有 $Q_2 = \dfrac{\sqrt{1-k^2}}{k} P_2$，代入式（3.1.1-1）有：

$$\dot{U}_x = \cos(\beta l_x) + \frac{\sqrt{1-k^2}}{k} P_2 \sin(\beta l_x) + jP_2 \sin(\beta l_x) \qquad (3.1.1-2)$$

电压幅值为：

$$|\dot{U}_x| = \left[\cos^2(\beta l_x) + \frac{(1-k^2)P_2^2}{k^2}\sin^2(\beta l_x) + P_2^2\sin^2(\beta l_x) + \frac{2\sqrt{1-k^2}P_2}{k}\cos(\beta l_x)\sin(\beta l_x) \right]^{\frac{1}{2}}$$

$$(3.1.1-3)$$

要获得半波长线路沿线电压最大和最小的位置，可通过求解电压幅值 $|U_x|$ 对距离 l_x 的导数 $\dfrac{\mathrm{d}|\dot{U}_x|}{\mathrm{d}l_x} = 0$，即求解方程：

$$\frac{-k^2+P_2^2}{k^2}\sin(2\beta l_x) + \frac{2\sqrt{1-k^2}P_2}{k}\cos(2\beta l_x) = 0 \qquad (3.1.1-4)$$

考虑半波长线路长度为 $\dfrac{\lambda}{2}$，则方程（3.1.1-4）存在如下两解：

$$l_1 = \frac{\lambda}{4\pi}\arctan\frac{2k\sqrt{1-k^2}P_2}{k^2-P_2^2} \qquad (3.1.1-5)$$

$$l_2 = \frac{\lambda}{4\pi}\left(\arctan\frac{2k\sqrt{1-k^2}P_2}{k^2-P_2^2} + \pi\right) \qquad (3.1.1-6)$$

对不同功率因数下的电压特性具体分析如下：

当 $k=1$（功率因数为 1）时，$l_x = \dfrac{\lambda}{4}$，即中点为电压最大值，$U = P_2$；$l_x = 0$，即为线路送端，为电压最小值，$U = 1$。

（1）当 $P_2 = 1$、$k < 0$（$Q < 0$，容性负载）时，电压最大、最小值对应的位置有如下关系：

1）电压最大值点。$l_2 \in \left(\dfrac{\lambda}{4}, \dfrac{3\lambda}{8} \right)$，以半波长线路送端为参考起点，则位于区间

$\left(\dfrac{\lambda}{8}, \dfrac{\lambda}{4}\right)$，即电压最大值点位于线路 750～1500km 之间。

2）电压最小值点。$l_1 \in \left(0, \dfrac{\lambda}{8}\right)$，以半波长线路送端为参考起点，则位于区间 $\left(\dfrac{3\lambda}{8}, \dfrac{\lambda}{2}\right)$，即电压最小值点位于线路 2250～3000km 之间。

图 3.1.1 - 2 直观表示了功率因数小于 0，即带容性负载时，半波长线路沿线电压分布。由图可见，电压分布呈现先高后低的趋势，电压最大值位于线路 750～1500km 之间，电压最小值位于线路 2250～3000km 之间。

（2）当 $P_2 = 1$、$k > 0$（$Q > 0$，感性负载）时，电压最大、最小值对应的位置有如下关系：

1）电压最大值点。$l_1 \in \left(\dfrac{\lambda}{8}, \dfrac{\lambda}{4}\right)$，以半波长线路始端为参考起点，则位于区间 $\left(\dfrac{\lambda}{4}, \dfrac{3\lambda}{8}\right)$，即电压最大值点位于线路 1500～2250km 之间。

2）电压最小值点。$l_1 \in \left(\dfrac{3\lambda}{8}, \dfrac{\lambda}{2}\right)$，以半波长线路始端为参考起点，则位于区间 $\left(0, \dfrac{\lambda}{8}\right)$，即电压最小值点位于线路 0～750km 之间。

图 3.1.1 - 2 直观表示了功率因数大于 0，即带感性负载时，半波长线路的沿线电压分布。由图可见，电压分布呈现先低后高的趋势，电压最大值位于线路 1500～2250km 之间，电压最小值位于线路 0～750km 之间。

1.1.2　入、反射波理论分析

与常规线路相比，3000km 半波长线路的突出特点是：当受端重载时，中部电压反而升高，而受端轻载时，中部电压反而降低。下面针对这一点进行理论分析和解释[3]。

根据传输线理论，线路上任一点的电压和电流都可以分解成入射波 $\dot{U}^+$、$\dot{I}^+$ 和反射波 $\dot{U}^-$、$\dot{I}^-$ 的叠加，某点的反射系数 ρ 为反射波与入射波的电压相量比：

$$\rho = \frac{\dot{U}^-}{\dot{U}^+} = \frac{\dot{I}^-}{\dot{I}^+} = \frac{Z_L - Z_C}{Z_L + Z_C} e^{-2\gamma l} \qquad (3.1.1-7)$$

式中：Z_L 为受端负载阻抗。

线路上距送端 l_x 处的电压为入射波电压与反射波电压的相量和，对于无损线，其幅值为：

$$U(l_x) = U_R^+ \sqrt{1 + \rho_R^2 + 2\rho_R \cos(2\beta l_x)} \qquad (3.1.1-8)$$

式中：U_R^+ 为线路受端入射波电压幅值；ρ_R 为受端反射系数，且有：

$$\rho_R = \frac{Z_L - Z_C}{Z_L + Z_C} \qquad (3.1.1-9)$$

设受端电压 $\dot{U}_2 = 1.0\angle 0°$，再考虑到无损线情况下 Z_C 为纯电阻，则有：

$$U_R^+ = \frac{1}{2}(U_2 + Z_C I_2) = \frac{1}{2}U_2\left(\frac{Z_L + Z_C}{Z_L}\right) \qquad (3.1.1-10)$$

下面分两种情况进行讨论。

（1）受端负载大于自然功率。此时，$Z_L < Z_C$，据式（3.1.1-9）、式（3.1.1-10）可得 $\rho_R < 0$，$U_R^+ > U_2$。易知 $1 + \rho_R \leq \sqrt{1 + \rho_R^2 + 2\rho_R \cos(2\beta l)} \leq 1 - \rho_R$。据式（3.1.1-8）可知，沿线电压在 $l_x = 0$ 或 0.5λ 处最小，即在半波长输电系统的线路两端；而在 $l_x = 0.25\lambda$ 处（即半波长线路的中点）电压最大。

由式（3.1.1-8）、式（3.1.1-10）可得：

$$U(l_x) \leq (1 - \rho_R)U_R^+ = U_2\frac{Z_C}{Z_L} \qquad (3.1.1-11)$$

$$U(l_x) \geq (1 + \rho_R)U_R^+ = U_2 \qquad (3.1.1-12)$$

可见，沿线电压中间高、两端低，峰值在线路中点处，为 $U_2 Z_C/Z_L$，当 U_2 为 1 时，即为传输功率与自然功率的比值。

从图 3.1.1-3 和图 3.1.1-4 可以看出，在线路的两端，入射波与反射波相位相反，所以合成电压幅值最低；在线路的中点，入射波与反射波相位相同，所以合成电压幅值最高。

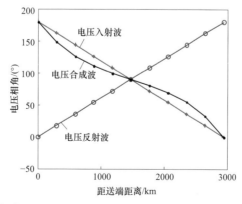

图 3.1.1-3　半波长线路沿线电压入射波和反射波相角示意图（$Z_L < Z_C$）

图 3.1.1-4 形象展示了在 $Z_1=0.5Z_C$ 情况下，线路末端入射波相量和反射波相量在沿线传输时的相角变化以及相量叠加得到合成波相量的过程。

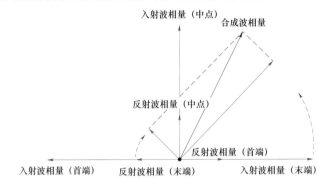

图 3.1.1-4 半波长线路沿线电压入射波和反射波相量合成示意图（$Z_L < Z_C$）

（2）受端负载小于自然功率。此时，$Z_L > Z_C$，$\rho_R > 0$，$U_R^+ < U_2$。易知 $1 - \rho_R \leqslant \sqrt{1 + \rho_R^2 + 2\rho_R \cos(2\beta l_x)} \leqslant 1 + \rho_R$，据式（3.1.0-2）可知，沿线电压最大值在 $l_x = 0$ 或 0.5λ 处，即在半波长输电系统的线路两端；最小值在 $l_x = 0.25\lambda$ 处取得，即半波长输电系统的线路中点。

由式（3.1.1-8）、式（3.1.1-10）可得：

$$U(l_x) \leqslant (1 + \rho_R)U_R^+ = U_2 \qquad (3.1.1-13)$$

$$U(l_x) \geqslant (1 - \rho_R)U_R^+ = U_2 \frac{Z_C}{Z_L} \qquad (3.1.1-14)$$

可见，沿线电压中间低、两端高，谷值在线路中点处达到，为 $U_2 Z_C / Z_L$，当 U_2 为 1 时，即为传输功率与自然功率的比值。当线路空载时，线路中点电压约降低至 0。

从图 3.1.1-5 和图 3.1.1-6 可以看出，在线路的两端，入射波与反射波相位相同，所以合成电压幅值最高；在线路的中点，入射波与反射波相位相反，所以合成电压幅值最低。

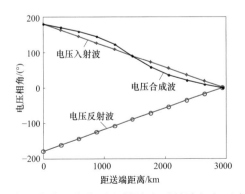

图 3.1.1-5 半波长线路沿线电压入射波和反射波相角示意图（$Z_L > Z_C$）

图 3.1.1－6 形象展示了在 $Z_L=2Z_C$ 情况下，线路末端入射波相量和反射波相量在沿线传输时的相角变化以及相量叠加得到合成波的过程。

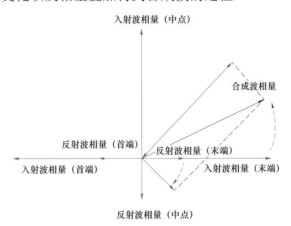

图 3.1.1－6　半波长线路沿线电压入射波和反射波相量合成示意图（$Z_L>Z_C$）

1.1.3　无功功率和电压的特性分析

对于半波长无损线路，从式（3.1.0－2）可得：

$$\begin{bmatrix} \dot{U}_1 \\ \dot{I}_1 \end{bmatrix} = \begin{bmatrix} -1 & 0 \\ 0 & -1 \end{bmatrix} \begin{bmatrix} \dot{U}_2 \\ -\dot{I}_2 \end{bmatrix} \qquad （3.1.1－15）$$

式（3.1.1－15）的含义是：送端电压和受端电压的幅值相等，相位差 180°；送端电流和受端电流也是幅值相等，相位差 180°；受端电压和受端电流之间的夹角与送端电压和电流之间的夹角始终相等。所以无损半波长传输线既不消耗也不吸收无功功率，无功功率无损地从送端传到受端。对于有损半波长传输线，输送有功功率时所消耗无功功率是由线路的容性充电功率提供的，而且是自平衡的。

为了便于说明无功功率的分布特性，把半波长传输线分为 10 段来分析。

分别计算不同负载水平下半波长线路沿线各段的无功功率损耗和无功充电功率，分别如图 3.1.1－7 和图 3.1.1－8 所示。

经校核，在每一负载水平下，全线各段的无功充电功率之和基本上等于沿线各段的无功损耗功率之和，即实现了无功自平衡。

从图 3.1.1－7 和图 3.1.1－8 可以看出，当重载时，自线路受端看向线路送端的过程中，沿线各段无功功率损耗逐渐减小，沿线各段无功充电功率逐渐增加，导致沿线电压也逐渐爬升至线路中点最高处；然后，沿线各段无功功率损耗又逐渐增加，沿线各段无功充电功率又逐渐减小，导致沿线电压也逐渐降落至线路首段的正常水平。轻载时分析过程相反。

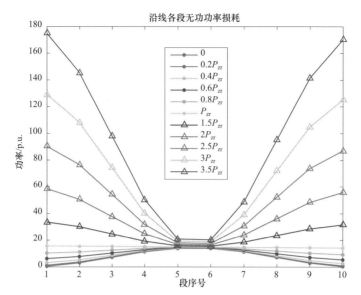

图 3.1.1 − 7　半波长线路受端带不同水平负载时，沿线各段（共 10 段）
无功功率损耗（p.u.，S_B=100MVA）

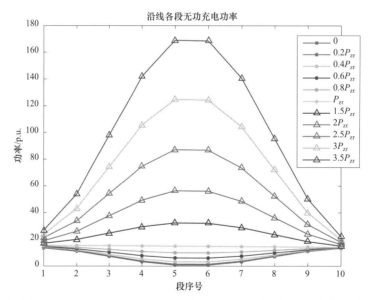

图 3.1.1 − 8　半波长线路受端带不同水平负载时，沿线各段（共 10 段）
无功充电功率（p.u.，S_B=100MVA）

图 3.1.1 − 9 还进一步给出了不同负载水平下半波长线路沿线各段的无功功率需求，即为各段的无功损耗减去各段的无功补偿（即充电功率）。无功功率需求为正时代表此段存在无功缺额，需要从外部吸收无功；而无功功率需求为负时代表此段存在无功盈余，从而对外发出无功。从图 3.1.1 − 9 可看出，重载时线路中部发出无功，两侧吸收无功，无功从线路中部流向两侧[3]。

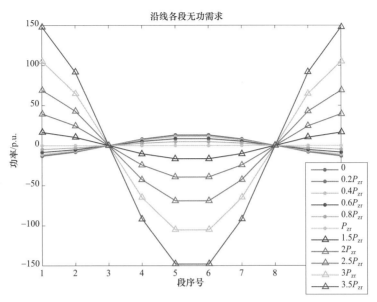

图 3.1.1-9　半波长输电线路沿线各段容性无功需求图

1.1.4　频率与稳态电压分布

将波长 $\lambda = \dfrac{v}{f}$（其中 v 为光速，f 为系统频率）代入式（3.1.0-2），频率与电压关系如下：

$$\dot{U}_x = \cos\frac{2\pi f}{v}l_x + \frac{\sqrt{1-k^2}}{k}P_2\sin\frac{2\pi f}{v}l_x + \mathrm{j}P_2\sin\frac{2\pi f}{v}l_x \qquad (3.1.1-16)$$

频率和半波长线路输电长度的关系如图 3.1.1-10 所示。当 f 为工频 50Hz 时，λ 约为 6000km，当系统发生故障，假设频率在 45～55Hz 变化时，对应半波长线路长度的变化范围为 2700～3300km。

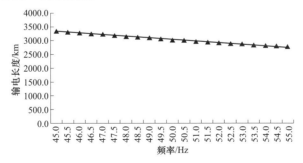

图 3.1.1-10　频率和半波长线路输电长度的关系

当无损线路功率为自然功率，负荷功率因数为 1 时，$P_2=1$，$Q_2=0$，代入式（3.1.1-16）得：

$$\dot{U}_x = \cos(\beta l_x) + j\sin(\beta l_x) \tag{3.1.1-17}$$

恒有 $\left|\dot{U}_x\right|=1$，与频率大小无关。

当无损线路功率为自然功率，负荷功率因数不为 1 时，由式（3.1.1-18）、式（3.1.1-19）可得电压最大、最小值出现位置：

$$l_1 = \frac{v}{4\pi f}\arctan\frac{2k\sqrt{1-k^2}}{k^2-1} \tag{3.1.1-18}$$

$$l_2 = \frac{v}{4\pi f}\left(\arctan\frac{2k\sqrt{1-k^2}}{k^2-1}+\pi\right) \tag{3.1.1-19}$$

代入式（3.1.1-16），可得电压的最大值、最小值与频率无关。分别以功率因数 0.9、-0.9 为例，频率与稳态电压关系分别如图 3.1.1-11 和图 3.1.1-12 所示。

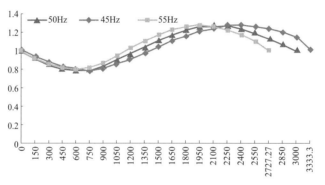

图 3.1.1-11 功率因数为 0.9 时频率与电压关系

因此，频率的变化不影响电压最大值的大小，只引起半波长线路电压最大值和最小值出现位置移动，且对受端（近负荷侧）的电压最大值（感性负荷时）或最小值（容性负荷时）出现的位置偏移较大。在自然功率传输下，电压最大值、最小值出现的位置变化如表 3.1.1-1 所示。

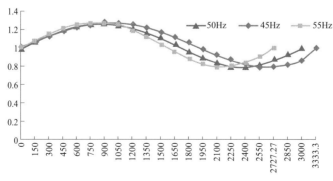

图 3.1.1-12 功率因数为 -0.9 时频率与电压关系

表 3.1.1 – 1　　频率变化范围与半波长线路沿线电压最大值、
最小值出现的位置偏移

频率变化	电压最大/小值出现位置			
	功率因数 0.9		功率因数 − 0.9	
	电压最小值出现位置	电压最大值出现位置	电压最大值出现位置	电压最小值出现位置
频率下降 5Hz（45Hz）	向受端移动 16km	向受端移动 263km	向受端移动 71km	向受端移动 238km
频率上升 5Hz（55Hz）	向送端移动 78km	向送端移动 214km	向送端移动 57km	向送端移动 193km

1.2　半波长输电线路功率损耗

交流线路的线损率随着输送功率的变化而改变。半波长输电线路功率损耗计算结果见图 3.1.2 – 1。

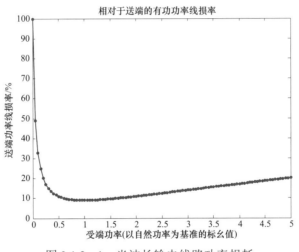

图 3.1.2 – 1　半波长输电线路功率损耗

当传输自然功率时，有功功率线损率（相对于送端功率）最小，为 9.12%；当输送功率小于或大于自然功率时，线损率均上升。

当轻载时，有功功率线损率增大，如传输 50%自然功率时，线损率达到 11.05%；传输 20%自然功率时，线损率达到 20%；传输 10%自然功率时，线损率可达 33%；传输 5%自然功率时，线损率可达 50%，受端完全空载时，送端线损率可达 100%。

当传输 2 倍自然功率时，有功功率线损率（相对于送端功率）约为 11.05%；当传输 3 倍自然功率时，有功功率线损率（相对于送端功率）约为 14%；当传输 5 倍自然功率时，有功功率线损率（相对于送端功率）约为 20%。

半波长线路在轻载时的高损耗率特性主要由半波长线路的沿线电流分布特性导致，特高压半波长线路的沿线电流分布特性如图 3.1.2 – 2 所示。

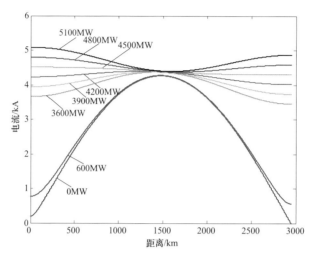

图 3.1.2 – 2　特高压半波长输电线路沿线电流分布特性

从图 3.1.2 – 2 可以看出，半波长线路轻载时，沿线的电流依然很大，特别是在线路的中部，轻载时的电流与传输自然功率时的电流水平相当，这样大的电流流过沿线电阻的时候，会产生相当可观的有功损耗，这就是轻载乃至空载时半波长线路的线损率仍然如此高的原因。

1.3　小结

（1）在工频准稳态情况下，半波长线路 Π 形等效电路模型、分布参数模型是严格的，多分段 Π 形等效模型与集中参数是近似的，工程上可以接受，均可用于实际工程的潮流稳定计算。

（2）当半波长线路受端系统的功率因数为 1 时，线路沿线稳态电压的极值点为线路中点，且其电压标幺值约为传输功率与自然功率的比值。当线路轻载时，沿线电压从两侧往中间降低；当线路重载时，沿线电压从两侧往中间升高。

（3）当传输自然功率时，半波长线路有功功率线损率（相对于首端功率）最小，为 9.12%；当输送功率小于或大于自然功率时，半波长线路线损率均上升。

第2章
长线路短路故障下的串联谐振特性分析

研究发现，半波长线路的三相和单相短路电流与故障点密切相关。在距线路送端75%～90%（2200～2700km）区段的稳态短路电流是送端断路器出口处短路电流的十几倍，且存在相对缓慢的爬升过程。

针对该问题，本章将以半波长和长线路单点送出系统为模型，揭示其短路故障下的串联谐振特性，探讨短路电流随故障位置、接入系统强弱的变化规律，并通过仿真验证理论分析结论。

2.1 单回线三相短路故障串联谐振特性分析

研究系统结构如图 3.2.1-1 所示，送端 10 台 600MW 机组升压至 1000kV，通过一回半波长线路接入受端系统，线路采用 20 分段、21 节点模型。

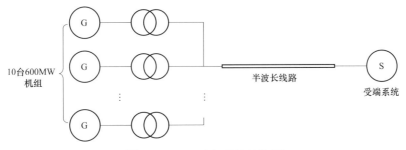

图 3.2.1-1 研究系统结构图

（1）故障发生时刻的三相短路电流分析。图 3.2.1-1 所示系统，线路上某点发生三相短路电流时的等值电路如图 3.2.1-2 所示。图中，发电机采用暂态电抗后的

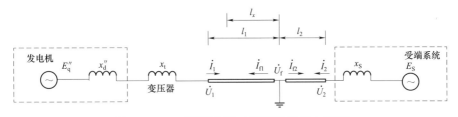

图 3.2.1-2 研究系统三相短路等值电路图

电动势模型，x_d'' 为发电机 d 轴次暂态电抗，E_q'' 为电抗后电动势；x_t 为变压器漏抗；系统采用等值电抗后电动势表示，x_S 为等值电抗，E_S 为系统电动势。$\dot{U}_1$、$\dot{U}_2$ 分别为线路送、受端电压，$\dot{I}_1$、$\dot{I}_2$ 分别为线路送、受端电流，$\dot{I}_{f1}$、$\dot{I}_{f2}$ 分别为短路点流向线路送、受端的电流。系统初始方式设定：保持线路受端的有功 P_2、无功 Q_2 以及电压 U_2 为固定值。

依据分布参数输电线方程和电路关系列写方程组如下：

$$\begin{cases} \begin{bmatrix} \dot{U}_1 \\ \dot{I}_1 \end{bmatrix} = \begin{bmatrix} A_1 & B_1 \\ C_1 & A_1 \end{bmatrix} \begin{bmatrix} \dot{U}_f \\ -\dot{I}_{f1} \end{bmatrix} \\[2mm] \begin{bmatrix} \dot{U}_2 \\ \dot{I}_2 \end{bmatrix} = \begin{bmatrix} A_2 & B_2 \\ C_2 & A_2 \end{bmatrix} \begin{bmatrix} \dot{U}_f \\ -\dot{I}_{f2} \end{bmatrix} \\[2mm] \begin{cases} \dot{E}_q'' - \dot{U}_1 = \mathrm{j}(x_d'' + x_t)\dot{I}_1 \\ \dot{E}_S - \dot{U}_2 = \mathrm{j}x_S\dot{I}_2 \\ \dot{U}_f = 0 \end{cases} \end{cases} \qquad (3.2.1-1)$$

式中：$A_{1,2}=\cosh(\gamma l_{1,2})$，$B_{1,2}=Z_C \times \sinh(\gamma l_{1,2})$，$C_{1,2}=1/Z_C \times \sinh(\gamma l_{1,2})$，下标 1 表示短路点左侧线路的转移矩阵，2 表示短路点右侧线路的转移矩阵；sinh、cosh 分别为正弦、余弦双曲函数，γ 为线路传播系数，$l_{1,2}$ 分别为线路送、受端离故障点的距离。详细的系统参数可参见附录 A。由式（3.2.1-1）可解得：

$$\begin{cases} \dot{I}_{f1} = -\dfrac{\dot{E}_q''}{\mathrm{j}A_1(x_d'' + x_t) + B_1} \\[4mm] \dot{I}_1 = -A_1\dot{I}_{f1} = \dfrac{A_1\dot{E}_q''}{\mathrm{j}A_1(x_d'' + x_t) + B_1} \\[4mm] \dot{U}_1 = -B_1\dot{I}_{f1} = \dfrac{B_1\dot{E}_q''}{\mathrm{j}A_1(x_d'' + x_t) + B_1} \\[4mm] \dot{I}_{f2} = -\dfrac{\dot{E}_S}{\mathrm{j}A_2x_S + B_2} \\[4mm] \dot{I}_2 = -A_2\dot{I}_{f2} = \dfrac{A_2\dot{E}_S}{\mathrm{j}A_2x_S + B_2} \\[4mm] \dot{U}_2 = -B_2\dot{I}_{f2} = \dfrac{B_2\dot{E}_S}{\mathrm{j}A_2x_S + B_2} \end{cases} \qquad (3.2.1-2)$$

线路送、受端的功率为：

$$\begin{cases} \tilde{S}_1 = P_1 + jQ_1 = \dot{U}_1 \overset{*}{I}_1 = \overset{*}{A}_1 B_1 I_{f1}^2 \\ \tilde{S}_2 = P_2 + jQ_2 = \dot{U}_2 \overset{*}{I}_2 = \overset{*}{A}_2 B_2 I_{f2}^2 \end{cases} \qquad (3.2.1-3)$$

其中，*号表示相量共轭。可见，短路电流主要与系统参数和短路点位置相关。图 3.2.1-3 和图 3.2.1-4 给出了按上述公式计算的结果。

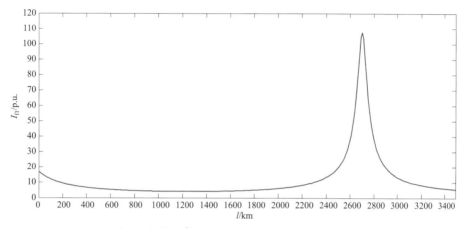

图 3.2.1-3　三相短路时刻 $\dot{I}_{f1}$ 幅值随短路点位置距线路送端距离的变化图

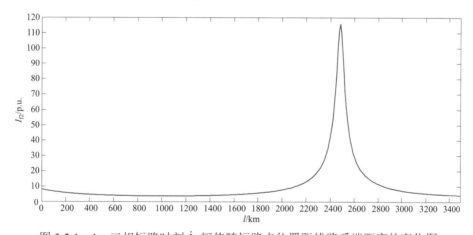

图 3.2.1-4　三相短路时刻 $\dot{I}_{f2}$ 幅值随短路点位置距线路受端距离的变化图

从图 3.2.1-3、图 3.2.1-4 可知，在距送端 2700km 处三相短路时，流过送端断路器的短路电流最大，约为 110p.u.（60.5kA）；在距受端 2480km 处三相短路时，流过受端断路器的短路电流最大，约为 115p.u.（63.25kA）。

应该说明的是，机电暂态仿真中短路时刻的电流值等同于电磁暂态仿真中的短路电流交流分量的稳态值。图 3.2.1-5 是采用电磁暂态仿真，在距线路送端不同距离处短路时，送端断路器三相短路电流的工频交流分量的稳态值。可见，其变化趋势与图 3.2.1 – 3 的计算结果基本一致。

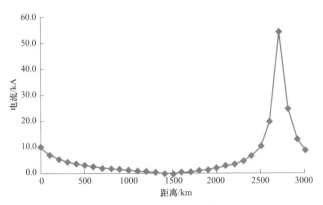

图 3.2.1 – 5 送端断路器三相短路电流的工频交流分量的稳态值随距线路送端距离的变化图

（2）发生串联谐振的三相短路位置确定。设 $x = x_d'' + x_t$，依据式（3.2.1 – 2）可得 $\dot{I}_{f1}$ 的幅值：

$$I_{f1} = E_q'' / \left| A_1 jx + B_1 \right| \tag{3.2.1 – 4}$$

式中：

$$\begin{cases} A_1 = \cosh(\alpha l_1)\cos(\beta l_1) + j\sinh(\alpha l_1)\sin(\beta l_1) \\ B_1 = Z_C[\sinh(\alpha l_1)\cos(\beta l_1) + j\cosh(\alpha l_1)\sin(\beta l_1)] \end{cases} \tag{3.2.1 – 5}$$

式中：Z_C 为线路波阻抗，$\gamma = \alpha + j\beta$ 为线路传播常数。依据式（3.2.1 – 4）得出：

$$\begin{aligned} A_1 jx + B_1 &= Z_C \sinh(\alpha l_1)\cos(\beta l_1) - x\sinh(\alpha l_1)\sin(\beta l_1) \\ &+ j[Z_C \cosh(\alpha l_1)\sin(\beta l_1) + x\cosh(\alpha l_1)\cos(\beta l_1)] \end{aligned} \tag{3.2.1 – 6}$$

$$\begin{aligned} \left| A_1 jx + B_1 \right|^2 &= \sinh^2(\alpha l_1)[Z_C \cos(\beta l_1) - x\sin(\beta l_1)]^2 \\ &+ \cosh^2(\alpha l_1)[Z_C \sin(\beta l_1) + x\cos(\beta l_1)]^2 \\ &= \sinh^2(\alpha l_1)(Z_C^2 + x^2) + [Z_C \sin(\beta l_1) + x\cos(\beta l_1)]^2 \end{aligned} \tag{3.2.1 – 7}$$

定义常数 t，有：

$$\sin t = x / \sqrt{Z_C^2 + x^2}, \ \cos t = Z_C / \sqrt{Z_C^2 + x^2}$$

则：

$$\left| A_1 jx + B_1 \right| = \sqrt{\frac{Z_C^2 + x^2}{2} \{\cosh(2\alpha l_1) - \cos[2(\beta l_1 + t)]\}} \tag{3.2.1 – 8}$$

式（3.2.1 – 8）中，l_1 是三相短路点距送端的距离。当 $l_1 = 0 \sim 2938\text{km}$ 时，$\cosh(2\alpha l_1) = 1 \sim 1.0046$，在很小范围内变化，因此 $A_1 jx + B_1$ 的幅值主要由 $\cos[2(\beta l_1 + t)]$ 决定。当 $\cos[2(\beta l_1 + t)]$ 达到最大值 1 时，$A_1 jx + B_1$ 的幅值达到最小，则式（3.2.1 – 4）

中的 $\dot{I}_{f1}$ 幅值达到最大。此时有：

$$\begin{cases} 2(\beta l_1 + t) = 2\pi \\ \Rightarrow l_1 = (\pi - t)/\beta \end{cases} \tag{3.2.1-9}$$

即当发生短路的位置处于 $l_1 = (\pi - t)/\beta$ 时，短路电流的幅值最大。对于 1000kV 线路典型结构的 β、Z_C 值（见附录 A），当 $x = x_d'' + x_t$ 时，依据式（3.2.1-9）得出，在 $l_1 = 2702\text{km}$ 处送端断路器三相短路电流达到最大。这与图 3.2.1-3 和图 3.2.1-5 计算结果一致。用同样的方法可以导出，在距离受端 2480km 时，亦即 $l_2 = 2480\text{km}$ 处受端断路器三相短路电流最大。

上述结论也可以按照 Π 形等效电路理论推导得出。短路电流激增往往与线路串联谐振有关，即线路的等值电抗等于 0。图 3.2.1-3 和图 3.2.1-4 显示，半波长线路在部分区段发生三相短路故障时，短路电流激增了十几倍，这与串联谐振现象极其相似。下面将通过电路基本理论推导验证半波长线路三相短路后串联谐振的这一物理现象。

如图 3.2.1-6 所示，线路的二端口网络可以转换成 Π 形等值模型。

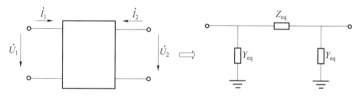

图 3.2.1-6　线路二端口网络转换 Π 形等值模型

图中：

$$\begin{cases} Z_{\text{eq}} = B \\ Y_{\text{eq}} = \dfrac{A-1}{B} \end{cases} \tag{3.2.1-10}$$

A、B 表达式类似式（3.2.1-5），线路采用 Π 形等值模型，其三相短路的系统结构及等值电路模型如图 3.2.1-7 所示。

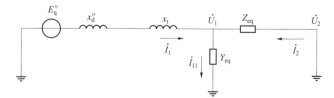

图 3.2.1-7　系统结构及等值电路模型

设 $x = x_d'' + x_t$，可以得出系统的总等值阻抗为：

$$Z_1 = jx + \frac{Z_{eq}}{1 + Z_{eq}Y_{eq}} = jx + Z_2 \qquad (3.2.1-11)$$

其中，Z_2 为线路等值阻抗，即：

$$Z_2 = \frac{Z_{eq}}{1 + Z_{eq}Y_{eq}} \qquad (3.2.1-12)$$

将式（3.2.1-5）、式（3.2.1-10）代入式（3.2.1-11），整理得出：

$$Z_1 = \frac{Z_C \sin h(2\alpha l)}{\cos h(2\alpha l) + \cos(2\beta l)} + j\left[x + \frac{Z_C \sin h(2\alpha l)}{\cosh(2\alpha l) + \cos(2\beta l)}\right] \quad (3.2.1-13)$$

系统总等值阻抗 Z_1 的虚部随短路点距线路送端距离的变化曲线如图 3.2.1-8 所示。可以看出，Z_1 的虚部分别在短路点距线路送端距离约 1450km 和 2700km 处等于 0。亦即：

$$x + \frac{Z_C \sinh(2\alpha l)}{\cosh(2\alpha l) + \cos(2\beta l)} = x + Z_2虚部 = 0 \qquad (3.2.1-14)$$

得出 l=1450km 或 2700km。

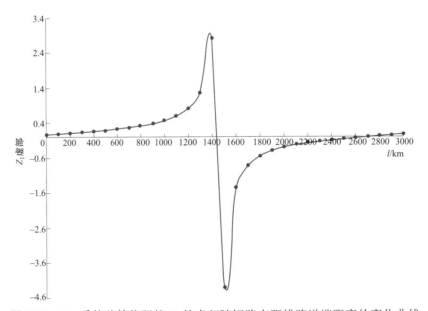

图 3.2.1-8 系统总等值阻抗 Z_1 的虚部随短路点距线路送端距离的变化曲线

线路等值电抗 Z_2 是由线路参数构成的，其虚部完全与发电机及变压器电抗之和 x 抵消，这意味着在距送端 1450km 和 2700km 两处短路时，从送端看向线路的等值电抗呈容性，大小与发电机及变压器的电抗之和相等。按照串联谐振的判别条件，系统在上述两处发生三相短路故障时都会产生串联谐振。但从图 3.2.1 – 3 可看出，系统只在 2700km 处三相短路故障时电流有激增，谐振特征明显；但在 1450km 处电流并未激增，原因分析如下。

系统总等值阻抗 Z_1 的实部随短路点距线路送端距离的变化曲线如图 3.2.1 – 9 所示。

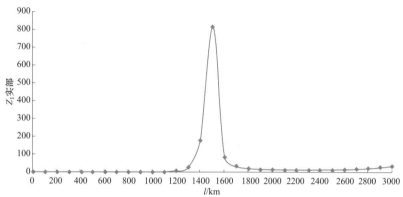

图 3.2.1 – 9　系统总等值阻抗 Z_1 的实部随短路点距线路送端距离的变化曲线

从图 3.2.1 – 9 可以看出，在 2700km 附近 Z_1 的实部非常小，而在 1450km 附近 Z_1 的实部非常大，有效抑制了该处短路电流的激增。

（3）串联谐振点位置与系统参数的关系。由前述分析可以得出，当距送端 $l = (\pi - t)/\beta$ 处发生三相短路时，从送端看到的等效阻抗的虚部为零且实部也很小，系统处于谐振状态。相应引起系统电流、电压、功率的激增。由上述可知，产生谐振的故障点位置既与线路参数有关，也与发电机变压器组组数及相应的电气参数有关。图 3.2.1 – 10 为 x 在 0～0.4p.u.区间变化时，三相短路电流幅值随系统参数

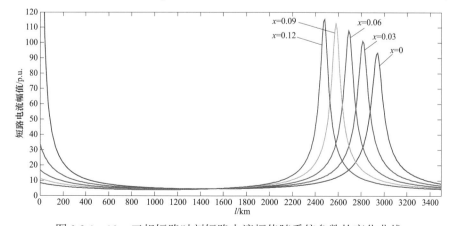

图 3.2.1 – 10　三相短路时刻短路电流幅值随系统参数的变化曲线

的变化曲线。可见，当 x 逐渐增大时（发电机变压器组组数减少），发生谐振故障点位置从线路的受端向送端移动。

计算分析表明，产生谐振的三相短路故障点位置与线路参数和受端系统阻抗也强相关。从表 3.2.1–1 可以看出，随着送端系统开机台数、受端系统的强弱、线路结构、电压等级的变化，产生谐振的短路故障点的位置也会发生变化。

表 3.2.1–1　　　　　半波长线路串联谐振点的位置与系统参数的关系

送端开机台数	串联谐振点距送端距离/km						
	1000kV 典型线路	750kV 线路（结构同前列）	500kV 线路（结构同前列）	750kV 典型线路	500kV 典型线路	1000kV 紧凑型线路	500kV 紧凑型线路
1	1810	2080	2440	2070	2450	1760	2350
2	2080	2390	2670	2380	2670	2000	2620
3	2270	2550	2760	2540	2760	2180	2730
4	2400	2640	2800	2630	2800	2320	2790
5	2490	2700	2830	2680	2830	2420	2820
6	2560	2740	2850	2720	2850	2480	2840
7	2610	2760	2860	2750	2860	2550	2860
8	2650	2780	2870	2770	2870	2600	2870
9	2680	2800	2880	2780	2880	2630	2880
10	2700	2810	2880	2790	2880	2660	2890
受端短路容量/kA	串联谐振点距受端距离/km（对于 1000kV 典型线路）						
4.62	2480						
21	2881						
40	2829						

（4）三相短路时刻沿线最高电压点的确定。在进行半波长线路三相短路故障仿真研究时发现，发生短路时沿线电压的最大值总是位于距短路点 1/4 波长的位置。下面将通过理论推导验证该结果。

依据式（3.2.1–1），线路发生三相短路时，距离短路点左侧 l_x 处（见图 3.2.1–2）的电压为：

$$\dot{U}_{1x} = -B_1(l_x)\dot{I}_{\text{fl}} \qquad (3.2.1-15)$$

式中：$B_1(l_x)$ 为从短路点左侧到 l_x 线路转移矩阵的 B_1 元素。

由于 I_{fl} 由式（3.2.1–2）求得，短路点位置确定后即为定值，故三相短路时沿线电压的分布取决于 B_1 幅值随长度的变化规律为：

$$B_1(l_x) = Z_{\text{C}}[\sinh(\alpha l_x)\cos(\beta l_x) + j\cosh(\alpha l_x)\sin(\beta l_x)] \qquad (3.2.1-16)$$

$$|B_1(l_x)| = Z_C \sqrt{[\sinh(\alpha l_x)\cos(\beta l_x)]^2 + [\cosh(\alpha l_x)\sin(\beta l_x)]^2} \quad (3.2.1-17)$$

推导可得：

$$|B_1(l_x)| = Z_C \sqrt{[\cosh 2(\alpha l_x) - \cos 2(\beta l_x)]/2} \quad (3.2.1-18)$$

当 $\beta l_x = \pi/2$ 时，$|B_1(l_x)|$ 的幅值最大，此时 $l_x = 1469$km，即短路点左侧线路沿线电压的最大幅值位于距短路点左侧 1/4 波长处。在 $l_x = 0$ 及 $l_x = 2938$km 处电压幅值最小，接近于零。图 3.2.1-11 显示的是当故障发生在 2702km 时沿线电压分布图。

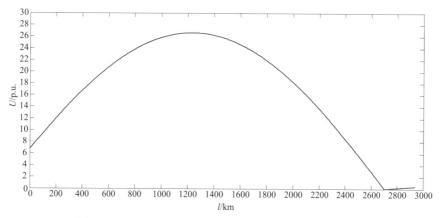

图 3.2.1-11　最严重位置三相短路时沿线电压分布图

同理，依据式（3.2.1-1）可以求得短路点右侧线路沿线电压最大幅值；对比短路点左、右侧最高电压幅值，可以得到全线最高电压点。

（5）单回线三相短路故障下不引发串联谐振的线路长度。当单回线发生三相短路故障时，其故障点左、右侧系统内发生的过渡过程只与同侧的系统条件相关，与另一侧的系统条件相关度较低。因此，在统一边界条件下可以认为，对于 300km 长线路距首端 300km 的三相故障，以及 3000km 长线路距送端 300km 的三相故障，其电路方程和计算结果都是类似的。因此，表 3.2.1-1 关于半波长线路的串联谐振点位置与系统参数的关系也适用于不同长度线路的三相短路。从表 3.2.1-1 可以看出，以附录 A 中系统参数为边界条件，不论电压是 1000kV、750kV 还是 500kV，当送端 10 台机，线路长度小于 2660km 时，沿线三相短路都不会引发系统串联谐振；当送端 1 台机时，只有线路长度小于 1760km，沿线三相故障才不会引发串联谐振。

2.2 倍乘集中参数模型选取对单回线三相短路串联谐振点的影响

通常在电力系统仿真时，对于输电线路的模拟，选择多分段倍乘集中参数模型。在本节我们将对比本篇 2.1 采用分布式参数仿真结果，研究多分段倍乘集中参数模型的选取对单回线三相故障串联谐振点仿真精度的影响。

设线路是由 N 个 l 长线路组成，如图 3.2.2−1 所示。从线路的右侧开始求解等值阻抗：

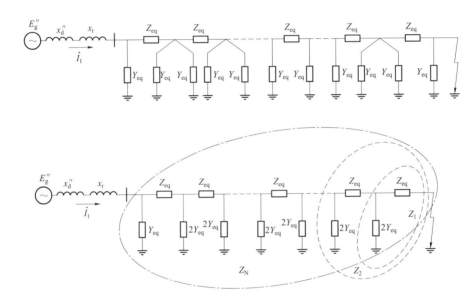

图 3.2.2−1 所研究系统三相短路等值电路图

$$Z_1 = \frac{Z_{eq}}{1 + Z_{eq} \times 2Y_{eq}} \qquad (3.2.2-1)$$

$$Z_2 = \frac{Z_{eq} + Z_1}{1 + 2Y_{eq}(Z_{eq} + Z_1)} \qquad (3.2.2-2)$$

$$\vdots$$

$$Z_{n+1} = \frac{Z_{eq} + Z_n}{1 + 2Y_{eq}(Z_{eq} + Z_n)} \qquad (3.2.2-3)$$

在等值靠近送端电源最后一段线路时，系统的总等值阻抗 Z_N 为：

$$Z_N = \frac{Z_{eq} + Z_{N-1}}{1 + Y_{eq}(Z_{eq} + Z_{N-1})} \qquad (3.2.2-4)$$

其中：

$$Z_{eq} = (r_o + jx_o) \times l / Z_n$$

$$Y_{eq} = jb_o \times \frac{l}{2} \times Z_n$$

式中：r_o、x_o、b_o 取值参见附录 A；Z_n 为系统基准阻抗，$Z_n = \dfrac{U_n^2}{S_n}$，其中 $U_n = 1050\text{kV}$，为系统基准电压，$S_n = 1000\text{MVA}$，为系统基准容量。

设每段线路的长度为 100km，按照式（3.2.2－1）～式（3.2.2－4）求解得出系统总等值阻抗 Z_N 的实部、虚部及幅值倒数随线路长度的变化值，见图 3.2.2－2。从图 3.2.2－2（a）可以看出，Z_N 的虚部数值两次过零，一次在 1450km 处，一次是在 2700km 处，均满足系统串联谐振条件，即系统等值阻抗虚部为 0。但图 3.2.2－2（b）显示，Z_N 的实部数值在 1450km 附近激增，在 2700km 附近保持较小数值，因此图 3.2.2－2(c)显示，$1/Z_N$ 幅值即短路电流仅在 2700km 附近激增，$1/Z_N$ 幅值达 104p.u.，

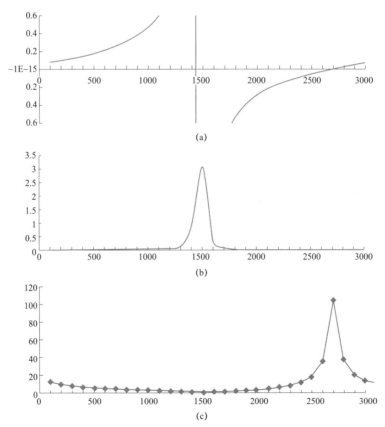

图 3.2.2－2　系统总等值阻抗 Z_N 的实部、虚部及幅值倒数随
线路长度的变化曲线（每段 100km）

（a）Z_N 虚部放大图；（b）Z_N 实部；（c）$1/Z_N$ 幅值

说明系统仅在 2700km 处三相故障时产生串联谐振，在 1450km 故障时并未引发谐振。该结论与本篇 2.1 中线路采用分布式参数模拟时的结论基本一致（谐振点 2700km，$1/Z_N$ 幅值达 95p.u.）。

同理，可以得到每段线路长度为 200km、500km 时，系统总等值阻抗 Z_N 的虚部、幅值倒数随线路长度的变化曲线，分别见图 3.2.2－3 和图 3.2.2－4。

从图 3.2.2－3（a）可以看出，以每段 200km 模拟长线路，系统依旧在 2700km 处三相故障时产生串联谐振，这与每段 100km 模拟结果一致；只是 $1/Z_N$ 幅值最大值约为 40～50p.u.，与每段 100km 时的最大值 104p.u.相差甚远。

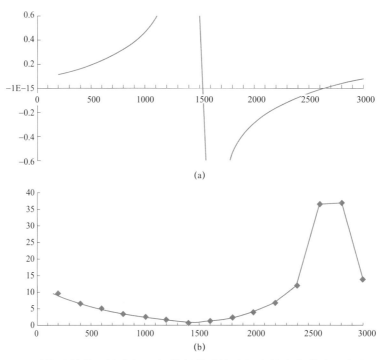

图 3.2.2－3　系统总等值阻抗虚部及幅值倒数随线路长度的变化曲线（每段 200km）
（a）Z_N 虚部放大图；（b）$1/Z_N$ 幅值

从图 3.2.2－4（a）可以看出，以每段 500km 模拟长线路，系统的三相故障谐振点在 2650km 处，与每段 100km 的模拟结果偏移 50km；$1/Z_N$ 幅值最大值约为 20p.u.，与每段 100km 时的最大值 104p.u.相差甚远。

另外，如果以每段 50km、150km 模拟长线路，系统的三相故障谐振点均在 2700km 处，且 $1/Z_N$ 幅值最大值约为 104p.u.，与每段 100km 的模拟结果完全一致。

在采用倍乘集中参数模型对长线路进行仿真时，若线路以每段≤150km 进行多段组合，其仿真精度与采用分布参数模型的精度基本一致。

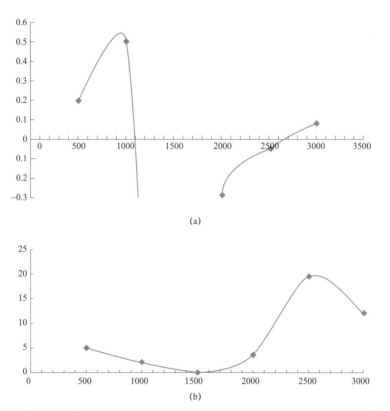

图 3.2.2 – 4　系统总等值阻抗虚部及幅值倒数随线路长度的变化曲线（每段 500km）

（a）Z_N 虚部放大图；（b）$1/Z_N$ 幅值

2.3　双回线中一回线三相短路故障引起串联谐振的故障点分析

2.3.1　双回线中一回线发生三相短路故障时的短路电流分析

双回线中一回线路上某点发生三相短路示意图如图 3.2.3 – 1 所示。

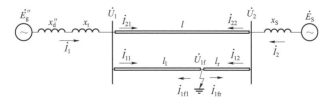

图 3.2.3 – 1　研究系统三相短路示意图

依据分布参数输电线方程和电路理论列写方程组如下：

$$\begin{cases} \dot{I}_1 = \dot{I}_{21} + \dot{I}_{11} \\ \dot{I}_2 = \dot{I}_{22} + \dot{I}_{12} \\ \begin{bmatrix} \dot{U}_1 \\ \dot{I}_{21} \end{bmatrix} = \begin{bmatrix} A & B \\ C & A \end{bmatrix} \begin{bmatrix} \dot{U}_2 \\ -\dot{I}_{22} \end{bmatrix} \\ \begin{bmatrix} \dot{U}_1 \\ \dot{I}_{11} \end{bmatrix} = \begin{bmatrix} A_1 & B_1 \\ C_1 & A_1 \end{bmatrix} \begin{bmatrix} \dot{U}_{1f} \\ -\dot{I}_{1fl} \end{bmatrix} \\ \begin{bmatrix} \dot{U}_2 \\ \dot{I}_{12} \end{bmatrix} = \begin{bmatrix} A_r & B_r \\ C_r & A_r \end{bmatrix} \begin{bmatrix} \dot{U}_{1f} \\ -\dot{I}_{1fr} \end{bmatrix} \\ \dot{U}_{1f} = 0 \\ \dot{E}_g'' - \dot{U}_1 = \dot{I}_1 \mathrm{j}x \\ \dot{E}_S - \dot{U}_2 = \dot{I}_2 \mathrm{j}x_S \\ x = x_d'' + x_t \end{cases} \tag{3.2.3-1}$$

其中：

$$\begin{cases} A = \cosh(\gamma_0 l) \\ B = Z_C \sinh(\gamma_0 l) \\ C = \dfrac{1}{Z_C} \sinh(\gamma_0 l) \\ A_1 = \cosh(\gamma_0 l_1) \\ B_1 = Z_C \sinh(\gamma_0 l_1) \\ C_1 = \dfrac{1}{Z_C} \sinh(\gamma_0 l_1) \\ A_r = \cosh(\gamma_0 l_r) \\ B_r = Z_C \sinh(\gamma_0 l_r) \\ C_r = \dfrac{1}{Z_C} \sinh(\gamma_0 l_r) \\ l_1 + l_r = l \end{cases} \tag{3.2.3-2}$$

式中：$A_{1,r} = \cosh(\gamma_0 l_{1,r})$，$B_{1,r} = Z_C \times \sinh(\gamma_0 l_{1,r})$，$C_{1,r} = 1/Z_C \times \sinh(\gamma_0 l_{1,r})$，下标 1 表示短路点左侧线路的转移矩阵，r 表示短路点右侧线路的转移矩阵。sinh、cosh 分别为正弦、余弦双曲函数，γ_0 为线路传播系数，$l_{1,r}$ 分别为线路首、末端离故障点的距离。详细的系统参数可参见附录 A。各转移矩阵参数之间的转换关系：

$$\begin{cases} A = A_1 A_r + B_1 C_r \\ B = A_1 B_r + B_1 A_r \\ C = C_1 A_r + C_r A_1 \\ A = C_1 B_r + A_1 A_r \\ AB_r + A_r B = B_{1+l_r} \\ CB_r + AA_1 = A_{1+l_r} \\ A_1 \cdot B_{1+l_r} + B_1 \cdot A_{1+l_r} = B_{1+l_r+l_1} = B_{21} \\ AB_r + A_r B = B_{1+l_r} \\ A_1 B + AB_1 = B_{1+l_1} \end{cases} \quad (3.2.3-3)$$

由式（3.2.3－1）、式（3.2.3－2）和式（3.2.3－3）可解得：

$$\begin{cases} \dot{U}_1 = A\dot{U}_2 - B\dot{I}_{22} \\ \dot{I}_{21} = C\dot{U}_2 - A\dot{I}_{22} \\ \dot{U}_1 = -B_1 \dot{I}_{1fl} \\ \dot{I}_{11} = -A_1 \dot{I}_{1fl} \\ \dot{U}_2 = -B_r \dot{I}_{1fr} \\ \dot{I}_{12} = -A_r \dot{I}_{1fr} \\ \dot{I}_1 = \dfrac{\dot{E}_g'' - \dot{U}_1}{jx} = \dfrac{\dot{E}_g'' + B_1 i_{1fl}}{jx} \\ \dot{I}_2 = \dfrac{\dot{E}_S - \dot{U}_2}{jx_S} = \dfrac{\dot{E}_g'' + B_r \dot{I}_{1fr}}{jx_S} \\ \dot{I}_{21} = \dot{I}_1 - \dot{I}_{11} = \dfrac{\dot{E}_g'' + B_1 \dot{I}_{1fl}}{jx} + A_1 \dot{I}_{1fl} = \dfrac{\dot{E}_g''}{jx} + \dfrac{(B_1 + A_1 jx)\dot{I}_{1fl}}{jx} \\ \dot{I}_{22} = \dot{I}_2 - \dot{I}_{12} = \dfrac{\dot{E}_S'' + B_r \dot{I}_{1fr}}{jx_S} + A_r \dot{I}_{1fr} = \dfrac{\dot{E}_S}{jx_S} + \dfrac{(B_r + A_r jx_S)\dot{I}_{1fr}}{jx_S} \end{cases} \quad (3.2.3-4)$$

求解式（3.2.3－4），可得出 $\dot{I}_{1fr}$ 和 $\dot{I}_{1fl}$ 表达式为：

$$\dot{I}_{1fr} = \frac{\dot{E}_S(BB_1 + jxB_{1+l_1}) + \dot{E}_g'' B_1 jx_S}{B_{21} xx_S - BB_1 B_r - B_1 B_{1+l_r} jx_S - B_r B_{1+l_1} jx} \quad (3.2.3-5)$$

$$\dot{I}_{1fl} = \frac{\dot{E}_S B_r jx + \dot{E}_g''(BB_r + jx_S B_{1+l_r})}{B_{21} xx_S - BB_1 B_r - B_1 B_{1+l_r} jx_S - B_r B_{1+l_1} jx} \quad (3.2.3-6)$$

将式（3.2.3－6）代入式（3.2.3－4）得到故障线路的送端电流：

$$\dot{I}_{11} = -\frac{E_S A_1 B_r jx + E_g''(A_1 BB_r + jx_S A_1 B_{1+l_r})}{B_{21} xx_S - BB_1 B_r - B_1 B_{1+l_r} jx_S - B_r B_{1+l_1} jx} = -\frac{E}{D} \quad (3.2.3-7)$$

$$D = Z_C^3 \left\{ \left(\frac{x x_S}{Z_C^2} - \frac{1}{4} \right) \sinh(2\gamma_0 l) - j \left(\frac{x_S}{2Z_C} + \frac{x}{2Z_C} \right) \cosh(2\gamma_0 l) \right\}$$

$$+ Z_C^3 \left\{ \frac{\sinh(2\gamma_0 l)}{4} + j \frac{x}{2Z_C} \cosh(2\gamma_0 l_1) \right\} \qquad (3.2.3-8)$$

$$+ Z_C^3 \left\{ \frac{\sinh(2\gamma_0 l_r)}{4} + j \frac{x_S}{2Z_C} \cosh(2\gamma_0 l_r) \right\}$$

设：

$$\begin{cases} \dfrac{x}{Z_C} = a \\[3mm] \dfrac{x_S}{Z_C} = b \end{cases} \qquad (3.2.3-9)$$

$$\begin{cases} \cos t_1 = \dfrac{\dfrac{1}{4}}{\sqrt{\dfrac{1}{16} + \dfrac{a^2}{4}}} = \dfrac{1}{\sqrt{4a^2+1}} \\[6mm] \sin t_1 = \dfrac{-\dfrac{a}{2}}{\sqrt{\dfrac{1}{16} + \dfrac{a^2}{4}}} = \dfrac{-2a}{\sqrt{4a^2+1}} \\[6mm] \cos t_r = \dfrac{\dfrac{1}{4}}{\sqrt{\dfrac{1}{16} + \dfrac{b^2}{4}}} = \dfrac{1}{\sqrt{4b^2+1}} \\[6mm] \sin t_r = \dfrac{-\dfrac{b}{2}}{\sqrt{\dfrac{1}{16} + \dfrac{b^2}{4}}} = \dfrac{-2b}{\sqrt{4b^2+1}} \\[6mm] \cos t = \dfrac{ab - \dfrac{1}{4}}{\sqrt{\left(ab - \dfrac{1}{4}\right)^2 + \left(\dfrac{a+b}{2}\right)^2}} \\[8mm] \sin t = \dfrac{\dfrac{a+b}{2}}{\sqrt{\left(ab - \dfrac{1}{4}\right)^2 + \left(\dfrac{a+b}{2}\right)^2}} \end{cases} \qquad (3.2.3-10)$$

将式（3.2.3－9）和式（3.2.3－10）代入式（3.2.3－8），得到：

$$D = \left\{ \sinh(2a_0 l)\cos(2\beta_0 l - t)\sqrt{\left(ab - \frac{1}{4}\right)^2 + \left(\frac{a+b}{2}\right)^2} + \sinh(2a_0 l_1)\cos(2\beta_0 l_1 - t_1) \right.$$

$$\sqrt{\frac{1}{16} + \frac{a^2}{4}} + \sinh(2a_0 l_r)\cos(2\beta_0 l_r - t_r)\sqrt{\frac{1}{16} + \frac{b^2}{4}}$$

$$+ j \left[\cosh(2a_0 l)\sin(2\beta_0 l - t)\sqrt{\left(ab - \frac{1}{4}\right)^2 + \left(\frac{a+b}{2}\right)^2} \right.$$

$$+ \cosh(2a_0 l_1)\sin(2\beta_0 l_1 - t_1)\sqrt{\frac{1}{16} + \frac{a^2}{4}}$$

$$\left. \left. + \cosh(2a_0 l_r)\sin(2\beta_0 l_r - t_r)\sqrt{\frac{1}{16} + \frac{b^2}{4}} \right] \right\} Z_C^3$$

$$(3.2.3－11)$$

将附录 A 的系统参数代入式（3.2.3－11），当送端 10 台机、$l = 3000 \text{km}$ 时，可得故障线路的送端电流 $\dot{I}_{11}$ 分母 D 的实部、虚部及幅值随故障点变化的曲线（见图 3.2.3－2、图 3.2.3－3）。

从图 3.2.3－2 可以看出，$\dot{I}_{11}$ 分母的虚部在 100km 和 2900km 处过零，$\dot{I}_{11}$ 分母的实部在 400km 和 2400km 处过零，但由于 $\dot{I}_{11}$ 分母的虚部数值远大于 $\dot{I}_{11}$ 分母的实部数值，因此，$\dot{I}_{11}$ 的幅值约在 100km 和 2900km 处达到最大（见图 3.2.3－3）。

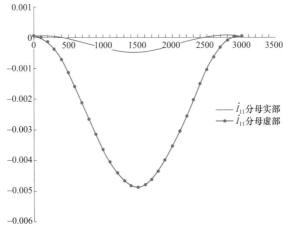

图 3.2.3－2　送端电流 $\dot{I}_{11}$ 分母的实部、虚部随故障点变化曲线
（送端 10 台机，l=3000km）

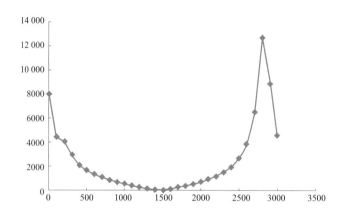

图 3.2.3 – 3 故障线路送端电流 $\dot{I}_{11}$ 的幅值随故障点变化曲线
（送端 10 台机，$l=3000\text{km}$）

将图 3.2.3 – 1 所示双回线路的二端口网络转换成 Π 形等值电路模型，如图 3.2.3 – 4 和图 3.2.3 – 5 所示。再根据电路理论求解引起串联谐振的三相短路故障点更为直观。

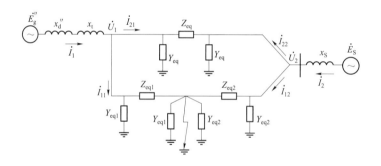

图 3.2.3 – 4 双回线路的 Π 形等值模型

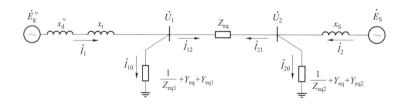

图 3.2.3 – 5 双回线路的 Π 形等值模型的变换

依据图 3.2.3 – 5 列写方程组如下：

$$
\begin{cases}
E''_g - \dot{U}_1 = \dot{I}_1 \cdot jx \\[4pt]
E''_S - \dot{U}_2 = \dot{I}_2 \cdot jx_S \\[4pt]
\dot{U}_1 = \dfrac{I_{10}}{\dfrac{1}{Z_{eq1}} + Y_{eq} + Y_{eq1}} \\[16pt]
\dot{U}_2 = \dfrac{I_{20}}{\dfrac{1}{Z_{eq2}} + Y_{eq} + Y_{eq2}} \\[16pt]
\dot{I}_1 = \dot{I}_{10} + \dot{I}_{12} \\[4pt]
\dot{I}_2 = \dot{I}_{21} + \dot{I}_{20} \\[4pt]
\dot{I}_{12} = -\dot{I}_{21} \\[4pt]
\dot{U}_1 - \dot{U}_2 = \dot{I}_{12} Z_{eq}
\end{cases}
\qquad (3.2.3-12)
$$

求解式（3.2.3 – 12）得到：

$$
\begin{cases}
\dot{E}''_g - \dot{U}_1 = (\dot{I}_{10} + \dot{I}_{12}) jx = \left(\dot{U}_1 Y_{e1} + \dfrac{\dot{U}_1 - \dot{U}_2}{Z_{eq}} \right) jx \\[14pt]
\dot{E}_S - \dot{U}_2 = (\dot{I}_{21} + \dot{I}_{20}) jx_S = \left(\dfrac{\dot{U}_2 - \dot{U}_1}{Z_{eq}} + \dot{U}_2 Y_{e2} \right) jx_S \\[14pt]
\dot{U}_1 = \dfrac{E''_g \left(1 + jx_S Y_{e2} + \dfrac{jx_S}{Z_{eq}} \right) + \dot{E}_S \dfrac{jx}{Z_{eq}}}{\left(1 + jx Y_{eq1} + \dfrac{jx}{Z_{eq}} \right)\left(1 + jx_S Y_{eq2} + \dfrac{jx_S}{Z_{eq}} \right) + \dfrac{x_S x}{Z_{eq}^2}} \\[26pt]
\dot{I}_1 = \dfrac{\dot{E}''_g [(1 + Z_{eq} Y_{e1})(jx_S + Z_{eq} + jx_S Y_{e2} Z_{eq}) - jx_S] - \dot{E}_S Z_{eq}}{[Z_{eq}(1 + jx Y_{e1}) + jx][Z_{eq}(1 + jx_S Y_{e2}) + jx_S] + x_S x}
\end{cases}
\qquad (3.2.3-13)
$$

其中：

$$
\begin{cases}
Z_{eq} = B \\[4pt]
Y_{eq} = \dfrac{A-1}{B} \\[10pt]
Z_{eq1} = B_l \\[4pt]
Y_{eq1} = \dfrac{A_l - 1}{B_l} \\[10pt]
Z_{eq2} = B_r \\[4pt]
Y_{eq2} = \dfrac{A_r - 1}{B_r} \\[10pt]
Y_{e1} = \dfrac{1}{Z_{eq1}} + Y_{eq} + Y_{eq1} = \dfrac{A_l}{B_l} + \dfrac{A-1}{B} \\[14pt]
Y_{e2} = \dfrac{1}{Z_{eq2}} + Y_{eq} + Y_{eq2} = \dfrac{A_r}{B_r} + \dfrac{A-1}{B} \\[14pt]
x = x''_d + x_t
\end{cases}
\qquad (3.2.3-14)
$$

整理得到：

$$\dot{I}_1 = \frac{\dot{E}_g''(B_{1+l_1}B_r + jx_S \cdot B_{2l}) - \dot{E}_S B_1 B_r}{BB_1 B_r + jx \cdot B_{1+l_1}B_r + jx_S \cdot B_{1+l_r}B_1 - B_{2l}x_S x} = \frac{E_e}{Z_e} \qquad (3.2.3-15)$$

从电源端看的系统等值阻抗 Z_e 的表达式为：

$$Z_e = BB_1 B_r + jxB_{1+l_1}B_r + jx_S B_{1+l_r}B_1 - B_{2l}x_S x \qquad (3.2.3-16)$$

将式（3.2.3-15）、式（3.2.3-16）与 2.3 中的式（3.2.3-7）对比，可以看出电流 $\dot{I}_1$ 和 $\dot{I}_{11}$ 分母拥有相同的表达式，即 $Z_e = D$，从电源端看进去的等值阻抗是一样的。$\dot{I}_1$ 分母的虚部过零，意味着系统的等值阻抗 Z_e 的虚部过零，同时引发 $\dot{I}_1$ 电流的激增，并导致系统发生串联谐振。

令式（3.2.3-16）即 Z_e 的虚部为零，则：

$$\cosh(2a_0 l)\left[\left(ab - \frac{1}{4}\right)\sin(2\beta_0 l) - \frac{a+b}{2}\cos(2\beta_0 l)\right]$$
$$+ \cosh(2a_0 l_1)\left[\frac{1}{4}\sin(2\beta_0 l_1) + \frac{a}{2}\cos(2\beta_0 l_1)\right] \qquad (3.2.3-17)$$
$$+ \cosh(2a_0 l_r)\left[\frac{1}{4}\sin(2\beta_0 l_r) + \frac{b}{2}\cos(2\beta_0 l_r)\right] = 0$$

当 $l = 0$ 时，$\cosh(2\alpha_0 l) = 1$；当 $l = 3000\text{km}$ 时，$\cosh(2\alpha_0 l) = 1.0012$。因此当 l、l_1、l_r 在 0～3000km 变化时，可以近似认为 $\cosh(2\alpha_0 l_1) \approx \cosh(2\alpha_0 l_r) \approx \cosh(2\alpha_0 l) \approx 1$。因为：

$$l = l_r + l_1 \qquad (3.2.3-18)$$

设

$$\sin t_1 = \frac{-\dfrac{a}{2} - \dfrac{1}{4}\sin(2\beta_0 l) - \dfrac{b}{2}\cos(2\beta_0 l)}{\sqrt{\dfrac{1}{8} + \dfrac{a^2 + b^2}{4} + \dfrac{a+b}{4}\sin(2\beta_0 l) + \dfrac{4ab-1}{8}\cos(2\beta_0 l)}} \qquad (3.2.3-19)$$

$$\cos t_1 = \frac{-\dfrac{1}{4} + \dfrac{1}{4}\cos(2\beta_0 l) - \dfrac{b}{2}\sin(2\beta_0 l)}{\sqrt{\dfrac{1}{8} + \dfrac{a^2 + b^2}{4} + \dfrac{a+b}{4}\sin(2\beta_0 l) + \dfrac{4ab-1}{8}\cos(2\beta_0 l)}} \qquad (3.2.3-20)$$

则将式（3.2.3-18）～式（3.2.3-20）代入式（3.2.3-17）可得：

$$l_1 = \frac{\arcsin\left[\dfrac{\left(ab - \dfrac{1}{4}\right)\sin(2\beta_0 l) - \dfrac{a+b}{2}\cos(2\beta_0 l)}{\sqrt{\dfrac{1}{8} + \dfrac{a^2 + b^2}{4} + \dfrac{a+b}{4}\sin(2\beta_0 l) + \dfrac{4ab-1}{8}\cos(2\beta_0 l)}}\right] - t_1}{2\beta_0} \qquad (3.2.3-21)$$

按照附录 A 中的参数，将 $a=\dfrac{x}{Z_C}$，$b=\dfrac{x_S}{Z_C}$ 代入式（3.2.3-19）和式（3.2.3-20）得到 $\sin t_1=-0.998\,99$，$\cos t_1=-0.044\,96$，则 $t_1=4.667\,42$。由式（3.2.3-21）可以得出，$l_1=124\text{km}$ 和 2856km 时，Z_e 虚部过零。因此，引起系统谐振的三相短路点在距送端 124km 和 2856km 处，与 3.2.1 谐振点（$l_1=100\text{km}$ 和 $l_1=2900\text{km}$）基本吻合。

2.3.2　双回线中一回线三相短路故障下不引发串联谐振的线路长度

从图 3.2.3-6、图 3.2.3-7 可以看出，当送端 10 台机，线路长度<2400km 时，故障线路送端电流的幅值在线路的送、受端短路时最大，送端电流 $\dot{I}_{11}$ 分母的实部、虚部均未过零，系统相间故障不会引起串联谐振。当线路长度为 2500km 时，故障

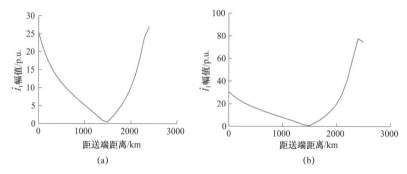

图 3.2.3-6　故障线路送端电流 $\dot{I}_{11}$ 的幅值随故障点变化曲线

（a）送端 10 台机，l=2400km；（b）送端 10 台机，l=2500km

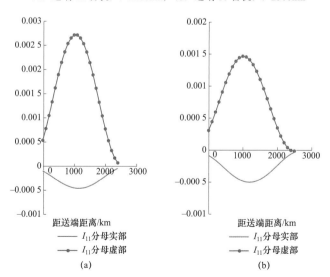

图 3.2.3-7　故障线路送端电流 $\dot{I}_{11}$ 分母的实部、虚部随故障点变化曲线

（a）送端 10 台机，l=2400km；（b）送端 10 台机，l=2500km

线路送端电流的幅值在 2400km 短路时最大，且送端电流 $\dot{I}_{11}$ 分母的虚部在 2400km 短路时过零。因此，当送端 10 台机，3000km≥线路长度≥2400km 时，双回线中一回线发生三相故障时会引起串联谐振。

同理，从图 3.2.3－8、图 3.2.3－9 可以看出，当送端 1 台机，线路长度≥1700km 时，双回线中一回线发生三相故障时会引起串联谐振；当线路长度＜1700km 时，双回线中一回线发生三相故障不会引起串联谐振。

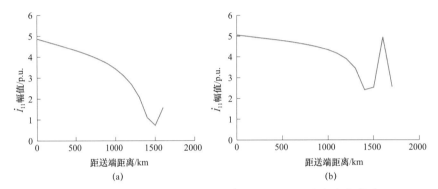

图 3.2.3－8   故障线路送端电流 $\dot{I}_{11}$ 的幅值随故障点变化曲线
（a）送端 1 台机，l=1600km；（b）送端 1 台机，l=1700km

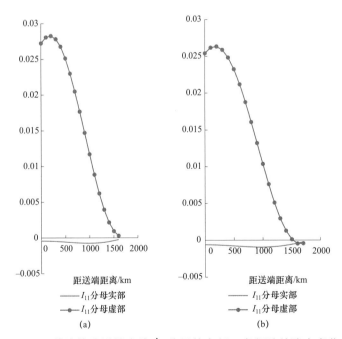

图 3.2.3－9   故障线路送端电流 $\dot{I}_{11}$ 分母的实部、虚部随故障点变化曲线
（a）送端 1 台机，l=1600km；（b）送端 1 台机，l=1700km

2.4 单回线两相短路故障引起串联谐振的故障点分析

2.4.1 单回线两相短路故障发生时刻的短路电流分析

线路上某点发生两相短路，其三序等值电路分别如图 3.2.4－1 所示。

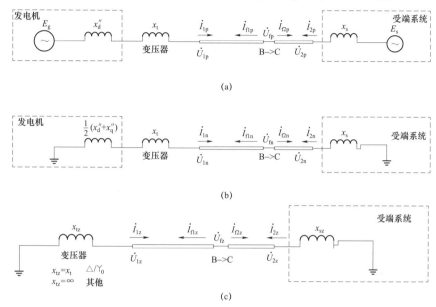

图 3.2.4－1 线路 B、C 相故障三序等值电路

（a）正序网络；（b）负序网络；（c）零序网络

（1）对正序网络：

$$\begin{cases} \begin{bmatrix} \dot{U}_{1p} \\ \dot{I}_{1p} \end{bmatrix} = \begin{bmatrix} A_{pl} & B_{pl} \\ C_{pl} & A_{pl} \end{bmatrix} \begin{bmatrix} \dot{U}_{fp} \\ -\dot{I}_{f1p} \end{bmatrix} \\ \dot{E}_g = \dot{I}_{1p} j(x_d'' + x_t) + \dot{U}_{1p} \\ \begin{bmatrix} \dot{U}_{2p} \\ \dot{I}_{2p} \end{bmatrix} = \begin{bmatrix} A_{pr} & B_{pr} \\ C_{pr} & A_{pr} \end{bmatrix} \begin{bmatrix} \dot{U}_{fp} \\ -\dot{I}_{f2p} \end{bmatrix} \\ \dot{E}_s = \dot{I}_{2p} j x_s + \dot{U}_{2p} \end{cases} \qquad (3.2.4-1)$$

式中：下标 pl 表示短路点至送端线路的正序参数，pr 表示短路点至受端线路的正序参数。可解得：

$$\begin{cases} \dot{I}_{f1p} = \dfrac{[C_{pl} j(x_d'' + x_t) + A_{pl}]\dot{U}_{fp} - \dot{E}_g}{A_{pl} j(x_d'' + x_t) + B_{pl}} \\ \dot{I}_{f2p} = \dfrac{(C_{pr} j x_s + A_{pr})\dot{U}_{fp} - \dot{E}_s}{j A_{pr} x_s + B_{pr}} \end{cases} \qquad (3.2.4-2)$$

（2）对负序网络：

$$
\begin{cases}
\begin{bmatrix} \dot{U}_{1n} \\ \dot{I}_{1n} \end{bmatrix} = \begin{bmatrix} A_{nl} & B_{nl} \\ C_{nl} & A_{nl} \end{bmatrix} \begin{bmatrix} \dot{U}_{fn} \\ -\dot{I}_{f1n} \end{bmatrix} \\
0 = \dot{I}_{1n} j \left(\dfrac{1}{2} x_d'' + \dfrac{1}{2} x_q'' + x_t \right) + \dot{U}_{1n} \\
\begin{bmatrix} \dot{U}_{2n} \\ \dot{I}_{2n} \end{bmatrix} = \begin{bmatrix} A_{nr} & B_{nr} \\ C_{nr} & A_{nr} \end{bmatrix} \begin{bmatrix} \dot{U}_{fn} \\ -\dot{I}_{f2n} \end{bmatrix} \\
0 = \dot{I}_{2n} j x_s + \dot{U}_{2n}
\end{cases}
\tag{3.2.4-3}
$$

可解得：

$$
\begin{cases}
\dot{I}_{f1n} = \dfrac{\left[C_{nl} j \left(\dfrac{1}{2} x_d'' + \dfrac{1}{2} x_q'' + x_t \right) + A_{nl} \right] \dot{U}_{fn}}{A_{nl} j \left(\dfrac{1}{2} x_d'' + \dfrac{1}{2} x_q'' + x_t \right) + B_{nl}} \\
\dot{I}_{f2n} = \dfrac{(C_{nr} j x_s + A_{nr}) \dot{U}_{fn}}{A_{nr} j x_s + B_{nr}}
\end{cases}
\tag{3.2.4-4}
$$

（3）对零序网络：

$$
\begin{cases}
\begin{bmatrix} \dot{U}_{1z} \\ \dot{I}_{1z} \end{bmatrix} = \begin{bmatrix} A_{zl} & B_{zl} \\ C_{zl} & A_{zl} \end{bmatrix} \begin{bmatrix} \dot{U}_{fz} \\ -\dot{I}_{f1z} \end{bmatrix} \\
0 = \dot{I}_{1z} j x_{tz} + \dot{U}_{1z} \\
\begin{bmatrix} \dot{U}_{2z} \\ \dot{I}_{2z} \end{bmatrix} = \begin{bmatrix} A_{zr} & B_{zr} \\ C_{zr} & A_{zr} \end{bmatrix} \begin{bmatrix} \dot{U}_{fz} \\ -\dot{I}_{f2z} \end{bmatrix} \\
0 = \dot{I}_{2z} j x_{sz} + \dot{U}_{2z}
\end{cases}
\tag{3.2.4-5}
$$

可解得：

$$
\begin{cases}
\dot{I}_{f1z} = \dfrac{(C_{zl} j x_{tz} + A_{zl}) \dot{U}_{fz}}{A_{zl} j x_{tz} + B_{zl}} \\
\dot{I}_{f2z} = \dfrac{(C_{zr} j x_{sz} + A_{zr}) \dot{U}_{fz}}{A_{zr} j x_{sz} + B_{zr}}
\end{cases}
\tag{3.2.4-6}
$$

单回线 BC 相短路的示意图见图 3.2.4-2。

对 BC 相两相短路，在短路点有：

$$
\begin{cases}
\dot{U}_{fb} = \dot{U}_{fc} \\
\dot{I}_{f1a} + \dot{I}_{f2a} = 0 \\
\dot{I}_{f1c} + \dot{I}_{f1b} + \dot{I}_{f2c} + \dot{I}_{f2b} = 0
\end{cases}
\tag{3.2.4-7}
$$

依据相序转换关系：

$$\begin{bmatrix} a \\ b \\ c \end{bmatrix} = \begin{bmatrix} 1 & 1 & 1 \\ k^2 & k & 1 \\ k & k^2 & 1 \end{bmatrix} \begin{bmatrix} p \\ n \\ z \end{bmatrix} \qquad （3.2.4-8）$$

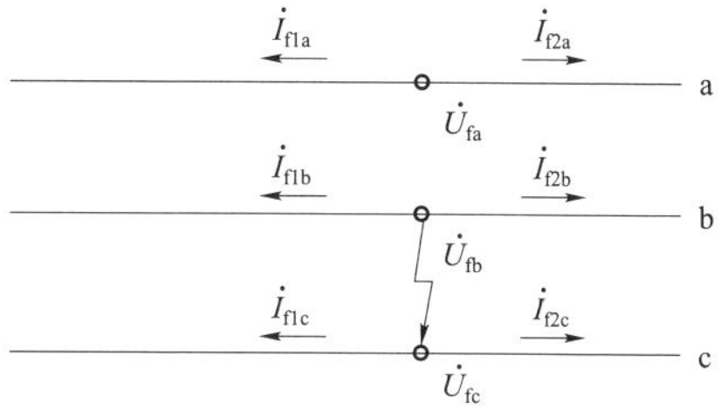

图 3.2.4-2　单回线 BC 相短路示意图

式中：$k = e^{j120°}$。可得：

$$\begin{cases} \dot{U}_{\mathrm{fp}} = \dot{U}_{\mathrm{fn}} \\ \dot{I}_{\mathrm{f1p}} + \dot{I}_{\mathrm{f2p}} + \dot{I}_{\mathrm{f1n}} + \dot{I}_{\mathrm{f2n}} = 0 \\ \dot{I}_{\mathrm{f1z}} + \dot{I}_{\mathrm{f2z}} = 0 \end{cases} \qquad （3.2.4-9）$$

将式（3.2.4-8）、式（3.2.4-2）、式（3.2.4-4）、式（3.2.4-6）代入式（3.2.4-9），可得：

$$\dot{U}_{\mathrm{fp}} = \dot{U}_{\mathrm{fn}} = \frac{\dfrac{\dot{E}_{\mathrm{g}}}{N_{\mathrm{lp}}} + \dfrac{\dot{E}_{\mathrm{s}}}{N_{\mathrm{rp}}}}{\dfrac{M_{\mathrm{lp}}}{N_{\mathrm{lp}}} + \dfrac{M_{\mathrm{rp}}}{N_{\mathrm{rp}}} + \dfrac{M_{\mathrm{ln}}}{N_{\mathrm{ln}}} + \dfrac{M_{\mathrm{rn}}}{N_{\mathrm{rn}}}} \qquad （3.2.4-10）$$

$$\dot{U}_{\mathrm{fz}} = 0 \qquad （3.2.4-11）$$

其中：

$$M_{\mathrm{lp}} = C_{\mathrm{pl}}(x_{\mathrm{d}}'' + x_{\mathrm{t}}) + A_{\mathrm{pl}} \qquad\qquad N_{\mathrm{lp}} = A_{\mathrm{pl}}(x_{\mathrm{d}}'' + x_{\mathrm{t}}) + B_{\mathrm{pl}}$$

$$M_{\mathrm{rp}} = C_{\mathrm{pr}}x_{\mathrm{s}} + A_{\mathrm{pr}} \qquad\qquad N_{\mathrm{rp}} = A_{\mathrm{pr}}x_{\mathrm{s}} + B_{\mathrm{pr}}$$

$$M_{\mathrm{ln}} = C_{\mathrm{nl}}\left(\frac{1}{2}x_{\mathrm{d}}'' + \frac{1}{2}x_{\mathrm{q}}'' + x_{\mathrm{t}}\right) + A_{\mathrm{nl}} \quad N_{\mathrm{ln}} = A_{\mathrm{nl}}\left(\frac{1}{2}x_{\mathrm{d}}'' + \frac{1}{2}x_{\mathrm{q}}'' + x_{\mathrm{t}}\right) + B_{\mathrm{nl}}$$

$$M_{\mathrm{rn}} = C_{\mathrm{nr}}x_{\mathrm{s}} + A_{\mathrm{nr}} \qquad\qquad N_{\mathrm{rn}} = A_{\mathrm{nr}}x_{\mathrm{s}} + B_{\mathrm{nr}}$$

$$M_{\mathrm{lz}} = C_{\mathrm{zl}}x_{\mathrm{tz}} + A_{\mathrm{zl}} \qquad\qquad N_{\mathrm{lz}} = A_{\mathrm{zl}}x_{\mathrm{tz}} + B_{\mathrm{zl}}$$

$$M_{\mathrm{rz}} = C_{\mathrm{zr}}x_{\mathrm{sz}} + A_{\mathrm{zr}} \qquad\qquad N_{\mathrm{rz}} = A_{\mathrm{zr}}x_{\mathrm{sz}} + B_{\mathrm{zr}}$$

$$（3.2.4-12）$$

再代入式（3.3.4-2）、式（3.3.4-4）、式（3.3.4-6）可求得各序电流：

$$\begin{cases} \dot{I}_{\mathrm{1p}} = \dfrac{\dot{E}_{\mathrm{g}}A_{\mathrm{pl}} - \dot{U}_{\mathrm{fp}}}{N_{\mathrm{lp}}} \\[3mm] \dot{I}_{\mathrm{1n}} = -\dfrac{1}{N_{\mathrm{ln}}}\dot{U}_{\mathrm{fn}} \\[3mm] \dot{I}_{\mathrm{1z}} = -\dfrac{1}{N_{\mathrm{lz}}}\dot{U}_{\mathrm{fz}} = 0 \end{cases} \qquad （3.2.4-13）$$

于是线路 A 相送端的短路电流 $\dot{I}_{1a}$ 为：

$$\dot{I}_{1a} = \dot{I}_{1p} + \dot{I}_{1n} + \dot{I}_{1z}$$

$$= \frac{\dot{E}_g}{\sum_2 N_{lp}}[A_{pl} \cdot \sum_2 - (N_{lp} + N_{ln})N_{rp}N_{rn}] - \frac{(N_{lp} + N_{rn})\dot{E}_s \cdot N_{rn}}{\sum_2}$$

$$（3.2.4-14）$$

$$\sum_2 = (M_{lp}N_{rp} + M_{rp}N_{lp})N_{ln}N_{rn} + (M_{ln}N_{rn} + M_{rn}N_{ln})N_{lp}N_{rp}$$

$$（3.2.4-15）$$

线路 B 相送端的短路电流 $\dot{I}_{1b}$ 为：

$$\dot{I}_{1b} = \frac{\dot{E}_g}{N_{lp}\sum_2}\{A_{pl}(a-jb)\sum_2 - [(a-jb)N_{ln} + (a+jb)N_{lp}]N_{rp}N_{lp}\}$$

$$-\frac{\dot{E}_s}{N_{lp}\sum_2}[(a-jb)N_{ln} + (a+jb)N_{lp}]N_{lp}N_{rp}$$

$$（3.2.4-16）$$

式中：$a = \cos120° = -0.5$；$b = \sin120° = 0.866\,03$。

将附录 A 的系统参数代入式（3.2.4-16），当送端 10 台机、$l=3000$km 时，可得线路 B 相送端短路电流 $\dot{I}_{1b}$ 分母的实部、虚部及幅值倒数随故障点变化的曲线，见图 3.2.4-3、图 3.2.4-4。

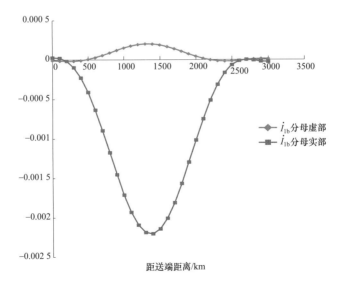

图 3.2.4-3 线路 B 相送端短路电流 $\dot{I}_{1b}$ 分母的实部、
虚部随故障点变化曲线（送端 10 台机，$l=3000$km）

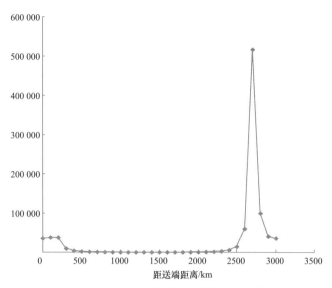

图 3.2.4 – 4　线路 B 相送端短路电流 $\dot{I}_{1b}$ 分母的幅值倒数随故障点变化曲线
（送端 10 台机，l=3000km）

从图 3.2.4 – 3 可以看出，$\dot{I}_{1b}$ 分母的虚部在 500km 和 2200km 处过零，$\dot{I}_{1b}$ 分母的实部在 200km 和 2700km 处过零，但由于 $\dot{I}_{1b}$ 分母的实部数值远大于 $\dot{I}_{1b}$ 分母的虚部数值，因此 $\dot{I}_{1b}$ 分母的幅值倒数及 $\dot{I}_{1b}$ 的幅值约在 200km 和 2700km 处达到最大，见图 3.2.4 – 4、图 3.2.4 – 5。

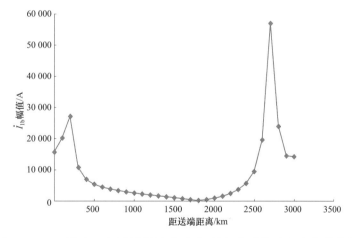

图 3.2.4 – 5　线路 B 相送端短路电流 $\dot{I}_{1b}$ 的幅值随故障点变化的曲线
（送端 10 台机，l=3000km）

2.4.2　单回线两相短路故障下不引发串联谐振的线路长度

从图 3.2.4 – 6、图 3.2.4 – 7 可以看出，当送端 10 台机，线路长度＜2600km 时，

首端短路电流 $\dot{I}_{1b}$ 分母的实部、虚部均未过零，系统相间故障不会引起串联谐振。当线路长度 ≥2600km 时，首端短路电流 $\dot{I}_{1b}$ 分母的虚部会过零，首端短路电流 $\dot{I}_{1b}$ 的幅值在谐振点数倍于其他故障点电流，相间故障会引起系统串联谐振。

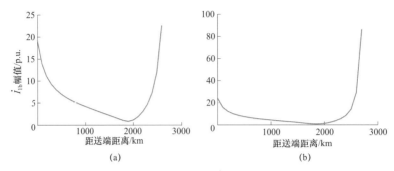

图 3.2.4–6 线路 B 相送端短路电流 $\dot{I}_{1b}$ 的幅值随故障点变化的曲线

（a）送端 10 台机，l=2600km；（b）送端 10 台机，l=2700km

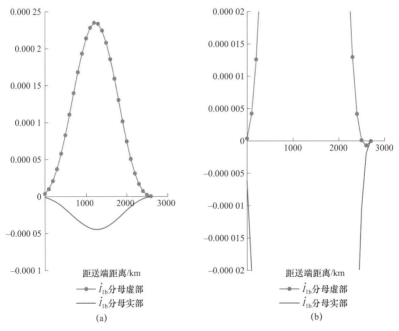

图 3.2.4–7 线路 B 相送端短路电流 $\dot{I}_{1b}$ 分母的实部、虚部随故障点变化曲线

（a）送端 10 台机，l=2600km；（b）送端 10 台机，l=2700km

同理，从图 3.2.4–8、图 3.2.4–9 可以看出，当送端 1 台机，线路长度 ≥1800km 时，发生相间故障时送端短路电流 $\dot{I}_{1b}$ 分母的虚部会过零，相间故障会引起系统串联谐振。当线路长度 <1800km 时，送端短路电流 $\dot{I}_{1b}$ 分母的实部、虚部均未过零，系统相间故障不会引起串联谐振。

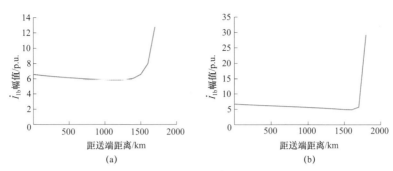

图 3.2.4 - 8　线路 B 相送端短路电流 $\dot{I}_{1b}$ 的幅值随故障点变化的曲线

（a）送端 1 台机，l=1700km；（b）送端 1 台机，l=1800km

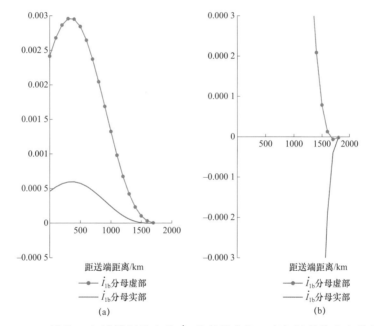

图 3.2.4 - 9　线路 B 相送端短路电流 $\dot{I}_{1b}$ 分母的实部、虚部随故障点变化曲线

（a）送端 1 台机，l=1700km；（b）送端 1 台机，l=1800km

2.5　中间有 1 个电源接入的长线路引起串联谐振的三相短路故障点分析

中间有 1 个电源接入的长线路某点发生三相短路电流时，其等值电路如图 3.2.5 - 1 所示。

依据等值电路图列写方程组如下：

$$Y_2 = Y_{eq2} + Y_{eq1} + \frac{1}{Z_{eq2}} \qquad (3.2.5 - 1)$$

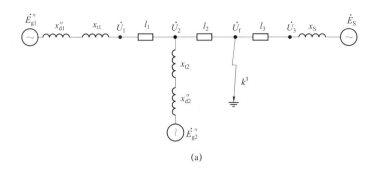

(a)

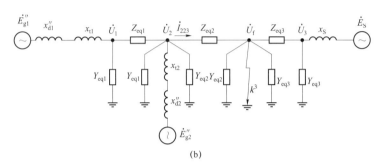

(b)

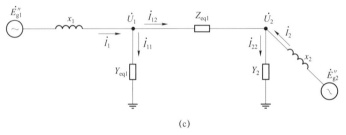

(c)

图 3.2.5 - 1 研究系统三相短路等值电路图

$$jx''_{d_1} + jx_{t1} = jx_1 \qquad (3.2.5-2)$$

$$jx''_{d_2} + jx_{t2} = jx_2 \qquad (3.2.5-3)$$

$$\begin{cases} \dot{E}_{g1} - \dot{U}_1 = jx_1\dot{I}_1 \\ \dot{E}_{g2} - \dot{U}_2 = jx_2\dot{I}_2 \\ \dot{I}_1 = \dot{I}_{11} + \dot{I}_{12} \\ \dot{I}_{22} = \dot{I}_{12} + \dot{I}_2 \\ \dot{U}_1 - \dot{U}_2 = \dot{I}_{12}Z_{eq1} \\ \dot{U}_2 = \dfrac{\dot{I}_{22}}{Y_2} \\ \dot{U}_1 = \dfrac{\dot{I}_{11}}{Y_{eq1}} \end{cases} \qquad (3.2.5-4)$$

从线路节点 2 流向故障点的电流 $\dot{I}_{223}$［参见图 3.2.5－1（b）］表达式为：

$$\dot{I}_{223}=\frac{\dfrac{\dot{I}_{22}}{Y_2}}{Z_{eq2}}=\frac{\dot{I}_{22}}{Y_2 Z_{eq2}} \tag{3.2.5－5}$$

将式（3.2.5－1）～式（3.2.5－3）代入式（3.2.5－4）整理得到：

$$\dot{I}_1=\frac{1}{jx_1}(E_{g1}-\dot{I}_{11}/Y_{eq1})=\dot{I}_{11}+\frac{1}{z_{eq1}}(\dot{I}_{11}/Y_{eq1}-\dot{I}_{22}/Y_2) \tag{3.2.5－6}$$

$$\dot{I}_2=\frac{1}{jx_2}(E_{g2}-\dot{I}_{22}/Y_2)=\dot{I}_{22}-\frac{1}{z_{eq1}}\left(\frac{\dot{I}_{11}}{Y_{eq1}}-\frac{\dot{I}_{22}}{Y_2}\right) \tag{3.2.5－7}$$

求解式（3.2.5－6）、式（3.2.5－7）得到 $\dot{I}_{11}$ 和 $\dot{I}_{22}$ 表达式，代入式（3.2.5－5）得到：

$$\dot{I}_{223}=[\dot{E}_{g1}jx_2+\dot{E}_{g2}(A_1jx_1+B_1)]\frac{1}{B_2jx_1jx_2}\frac{1}{\left(A_1+\dfrac{B_1}{jx_1}\right)\left(\dfrac{A_1}{B_1}+\dfrac{A_2}{B_2}+\dfrac{1}{jx_2}\right)-\dfrac{1}{B_1}} \tag{3.2.5－8}$$

相对于 $\dot{I}_{223}$ 的系统等值阻抗 Z_{223} 表达式为：

$$Z_{223}=(A_1jx_1+B_1)(A_2jx_2+B_2)+jx_2B_2\left(A_1+\frac{B_1}{Z_C^2}jx_1\right) \tag{3.2.5－9}$$

设 $l_1+l_2=l$，则有：

$$\begin{cases} A=\cosh(\gamma l)=\cosh(\alpha l)\cos(\beta l)+j\sinh(\alpha l)\cos(\beta l) \\ B=Z_C\sinh(\gamma l)=Z_C[\sinh(\alpha l)\cos(\beta l)+j\cosh(\alpha l)\sin(\beta l)] \\ A_1=\cosh(\gamma l_1)=\cosh(\alpha l_1)\cos(\beta l_1)+j\sinh(\alpha l_1)\cos(\beta l_1) \\ B_1=Z_C[\sin(\alpha l_1)\cos(\beta l_1)+j\cos(\alpha l_1)\sin(\beta l_1)] \\ A_2=\cosh(\gamma l_2)=\cosh(\alpha l_2)\cos(\beta l_2)+j\sinh(\alpha l_2)\cos(\beta l_2) \\ B_2=Z_C[\sin(\alpha l_2)\cos(\beta l_2)+j\cos(\alpha l_2)\sin(\beta l_2)] \end{cases} \tag{3.2.5－10}$$

由式（3.2.5－6）可得线路的电源侧注入电流 $\dot{I}_1$：

$$\dot{I}_1=\frac{(Ajx_2+B_1)\dot{E}_{g1}-\dot{E}_{g2}B_2}{(Ajx_1+B)jx_2+B_2(A_1jx_1+B_1)} \tag{3.2.5－11}$$

将式（3.2.5－10）代入式（3.2.5－11）整理得到：

$$\dot{I}_1 分母虚部 = \sqrt{Z_\mathrm{C}^2 + x_1^2}\left\{\sqrt{x_2^2 + \frac{Z_\mathrm{C}^2}{4}}\sinh(\alpha l)\sin(\beta l + t + t_1) - \right.$$

$$\left. \frac{Z_\mathrm{C}}{2}\sinh[\alpha(l_1 - l_2)]\sin[\beta(l_1 - l_2) + t]\right\} \quad (3.2.5-12)$$

$$\dot{I}_1 分母实部 = \sqrt{Z_\mathrm{C}^2 + x_1^2}\left\{\sqrt{x_2^2 + \frac{Z_\mathrm{C}^2}{4}}\cosh(\alpha l)\cos(\beta l + t + t_1) - \right.$$

$$\left. \frac{Z_\mathrm{C}}{2}\cosh[\alpha(l_1 - l_2)]\cos[\beta(l_1 - l_2) + t]\right\} \quad (3.2.5-13)$$

其中：

$$\begin{cases}\cos t = \dfrac{Z_\mathrm{C}}{\sqrt{Z_\mathrm{C}^2 + x_1^2}} \\[2mm] \sin t = \dfrac{X_1}{\sqrt{Z_\mathrm{C}^2 + x_1^2}} \\[2mm] \sin t_1 = \dfrac{X_2}{\sqrt{x_2^2 + \dfrac{Z_\mathrm{C}^2}{4}}} \\[2mm] \cos t_1 = \dfrac{Z_\mathrm{C}^2}{\sqrt{x_2^2 + \dfrac{Z_\mathrm{C}^2}{4}}}\end{cases} \quad (3.2.5-14)$$

将附录 A 的系统参数代入式（3.2.5-12）、式（3.2.5-13），当送端 10 台机、l_1=800km 时，可得线路 l_1 的送端电流 $\dot{I}_1$ 分母的实部、虚部及幅值倒数随故障点变化的曲线，见图 3.2.5-2、图 3.2.5-3。

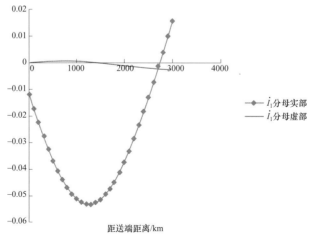

图 3.2.5-2   线路 l_1 送端电流 $\dot{I}_1$ 分母的实部、虚部随故障点变化曲线
（送端 10 台机 l_1=800km，l_2=0～3000km）

从图 3.2.5-2 可以看出，$\dot{I}_1$ 分母的虚部在 1500km 处过零，$\dot{I}_1$ 分母的实部在 2700km 处过零，但由于 $\dot{I}_1$ 分母的实部数值远大于 $\dot{I}_1$ 分母虚部数值，因此 $\dot{I}_1$ 分母的幅值倒数约在 2700km 处达到最大，见图 3.2.5-3。

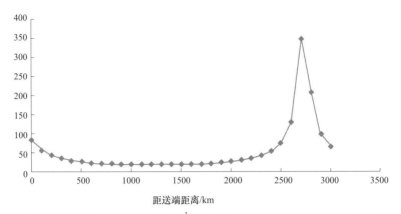

图 3.2.5-3　线路 l_1 送端电流 $\dot{I}_1$ 分母的幅值倒数随故障点变化曲线
（送端 10 台机，$l_1 = 800\text{km}$，$l_2 = 0 \sim 3000\text{km}$）

从上述分析可见，当中间电源在距离送端电源 800km 处接入，系统在距离中间电源点 2700km 处发生三相故障时，系统的短路电流激增，引发系统串联谐振。

上述结论也可以根据式（3.2.5-13）求得。为求解引起串联谐振的三相短路故障点位置，令式（3.2.5-13）等于零，得到：

$$\dot{I}_1 分母实部 = \sqrt{Z_C^2 + x_1^2}\left\{\sqrt{x_2^2 + \frac{Z_C^2}{4}}\cosh(\alpha l)\cos(\beta l + t + t_1) - \right.$$
$$\left. \frac{Z_C}{2}\cosh[\alpha(l_1 - l_2)]\cos[\beta(l_1 - l_2) + t]\right\} = 0 \qquad (3.2.5-15)$$

当 $l = 0 \sim 3000\text{km}$，$\cosh(2\alpha_0 l) = 1 \sim 1.0012$，可以近似认为 $\cosh(\alpha l) \approx \cosh[\alpha(l_1 - l_2)] \approx 1$，则：

$$\sqrt{x_2^2 + \frac{Z_C^2}{4}}\cos(\beta l + t + t_1) - \frac{Z_C}{2}\cos[\beta(l_1 - l_2) + t] = 0 \qquad (3.2.5-16)$$

将 $l = l_1 + l_2$ 代入式（3.2.5-16），并设：

$$\sin t_3 = \frac{x_2 \sin(\beta l_1 + t)}{\sqrt{[x_2 \sin(\beta l_1 + t)]^2 + [Z_C \sin(\beta l_1 + t) + x_2 \cos(\beta l_1 + t)]^2}} \qquad (3.2.5-17)$$

$$\cos t_3 = \frac{Z_C \sin(\beta l_1 + t) + x_2 \cos(\beta l_1 + t)}{\sqrt{[x_2 \sin(\beta l_1 + t)]^2 + [Z_C \sin(\beta l_1 + t) + x_2 \cos(\beta l_1 + t)]^2}} \qquad (3.2.5-18)$$

得到：

$$\sin(\beta l_2 + t_3) = 0 \qquad (3.2.5-19)$$

$$\beta l_2 + t_3 = \pi \text{ 或 } 2\pi \qquad (3.2.5-20)$$

$$l_2 = \frac{\pi - t_3}{\beta} \text{ 或 } \frac{2\pi - t_3}{\beta} \qquad (3.2.5-21)$$

将附录 A 中的系统参数代入式（3.2.5-20）、式（3.2.5-21），当送端 10 台机，中间电源在距离送端电源 $l_1 = 800$km 处接入时，得到 l_2 在 3000km 内的解只有一个，即 $l_2 = 2728$km。

该计算结果与图 3.2.5-3 中 $\dot{I}_1$ 分母的幅值倒数约在 2700km 处达到最大的结果基本一致。

2.6 长线路短路电流动态缓慢爬升特性

从本书第一篇第 3 章线路稳态模型对长线路的适应性分析可以看出，常规线路在发生三相或单相短路时，短路电流的交流分量可在瞬间（20ms）达到稳态值。而当线路达到一定长度，在沿线的特定区段发生三相或单相故障后，系统的过渡过程可能持续数百毫秒甚至上千毫秒，短路电流的交流分量呈现逐步爬升的现象。

1. 三相短路电流的过渡过程

对于常规短线路，可以给出短路电流的时域解析表达式。而对于长线路，给出短路电流的解析表达式将非常困难。其主要原因在于：① 长线路电容效应的影响比短线路明显，从而不能像短线路那样等效为简单的 R-L 电路；② 长线路波传输过程较长，电压、电流经过多次反射后才能达到稳态，该过程尚无统一的时域表达式。正是由于这些原因，目前针对长线路的过渡过程规律的研究均是通过时域仿真的方法。

图 3.2.6-1 给出了电源经过长线路给短路点提供短路电流的算例示意图。当图中线路取不同长度时，也可用于分析半波长线路不同位置发生三相短路的情形。图中线路正常状态下为负载阻抗匹配运行；电源端三相和单相短路时，周期分量有效值分别为 21kA 和 17kA。图 3.2.6-2 是应用电磁暂态仿真工具计算得到的短路电流曲线，故障时刻为 1.0s。

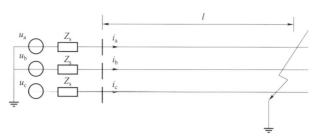

图 3.2.6 - 1　电压源经线路馈入短路

在距送端 300km 三相短路时，送端断路器的短路电流交流分量在 20ms 达到稳态值，如图 3.2.6 - 2（a）所示；在距送端 2700km 三相短路时，线路送端断路器的短路电流存在缓慢爬升的过程，其交流分量在 850ms 达到稳态值，如图 3.2.6 - 2（b）所示。

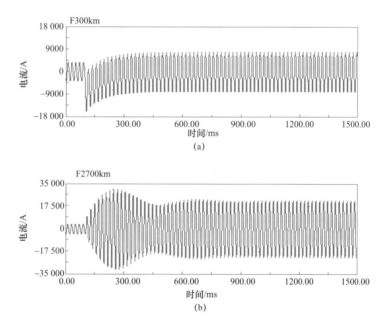

图 3.2.6 - 2　三相短路故障情况下，典型故障位置断路器短路电流波形图
（a）距送端 300km 位置三相短路；（b）距送端 2700km 位置三相短路

2. 单相接地短路

半波长线路沿线发生单相接地故障时，其稳态短路电流的规律与三相短路电流类似，只是计算表达式略复杂，还需考虑负序网络和零序网络的影响。图 3.2.6 - 3 给出了电磁暂态仿真工具计算得到的单相短路电流波形图。

与三相短路类似，在距送端 0km 单相短路时，线路送端断路器的短路电流交流分量在 20ms 达到稳态值，如图 3.2.6 - 3（a）所示；在距送端 3000km 单相短路时，线路送端断路器的短路电流存在缓慢爬升的过程,其交流分量在800ms达到稳态值,如图 3.2.6-3(b)所示。

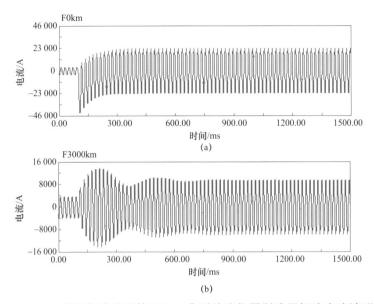

图 3.2.6-3 单相短路故障情况下,典型故障位置断路器短路电流波形图
(a)距送端 0km 位置单相短路;(b)距送端 3000km 位置单相短路

第 3 章
半波长线路功率波动引起的过电压

3.1 半波长线路功率波动过电压现象

功率波动过电压是半波长线路所特有的一种过电压现象,由半波长线路上的功率波动引起[4],且具有功率波动越大、过电压越高的特点。

通过对沿线 0~3000km 每 100km 处设置故障,得到半波长线路三相接地和相间故障、单相故障重合成功、单相故障重合不成功跳三相、单相故障断路器单相拒动失灵保护动作等故障工况下,严重故障点的功率及功率波动过电压波形图,分别如图 3.3.1-1~图 3.3.1-4 所示,其中 U_{FP} 和 U_{SP} 分别表示故障相和健全相电压,P_{FP} 和 P_{SP} 分别表示故障相和健全相有功功率。

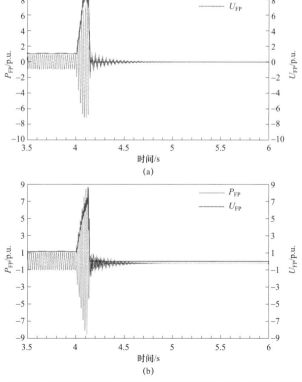

图 3.3.1-1 半波长线路三相接地和相间短路故障功率及功率波动过电压波形图
(a)距送端 2700km 三相接地;(b)距送端 2700km 相间短路

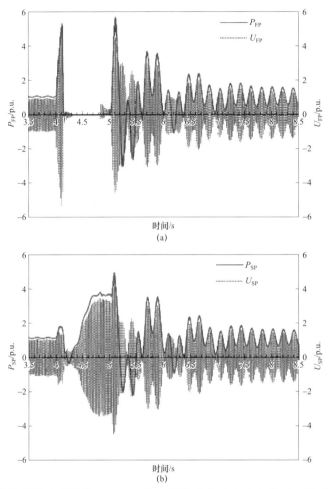

图 3.3.1 – 2   半波长线路距送端 2500km 单相故障重合成功功率及功率波动过电压波形图
（a）故障相；（b）健全相

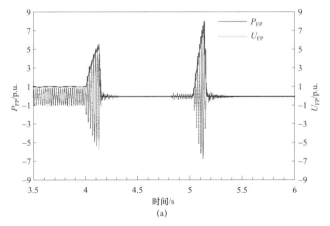

图 3.3.1 – 3   半波长线路距送端 2500km 单相故障重合不成功跳三相功率及功率波动过电压波形图（一）
（a）故障相

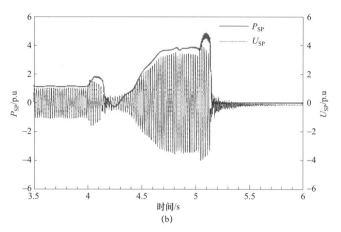

图 3.3.1－3　半波长线路距送端 2500km 单相故障重合不成功跳三相功率及功率波动过电压波形图（二）
（b）健全相

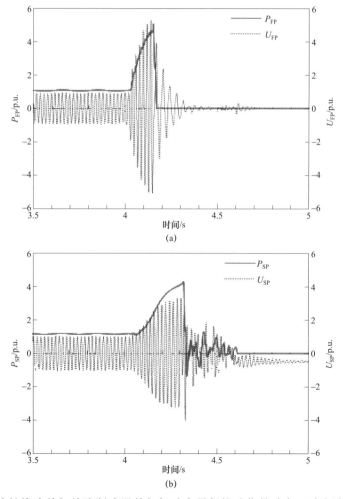

图 3.3.1－4　半波长线路单相故障断路器单相拒动失灵保护动作的功率及功率波动过电压波形图
（a）故障相（距送端 2400km 处故障）；（b）健全相（距送端 300km 处故障）

从图 3.3.1−1～图 3.3.1−4 中可以看出，无论故障相还是健全相，其故障过程中的功率波动曲线（实线）基本为电压波形（虚线）的包络线，且呈现以下特性：线路上的功率越大，沿线的过电压水平越高；线路上的功率越小，沿线的过电压水平越低；且过电压水平与功率波动水平相当，如图 3.3.1−2 所示，故障相在故障期间功率波动幅值为 5.33p.u.，由此产生的过电压幅值为 5.12p.u.；健全相在重合闸及系统摇摆过程的功率波动幅值分别为 3.83p.u.和 4.97p.u.，由此产生的过电压幅值分别为 3.49p.u.和 4.49p.u.。

另外，当半波长线路单回线与直流线路网对网并联、网间直流发生闭锁故障工况下，因大量潮流转移至与直流并列的半波长线路上，造成线路的功率波动过电压，波动过程中峰值高达 1.75 p.u.（1920kV），如图 3.3.1−5 所示。在半波长线路双回线网对网连接、其中一回线断线工况下，因大量潮流转移至双回线另一回健全线路上，也会造成健全线路的功率波动过电压，幅值高达 2.32 p.u.（2440kV），如图 3.3.1−6所示。

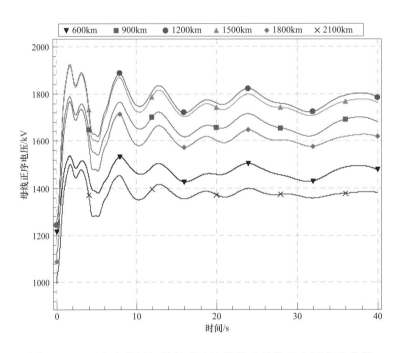

图 3.3.1−5　直流单极闭锁并联半波长线路的沿线电压变化曲线
（闭锁前半波长线路潮流 5100MW，直流单极功率 4000MW）

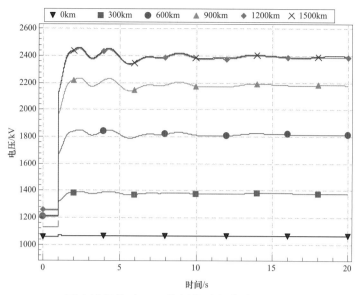

图 3.3.1-6　双回半波长线路一回线断线时健全线路的沿线电压变化曲线
（断线前双回线潮流 10500MW）

3.2　不同故障下沿线功率波动过电压水平比较

从图 3.3.1-1 可以看出，三相接地、相间短路故障下线路最高功率波动过电压可达 9.0p.u.，持续过电压时间约为 0.1s。从图 3.3.1-2 可以看出，单相故障重合成功条件下线路最高功率波动过电压约为 5.0p.u.，持续过电压时间为 1～2s。从图 3.3.1-3 可以看出，单相故障重合不成功跳三相条件下线路最高功率波动过电压约为 7.0p.u.，持续过电压时间约为 0.8s。从图 3.3.1-4 可以看出，单相故障断路器单相拒动失灵保护动作条件下线路最高功率波动过电压约为 5.29p.u.，持续过电压时间约为 0.3s。

单凭过电压幅值及其持续时间两项指标，还不足以判断哪种故障下沿线的功率波动过电压最严重。为此，我们将在线路沿线设置避雷器（MOA），并通过对比不同故障下避雷器的最大吸收能耗来评估沿线功率波动过电压的影响。

图 3.3.2-1～图 3.3.2-4 分别为半波长线路沿线设置避雷器后，三相接地和相间短路故障、单相故障重合成功、单相故障重合不成功跳三相、单相故障断路器单相拒动失灵保护动作等故障工况下，严重故障点的功率波动过电压及 MOA 吸收能耗，其中，U_{FP} 和 U_{SP} 分别表示故障相和健全相电压，E_{FP} 和 E_{SP} 分别表示故障相和健全相 MOA 吸收能耗。

从图中可以看出，单相故障重合成功条件下避雷器吸收能耗最大，达到 278MJ，而单相故障重合不成功跳三相、单相故障断路器单相拒动失灵保护动作、三相接地及相间短路故障条件下避雷器的吸收能耗分别为 180MJ、92MJ、52MJ 和 41MJ。说明单相故障重合成功条件下沿线的过电压比其他故障形式都严重。从图 3.3.2-2 和图 3.3.2-3 还可以看出，避雷器所吸收的大部分能耗是在重合闸过程及重合后系统摇摆过程中产生的。

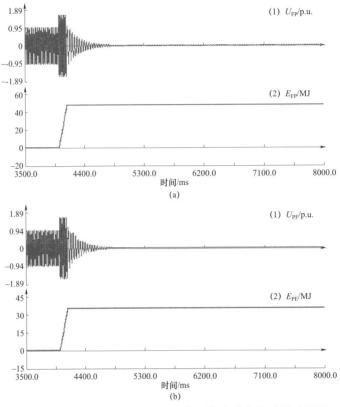

图 3.3.2－1 三相接地和相间短路故障工况下半波长线路功率波动过电压及 MOA 吸收能耗

（a）距送端 2700km 三相接地；（b）距送端 2700km 相间短路

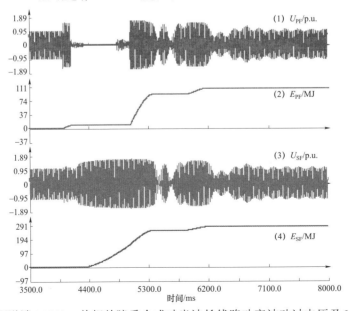

图 3.3.2－2 距送端 2000km 单相故障重合成功半波长线路功率波动过电压及 MOA 吸收能耗

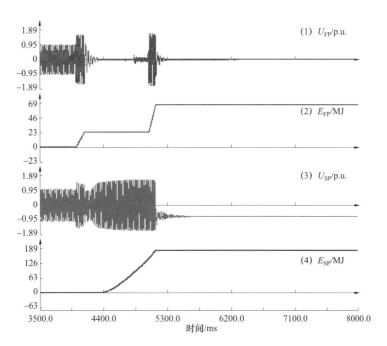

图 3.3.2-3　距送端 2500km 单相故障重合不成功跳三相半波长线路
功率波动过电压及 MOA 吸收能耗

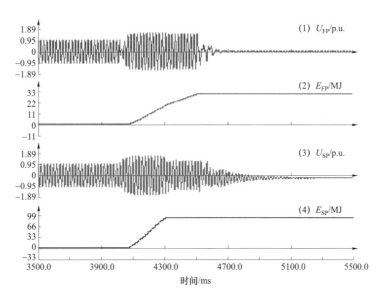

图 3.3.2-4　距送端 300km 单相故障断路器单相拒动失灵保护动作半波长线路功率波动
过电压及 MOA 吸收能耗

3.3 发电机功角特性对功率波动过电压的影响

单相故障重合成功条件下，发电机的功角特性将会影响线路功率波动，从而影响由此产生的过电压。图 3.3.3-1 给出了半波长线路送端电源为理想电压源（SOU）和考虑励磁系统及 PSS 调节作用的发电机模型（GEN）两种情况下，严重故障点从故障发生到重合闸期间及重合闸成功后的系统摇摆过程的功率波动、过电压及 MOA 吸收能耗情况〔包括故障相（FP）和健全相（SP）〕，表 3.3.3-1 中列出了上述故障过程中功率波动、过电压及吸收能量最大值。

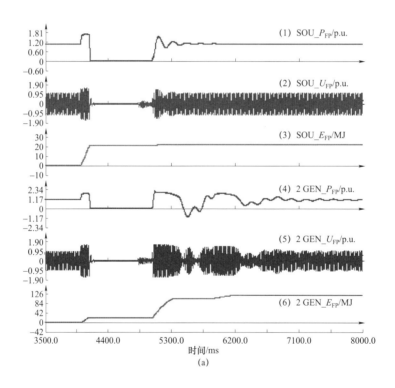

图 3.3.3-1　两种发电机模型下，单相瞬时接地及重合闸过程中，
半波长线路功率波动、过电压及 MOA 吸收能耗（一）
（a）故障相（距送端 2500km 故障）

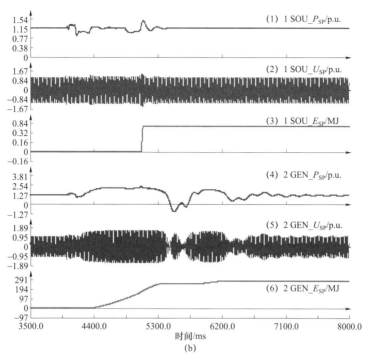

图 3.3.3－1　两种发电机模型下，单相瞬时接地及重合闸过程中，
半波长线路功率波动、过电压及 MOA 吸收能耗（二）
（b）健全相（距送端 2000km 故障）

表 3.3.3－1　　采用两种发电机模型时，单相故障重合成功条件下半波
长线路最大功率、功率波动过电压及 MOA 吸收能耗

相别	模型	功率波动/p.u.	功率波动过电压/p.u.	MOA 吸收能耗/MJ
故障相	SOU	1.72	1.57	27
	GEN	2.14	1.63	120
健全相	SOU	1.48	1.42	<1
	GEN	2.41	1.63	278

可以看出：

（1）对于故障相，SOU 和 GEN 两种模型下，功率波动过电压作用下的避雷器吸收能耗分别为 27MJ 和 120MJ。

（2）对于健全相，SOU 模型下，功率波动过电压作用下的避雷器吸收能耗不到 1MJ，而 GEN 模型下则多达 278MJ。

表 3.3.3－2 给出了送端电源为理想电压源（SOU）和考虑励磁系统及 PSS 调节作用的发电机模型（GEN）两种情况下，半波长线路发生单相故障跳三相、相间短路、三相接地故障时的功率波动（P_{FP}）、过电压（U_{FP}）及 MOA 吸收能耗（E_{FP}）

情况。

表 3.3.3-2 表明，三种故障条件下故障相功率波动（P_{FP}）、过电压（U_{FP}）及 MOA 吸收能耗（E_{FP}）等电气量，在 SOU 和 GEN 两种模型下的计算结果相差较小。这是因为此三种故障条件下功率波动引起的过电压持续时间约为 0.1s，发电机的励磁系统及 PSS 还来不及调节，因此发电机的功角特性对单相故障跳三相、相间短路、三相接地条件下的功率波动过电压影响较小。

表 3.3.3-2   采用两种发电机模型时，不同故障工况下半波长线路
最大功率波动、故障过电压及 MOA 吸收能耗

故障类型	模型	P_{FP}/ p.u.	U_{FP}/ p.u.	E_{FP}/ MJ
单相故障跳三相	SOU	1.72	1.57	27
	GEN	1.78	1.57	28
相间短路	SOU	2.03	1.60	41
	GEN	2.05	1.60	41
三相接地	SOU	2.05	1.63	52
	GEN	2.09	1.63	53

综上所述，可以得出以下结论：

（1）一旦功率波动过电压的持续时间达到秒级以上，比如单相故障重合成功、单相故障重合失败跳三相等工况下，发电机的功角特性将对功率波动过电压产生较大影响。

（2）对于半波长线路功率波动过电压的研究，不能将电源侧作为理想电压源简化处理，需考虑励磁系统及 PSS 调节作用的发电机详细模型。

第4章
交流长线路的其他故障特性

4.1 长线路的空载和甩负荷特性及抑制措施

4.1.1 空载长线路的电容效应

对于长距离输电线路，电容效应使线路受端电压高于送端，这就是空载长线路的工频过电压产生的原因之一[5-6]。

设有长度为 l 的受端空载无损线如图 3.4.1 – 1 所示，受端电流 $\dot{I}_2 = 0$，根据均匀传输线正弦稳态解的双曲函数表示可计算送、受端电压 $\dot{U}_1$、$\dot{U}_2$ 及线路中距送端 l_x 某一点的电压 $\dot{U}_x$：

$$\begin{cases} \dot{U}_1 = \dot{U}_2 \cosh(\gamma l) \\ \dot{I}_1 = \dfrac{\dot{U}_2}{Z_C} \sinh(\gamma l) \end{cases} \quad (3.4.1-1)$$

$$\dot{U}_x = \dot{U}_2 \cosh(\gamma l_x) = \frac{\dot{U}_1}{\cosh(\gamma l)} \cosh(\gamma l_x) \quad (3.4.1-2)$$

式中：Z_C 为输电线路波阻抗；γ 为输电线路传播常数。为简化分析，忽略线路损耗，将线路作为均匀无损传输线，线路波阻抗 Z_C 为纯电阻，传播常数 $\gamma = \mathrm{j}\dfrac{2\pi}{\lambda}$，$\lambda$ 为工频下的波长。

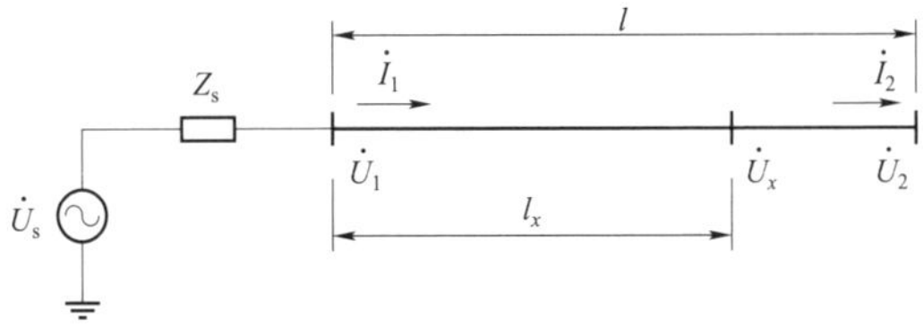

图 3.4.1 – 1 空载长线路电容效应计算原理图

对于长度 l 在数百千米以内的常规输电线路，不难得到 $K_{12} = \left| \dfrac{\dot{U}_2}{\dot{U}_1} \right| = \left| \dfrac{1}{\cos\left(\dfrac{2\pi}{\lambda} l \right)} \right| > 1$，

即线路受端电压幅值高于送端电压，并且从线路送端到受端电压分布逐渐升高，沿线按余弦曲线分布，线路受端电压达到最大值，如图 3.4.1－2 所示。

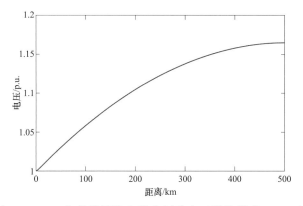

图 3.4.1－2 空载长线路上的电压分布（线路长度 500km）

当线路长度达到工频下四分之一波长，即约 1500km 时，$K_{12} \to \infty$，$\dot{U}_2 \to \infty$，从线路送端看去，相当于发生串联谐振，此时线路受端会产生很高的过电压。

当线路长度为 3000km，即达到工频半波长时，根据式（3.4.1－2），可知沿线电压的分布会发生变化，不再呈现从送端到受端的单调增大的趋势，而是在距离受端 1500km 左右处，会出现电压最低点，并且送受端电压相同，如图 3.4.1－3 所示。

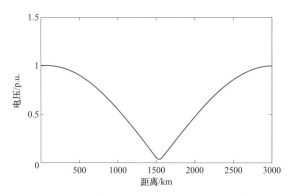

图 3.4.1－3 空载长线路上的电压分布（线路长度 3000km）

同时，空载线路的电容电流在电源电抗上也会导致电压升高，使得线路送端的电压高于电源电动势，这进一步增加了工频过电压。

考虑电源电抗后，根据式（3.4.1－1），可得线路受端电压与电源电动势的关系：

$$\dot{U}_2 = \frac{\dot{U}_{\mathrm{S}}}{\cosh(\gamma l) + \dfrac{Z_{\mathrm{S}}}{Z_{\mathrm{C}}}\sinh(\gamma l)} \qquad (3.4.1-3)$$

由式（3.4.1　3）可知，电源电抗 Z_{S} 会影响线路受端电压。电源阻抗为 0 时，谐振点在 1500km 左右，当考虑阻抗后，谐振点小于 1500km，电源电抗相当于增加了线路长度，谐振点提前了。

图 3.4.1－4 给出了空载长线路受端电压升高与线路长度的关系，图中假设电源电动势为 1p.u.，分别给出了电源阻抗为 0 和电源阻抗不为 0 的结果。

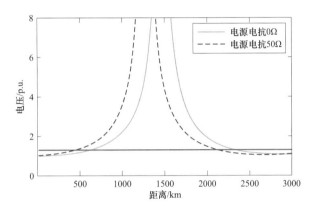

图 3.4.1－4　空载长线路受端电压升高与线路长度的关系

图中结果可以总结如下：

电源阻抗为 0 时，线路长度在 1500km 左右时，空载长线路受端电压达到最大；考虑电源阻抗不为 0 时，线路长度在小于 1500km 时，受端电压达到最大。

4.1.2　长线路的甩负荷效应

前述分析中，均考虑电源等值电动势为 1p.u.，实际线路输送一定功率时，送端电源等值电动势可能超过 1p.u.。

线路甩负荷前，由于输送相当大的有功及感性无功功率，因此电源电动势必然高于母线电压，当线路受端断路器分闸时，形成电源带空载长线的运行方式，计及长线的电容效应对工频电压升高的影响，则线路送端电压将高于电源电动势，而长线路受端过电压更为严重。

考虑线路甩负荷效应的计算原理图如图 3.4.1－5 所示。P_{20}、Q_{20} 为甩负荷前线路受端有功、无功功率，为简化分析不妨设受端电压为 1p.u.，角度为 0°。容易得到甩负荷前线路受端电流为：

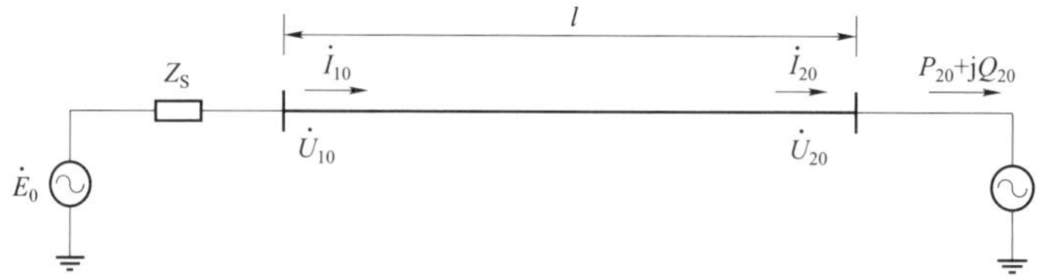

图 3.4.1−5 甩负荷效应计算原理图

$$\dot{I}_{20} = P_{20} - jQ_{20} \qquad (3.4.1-4)$$

根据均匀传输线方程可以得到甩负荷前线路送端电压电流为：

$$\begin{bmatrix} \dot{U}_{10} \\ \dot{I}_{10} \end{bmatrix} = \begin{bmatrix} \cosh(\gamma l) & \sin(\gamma l)Z_C \\ \dfrac{1}{Z_C}\sin(\gamma l) & \cosh(\gamma l) \end{bmatrix} \begin{bmatrix} \dot{U}_{20} \\ \dot{I}_{20} \end{bmatrix} \qquad (3.4.1-5)$$

送端电源等值电动势为：

$$\dot{E}_0 = \dot{U}_{10} + \dot{I}_{10}Z_S \qquad (3.4.1-6)$$

由式（3.4.1−4）～式（3.4.1−6）可得：

$$\dot{E}_0 = \cosh(\gamma l)[1 + Z_S(P_{20} - jQ_{20})] + \sinh(\gamma l)\left[\frac{Z_S}{Z_C} + Z_C(P_{20} - jQ_{20})\right] \quad (3.4.1-7)$$

甩负荷发生后，受端电流 $\dot{I}_{20} = 0$，根据均匀传输线方程，甩负荷后线路送端电压电流 $\dot{U}_1$、$\dot{I}_1$，受端电压 $\dot{U}_2$，以及电源等值电动势 $\dot{E}$ 满足：

$$\begin{cases} \dot{E} = Z_S\dot{I}_1 + \dot{U}_1 \\ \dot{U}_1 = \cosh(\gamma l)\dot{U}_2 \\ \dot{I}_1 = \dfrac{\sinh(\gamma l)}{Z_C}\dot{U}_2 \end{cases} \qquad (3.4.1-8)$$

发生甩负荷后送端电动势可认为不变，由式（3.4.1−7）、式（3.4.1−8）可以得到此时的受端电压为：

$$\dot{U}_2 = 1 + (P_{20} - jQ_{20})\frac{\cosh(\gamma l)Z_S + \sinh(\gamma l)Z_C}{\cosh(\gamma l) + \dfrac{\sinh(\gamma l)}{Z_C}Z_S} \qquad (3.4.1-9)$$

由式（3.4.1−9）可以看到，发生甩负荷后的线路受端电压主要与甩负荷前的输送功率、送端电源阻抗、线路长度有关。

根据式（3.4.1−9），考虑线路甩负荷前输送自然功率，功率因数为 1，不同长度线路甩负荷后受端电压与线路长度的变化关系如图 3.4.1−6 所示。可以看出，长线路甩负荷引起的过电压与空载过电压类似。

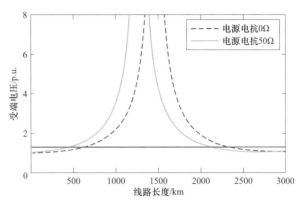

图 3.4.1－6　不同长度线路甩负荷后受端电压
（甩负荷前输送自然功率，功率因数为 1）

4.2　潜供电流的机理及抑制措施

4.2.1　潜供电流产生机理

在输电线路进行单相重合闸时，故障相仍流过一定的潜供电流，其电弧称为潜供电弧。潜供电流由两部分组成：电容分量和电感分量（也称横分量和纵分量）。电容分量是指正常相上的电压通过相间电容 C_{12} 向故障点提供的电流。同时，正常相上的负载电流经相间互感在故障相上感应出电动势，该电动势通过相对地电容及高压电抗形成的回路，向故障点提供电流，称为潜供电流的电感分量。

（1）单回架设输电线路。对于单回架设输电线路，一般送电距离超过 600km 时，其单相重合闸过程的潜供电流与恢复电压较高。图 3.4.2－1 给出了长 200～1000km 特高压采用一次全换位的典型单回线路，线路两侧平均配置高压电抗器且补偿度为 80%情况下，当输送潮流 5000MW 时，特高压单回线路潜供电流幅值。

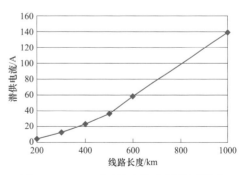

图 3.4.2－1　不同长度特高压单回线路潜供电流与恢复电压幅值

可见，600km 长度的特高压单回线路单相重合闸过程中的潜供电流和恢复电压分别达 59A 和 93kV，潜供电弧自灭时间 90%概率值在 1.295s 以上，很难满足重合闸时间要求。

（2）同塔双回输电线路。对于同塔双回输电线路，一般送电距离超过 500km 时，其单相重合闸过程的潜供电流与恢复电压较高。如长度 500km、采用一次全换位的典型特高压双回线路，高压电抗器补偿度为 80%情况下，当双回输送潮流 8000MW、单回输送 5000MW 时，单相重合闸过程中的潜供电流和恢复电压分别达 83A 和 153kV，难以满足重合闸时间要求。

我国超/特高压线路一般不超 400km，通常采取换位的方式，并且由于系统电压控制和无功配置的需求，一般在线路一端或两端配置高压电抗器。因此，可通过装设高压电抗器中性点小电抗的方法将潜供电流限制在较低的值，能够满足单相重合闸要求。

（3）半波长单回输电线路。半波长线路送电距离超长，单相重合闸过程中的潜供电流与恢复电压幅值很高，恢复电压可达几百千伏，潜供电流超过了 500A，沿线个别点故障时潜供电流可达上千安培，如图 3.4.2－2 和图 3.4.2－3 所示。这样大的潜供电流无法自熄灭。

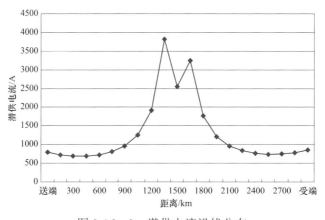

图 3.4.2－2 潜供电流沿线分布

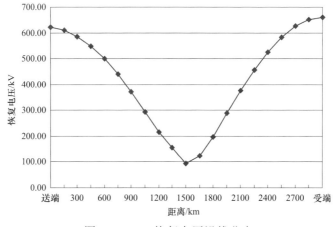

图 3.4.2－3 恢复电压沿线分布

考虑半波长线路两端增设高压电抗器后，半波长线路上将增加感性无功，半波长线路的无功自平衡特性破坏，沿线电压发生变化，出现升高趋势，从而对沿线潜供电流分布产生了影响，造成总体潜供电流增大，即使增加中性点电抗也无法满足潜供电流限制要求，如图 3.4.2 - 4 所示，必须研究更为有效的限制潜供电流的措施。

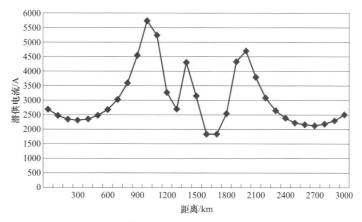

图 3.4.2 - 4　线路两端装设 7200Mvar 高压电抗器后潜供电流沿线分布

4.2.2　高速接地开关限制潜供电流

高速接地开关（high speed grounding switch，HSGS）限制潜供电弧原理主要如下：

（1）限制潜供电流的电容分量。采用 HSGS 后，在故障相两侧开关跳开后，其 HSGS 快速闭合，对故障点的潜供电流的电容分量起到了分流作用，由于故障点电弧电阻一般较大，HSGS 接地电阻较小，因此通过回路间电容耦合的电流大部分从 HSGS 分流，故障点潜供电流的电容分量大幅减小。其原理简化示意图如图 3.4.2 - 5 所示。

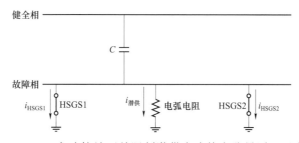

图 3.4.2 - 5　高速接地开关限制潜供电流静电分量原理示意图

（2）限制潜供电流的电感分量。线路 HSGS 闭合后和故障点形成了闭合回路，由于相间互感的作用会在两个回路中感应产生一定的电磁耦合电流，其数值的大小主要与负载电流大小、相间互感参数情况有关，如图 3.4.2－6 所示。对于不换位线路来讲，故障点两侧健全相与故障相耦合情况相同，回路中电磁耦合产生的电流大小相近，两回路在故障点流过的电流方向相反，因此叠加形成的电流较小，潜供电流电磁分量被抑制。但对于换位线路来讲，故障点两侧健全相与故障相耦合情况往往不同，可能在故障点叠加产生较高的电磁耦合分量，有可能造成故障点潜供电流增大。

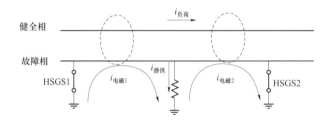

图 3.4.2－6 高速接地开关限制潜供电流电磁分量原理示意图

（3）限制潜供电弧熄灭后的恢复电压。由于 HSGS 处于闭合状态，故障相电压被限制，因此故障相的恢复电压大大降低，有利于潜供电弧的熄灭。

4.3 长线路断路器开断瞬态恢复电压 TRV 及抑制措施

4.3.1 断路器开断瞬态恢复电压 TRV 的影响因素

（1）断路器 TRV 峰值的影响因素。断路器的灭弧过程是一个很复杂的过程，对于无串补线路而言，其断路器 TRV 的变化主要取决于如下三个方面：

1）工频恢复电压的大小。

2）开断回路中电感、电容和电阻的数值及其分布情况，不同开断工况下，这些参数的差别使得 TRV 的波形存在差别。

3）断路器的电弧特性。交流电流过零时，特别在开断大电流时，弧隙不可能由原来的导电状态立刻转变为绝缘介质，也即电流过零时，弧隙有一定的电阻。断路器的开断性能不同，电流过零时弧隙电阻值的差别很大，从而对 TRV 带来较大影响。

对于长线路断路器的 TRV，在断路器出口或近距故障时，特性与短线路相同，但在断路器远端故障时 TRV 特性有所差异。长线路故障时线路断路器 TRV 如图 3.4.3－1 所示，靠近线路受端发生故障时，其 K1 断路器跳闸清除故障时，在断口两端产生的 TRV 可用下式表示：

$$\dot{U}_{\mathrm{TRV}} = \dot{U}_{\mathrm{KB}} - \dot{U}_{\mathrm{KL}} \qquad (3.4.3-1)$$

式中：$\dot{U}_{\mathrm{KB}}$ 表示断路器母线侧对地过电压；$\dot{U}_{\mathrm{KL}}$ 表示断路器线路侧对地过电压。即断路器断口 TRV 取决于断路器两侧过电压之差，而断路器线路侧过电压则与线路长度有关。

图 3.4.3－1　长线路故障时线路断路器 TRV 示意图

长线路发生故障及清除过程中，在断路器母线侧引起过电压的影响因素包括系统网络结构、运行电压、短路电流、故障类型、故障位置等；在断路器线路侧引起过电压的影响因素则包括线路长度、架设方式、高压电抗器和串补等补偿装置参数、运行电压、线路运行方式、短路电流、故障类型、故障位置等。

（2）断路器 TRV 上升率的影响因素。TRV 的上升率与其幅值及波形持续时间即到达峰值的时间 t 有关，当断路器所在电网的电压等级一定时，TRV 波形的上升率与 TRV 产生回路的固有振荡频率 f 呈正比。影响 TRV 固有振荡频率 f 的因素主要包括电网接线、断路器在电网中的装设位置及电网中主要元件（如发电机、变压器、输电线路等）的电感、电容值等。

TRV 的峰值和上升率以及开断短路电流值是衡量断路器 TRV 的主要指标。我国标准中 1100kV 断路器预期 TRV 有关标准值[5]如表 3.4.3－1 所示。其中，T100～T10 分别表示开断断路器额定开断电流 100%～10%的试验条件；OP1 和 OP2 表示失步开断的试验条件，I_{R} 为断路器额定电流。

表 3.4.3－1　　　　　　　100kV 断路器预期瞬态恢复电压标准值

试验方式	开断电流	TRV 峰值/kV	上升率/（kV·μs^{-1}）
T100	I_{R}	1635	2.0
T60	$0.6I_{\mathrm{R}}$	1751	3.0
T30	$0.3I_{\mathrm{R}}$	1786	5.0
T10	$0.1I_{\mathrm{R}}$	1786	10.0
OP1－OP2	$0.125I_{\mathrm{R}}$	2245	1.54

4.3.2　长线路的断路器开断短路电流特性

1. 稳态短路电流特性

系统发生故障时，断路器开断的短路电流水平影响其可耐受的 TRV，短路电流越大，则可耐受 TRV 峰值和上升率越低。对于常规系统，一般可通过稳态短路电流计算，获得断路器开断短路电流水平[6]。本书首先采用这种方法，研究了 300km 长线路和半波长线路故障时通过断路器的稳态短路电流。

送端开 10 台机方式，不考虑 MOA 作用和断路器动作的情况下，计算了 300km 长线路和半波长线路沿线不同故障点发生三相接地故障时，两侧断路器的稳态短路电流。短路电流随故障点位置的分布曲线如图 3.4.3－2 所示。

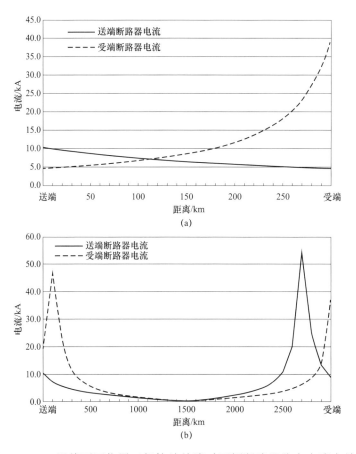

图 3.4.3－2　沿线不同位置三相接地故障时两侧断路器稳态电流有效值
（a）300km 线路；（b）3000km 线路

由图 3.4.3－2 可以看到：

（1）对于常规短线路接地故障时，断路器流过的最大电流出现在断路器出口位置，故障位置距离断路器越远，断路器流过的故障电流越小。

（2）半波长线路发生接地故障时，线路两侧断路器稳态短路电流与故障点位置有关，如图 3.4.3 - 2（b）所示。

与常规短线路不同，半波长线路断路器流过最大稳态短路电流时，其短路点是在远端故障。此外，最大短路电流还与开机台数有关，图 3.4.3 - 3 给出了送端不同开机方式下、沿线不同位置三相接地故障时，送端断路器流过的稳态电流。送端开 10 台机情况下，产生最大短路电流的故障位置距送端约 2700km，随着开机台数的减少，产生最大断路器电流的故障位置距送端距离减小，开 5 台机时在 2500km 左右，开 2 台机时在 2300km 左右。

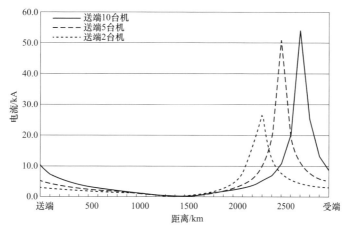

图 3.4.3 - 3　不同开机方式下沿线不同位置三相接地故障时
送端断路器稳态电流

2. 短路电流暂态特性

线路发生接地故障后，断路器电流由正常负荷电流变化至短路故障电流要经过暂态过渡过程。

图 3.4.3 - 4 给出了半波长线路在距送端 2700km 处发生三相接地故障时的送端断路器电流波形。故障后断路器流过的电流不断增大，故障后约 900ms 进入稳态，达到图 3.4.3 - 2 中所计算的稳态电流有效值 54kA。实际系统发生故障后，断路器会在短时间内跳闸切除故障，因此断路器实际开断的短路电流值要低于前面所计算的稳态电流值。对于常规特高压线路，断路器一般在故障 50～70ms 分闸切除故障；对于半波长线路，考虑保护动作时间和传输时延等因素，断路器切除故障时间可能会长于普通线路。如果分闸时间按 120ms 考虑，则断路器开断前的电流有效值约为 21kA。

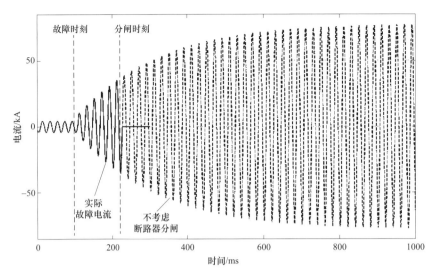

图 3.4.3 - 4　距送端 2700km 三相接地故障时送端断路器电流波形

对于常规短线路，一般可认为从故障发生到故障切除期间短路电流交流分量变化不大，因此可通过稳态短路电流计算评估断路器开断短路电流水平。半波长线路在远端发生短路故障时，短路电流交流分量持续上升，因此，必须考虑断路器切除故障时刻的短路电流水平。图 3.4.3 - 5 给出了沿线不同位置发生三相接地故障时，两侧断路器开断前，短路电流的交流分量有效值。可以看到，当断路器在 0.12s 切除故障时，送端和受端断路器实际开断电流交流分量有效值均≤25kA。

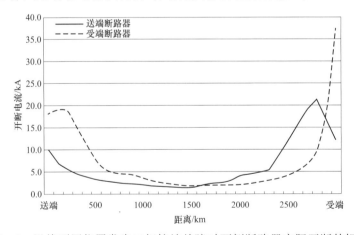

图 3.4.3 - 5　沿线不同位置发生三相接地故障时两侧断路器实际开断的短路电流

4.3.3　断路器开断短路故障瞬态恢复电压特性

图 3.4.3 - 6 给出了 300km 线路发生三相接地故障时，断路器电源侧、线路侧和断口电压波形。可以看到，对于短线路，当断路器出口故障时，由于断路器流过的

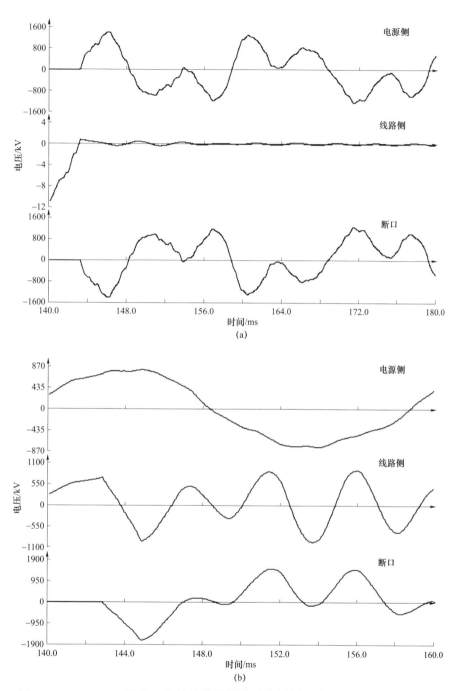

图 3.4.3－6　300km 线路三相接地故障断路器电源侧、线路侧和断口电压波形
（a）断路器出口故障；（b）断路器对端故障

故障电流相对较大，断路器开断后电源侧电压有明显的高频振荡，线路侧电压因接地故障残电压很低（接近 0），电源侧和线路侧电压叠加形成断口 TRV 幅值相对不高。对于断路器对端发生故障，此时断路器开断电流水平较小，断路器开断后电源

侧电压高频振荡不明显,电压接近正常运行电压;线路侧电压有明显振荡,电源侧和线路侧电压叠加形成断口电压水平一般高于出口故障,但上升率相对较低。

超长距离线路,如半波长线路,其断路器 TRV 峰值和上升率随故障位置的分布如图 3.4.3-7 所示。可以看到,故障位置对断路器 TRV 特性影响较大。

(1)距断路器 1000km 以内发生故障时,短路 TRV 峰值≤1750kV,上升率≤7kV/μs,与常规线路水平相当,在标准值范围内。

(2)线路中部 1500km 左右故障时,TRV 峰值和上升率均较低,峰值≤700kV,上升率≤2kV/μs,在标准值范围内。

(3)对于送端断路器,当故障点距断路器 2700km 时,TRV 最大峰值＞3000kV,TRV 上升率＞10kV/μs。对于受端断路器,距断路器 3000km 处故障时,TRV 最大峰值＞2800kV,TRV 上升率＞6kV/μs。均超过了现有标准中断路器 TRV 的要求值。

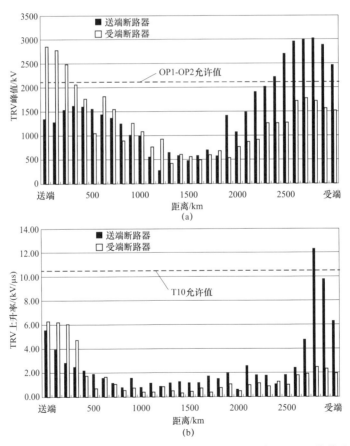

图 3.4.3-7 沿线不同位置发生三相接地故障时两侧断路器 TRV 峰值和上升率
(a)TRV 峰值;(b)TRV 上升率

图 3.4.3 – 8 给出了半波长线路在 2700km 处发生三相接地故障时的电源侧、线路侧和断口电压波形。可以看到接地故障后，断路器线路侧过电压较高，由于 MOA 的作用，为"削顶"的波形。此时由于开断电流水平也较高，电源侧电压在开断后高频振荡的幅值也较高，叠加形成的 TRV 峰值和上升率均较高。

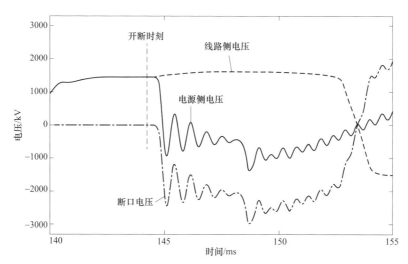

图 3.4.3 – 8　距送端 2700km 故障时送端 TRV 波形

4.3.4　瞬态恢复电压抑制措施分析

对于常规短线路，一般情况下断路器瞬态恢复电压水平均在标准允许范围内，不需要采取特殊限制措施。但对于长度达到半波长的线路，其瞬态恢复电压幅值和上升率均较高，必须采取特殊措施进行限制。本书主要针对半波长线路分析了不同措施的限制效果。

（1）沿线 MOA 的影响。常规特高压系统一般仅在变电站和线路两端装设 MOA，在断路器开断接地故障时，断路器线路侧过电压通常较低，线路侧 MOA 对 TRV 的限制作用有限。半波长线路在发生接地故障时，沿线会产生很高的过电压，为限制这种过电压，沿线需装设 MOA，有利于降低 TRV。图 3.4.3 – 9 给出了半波长线路沿线每 100km 装设额定电压为 876kV 的 MOA 的情况下，两侧断路器 TRV 峰值随故障位置的分布。可以看到，TRV 峰值明显降低，TRV 最大峰值≤2500kV。

表 3.4.3 – 2 给出了不同位置发生故障时，断路器最大 TRV 峰值和上升率的计算结果。

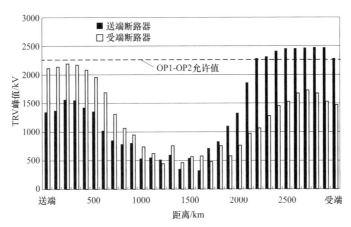

图 3.4.3-9 沿线装设 MOA 后不同位置发生三相接地
故障时的两侧断路器 TRV 峰值

对于送端断路器，在距断路器 0~2000km 发生故障时，断路器 TRV 峰值和上升率均满足标准要求。在距断路器 2000~3000km 发生故障时，断路器 TRV 峰值最大达到了 2471kV，上升率为 3.75kV/μs，超过了标准中 OP1-OP2 试验方式峰值 2245kV 和上升率 1.54kV/μs 的要求。

对于受端断路器，在距断路器 0~2000km 发生故障时，断路器 TRV 峰值和上升率满足要求。在距断路器 2000~3000km 发生故障时，断路器 TRV 峰值最大达到了 2187kV，上升率为 1.72kV/μs，上升率超过了标准中 1.54kV/μs 的要求。

表 3.4.3-2 沿线装设 MOA 后不同位置发生三相接地故障时的
断路器最大 TRV 峰值和上升率

断路器位置	故障点距断路器距离/km	开断电流有效值/kA	TRV 峰值/kV	上升率/（kV·μs⁻¹）
送端	0~100	10.1	1342	5.31
	100~1000	6.9	1566	3.73
	1000~2000	2.5	1327	1.51
	2000~3000	5.4	2471	3.75
受端	0~100	36.4	1466	1.86
	100~1000	17.4	1730	2.30
	1000~2000	2.4	768	0.87
	2000~3000	5.3	2187	1.72

（2）分闸电阻抑制 TRV。断路器装设分闸电阻是抑制断路器 TRV 的措施之一，其原理图如图 3.4.3-10 所示。在断路器开断时，首先断开主断口，将分闸电阻接入，之后断开辅助断口完成开断。分闸电阻的接入降低了分闸过程的电磁暂态振荡过程，

有利于降低 TRV。目前常规特高压线路断路器一般均不需要装设分闸电阻,半波长线路断路器 TRV 问题较为突出,可考虑采用分闸电阻进行限制。

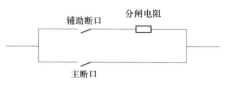

图 3.4.3 – 10 断路器分闸电阻原理图

在沿线装设 MOA 的基础上,研究了断路器装设分闸电阻后的 TRV 特性,研究中分闸电阻阻值取 500Ω,分闸电阻的接入时间取 30ms。表 3.4.3 – 3 给出了断路器装设分闸电阻后的 TRV 峰值和上升率。断路器装设分闸电阻后,TRV 峰值和上升率与无分闸电阻相比显著降低,主断口最大 TRV 峰值和上升率分别为 1460kV、1.8kV/μs;分闸电阻断口最大 TRV 峰值和上升率分别为 1579kV、1.5kV/μs,均在 TRV 标准值范围内。

表 3.4.3 – 3 断路器装设分闸电阻后的 TRV 峰值和上升率

断路器位置	断口	TRV 峰值/kV	上升率/（kV·μs⁻¹）
送端	主断口	1460	1.8
	分闸电阻断口	1579	1.5
受端	主断口	1409	1.0
	分闸电阻断口	1475	1.4

参 考 文 献

[1] 中国电力科学研究院. 特高压半波长交流输电技术经济可行性初步研究 [R]. 2010 年 11 月.

[2] 中国电力科学研究院. 特高压半波长交流输电系统稳态特性及暂态稳定研究 [R]. 2010 年 11 月.

[3] 秦晓辉，张志强，徐征雄，等. 基于准稳态模型的特高压半波长交流输电系统稳态特性与暂态稳定研究 [J]. 中国电机工程学报，2011，31（31）：66 – 76.

[4] 张媛媛，王毅，韩彬，等. 交流半波长输电系统功率波动过电压形成机理与抑制策略 [J]. 中国电机工程学报，2018，38（10）：3116 – 3124.

[5] GB/Z 24838—2009. 1100kV 高压交流断路器技术规范 [S].

[6] 王平，韩彬，张媛媛，等. 特高压半波长交流输电系统断路器瞬态恢复电压特性分析 [J]. 高电压技术，2018，44（1）：22 – 28.

[7] 刘振亚. 特高压电网 [M]. 北京：中国经济出版社，2005：167 – 172.

[8] 刘振亚. 特高压交直流电网. 北京：中国电力出版社，2013.

[9] 韩彬，林集明，班连庚，等. 特高压半波长交流输电系统电磁暂态特性分析 [J]. 电网技术，2011，35（9）：22 – 27.

[10] 韩彬，王平，张媛媛，等. 特高压半波长交流输电系统过电压特性及对策 [J]. 高电压技术，2018，44（1）：14 – 22.

第四篇

半波长输电系统运行与控制技术

　　本篇内容主要分析半波长输电的过电压与潜供电流控制等关键技术，研究提出采用多组氧化锌避雷器抑制工频过电压，采用多组高速接地开关和断路器分闸电阻分别解决潜供电流和断路器恢复电压超标的工程方案。

第1章
半波长线路过电压控制技术

半波长线路由于横跨 3000km，沿线的多种因素可能增加其发生接地故障的概率。为了提高半波长线路的送电可靠性，有必要采用单相重合闸。根据第三篇第 3 章研究结论，半波长线路在单相故障重合闸工况下，由于故障期间、重合闸期间以及重合闸成功后的功率波动，会造成半波长线路沿线幅值较高、持续时间较长的功率波动过电压，比其他故障类型严重，是半波长线路过电压抑制重点考虑的故障工况。

我国超/特高压系统通常不用避雷器限制暂时过电压，但在半波长输电系统中，由于新型过电压——功率波动过电压的产生，需突破这一惯例。为此，对于功率波动过电压的抑制需从过电压抑制和设备耐受能力两方面考虑[10]。

1.1 沿线配置避雷器对功率波动过电压的抑制

半波长线路沿线功率波动过电压幅值高、持续时间长，沿线覆盖面积广，半波长系统变电站线路侧及沿线均需配置避雷器加以抑制。长时间高幅值的功率波动过电压在沿线避雷器的作用下得到较好控制，但数倍功率波动积累的能量，均由避雷器吸收消纳，对其耐受能力是一种考验。因此，线路中部过电压幅值高的位置，需配置多组避雷器，否则避雷器吸收能量不能满足设备要求。

研究表明，沿线加装避雷器对半波长线路功率波动过电压具有较好的抑制效果。通过在沿线 0～3000km 内每隔 100km 安装避雷器组，对 31 个故障点进行全线仿真，得到各安装点 MOA 在单瞬故障过程及故障清除后系统摇摆过程中最大和最小吸收能量水平，如图 4.1.1－1 所示。不同位置发生故障时，各安装点 MOA 最大吸收能耗均在该图所示的包络线内。

可以看到，沿线 400～1500km 范围内的避雷器吸收能量均超出了 40MJ，约占总长度的 37%。较严重的分布在 600～1200km 之间，达到 100MJ 及以上。沿线 0～300km 及 1600～3000km 范围内，避雷器吸收能量较低，不超 40MJ，且大部分位置不超 1MJ。

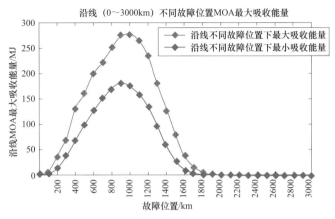

图 4.1.1 – 1　沿线 0～3000km 不同故障位置沿线 MOA 最大吸收能耗水平

图 4.1.1 – 1 显示，并非全线 MOA 吸收能耗均较严重，可以考虑对全线 MOA 进行差异化的配置，其原则是：以每 100km 为一单元，在 100km 附近加装 MOA，初步按单组 MOA 最大吸收能量不超 35MJ、每基杆塔最多装设两组的原则，确定每单元需加装 MOA 的组数。对于需要加装多组的单元，其 MOA 分布在每 100km 附近档距位置。

基于上述配置方案，考虑沿线加装额定电压为 876kV 的避雷器，具体配置方案如图 4.1.1 – 2 所示，即 0～200km、1700～3000km 路段加装 1 组 MOA，其安装位置为每 100km 位置处；200～1700km 路段加装 2～8 组 MOA，其中 800～1100km 需加装 8 组。共需安装 95 组。该方案下，各安装点 MOA 最大吸收能量在 48MJ 以内。

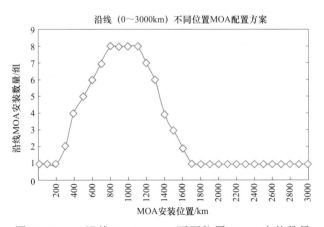

图 4.1.1 – 2　沿线 0～3000km 不同位置 MOA 安装数量

上述沿线 876kV 避雷器优化配置方案下，功率波动过程中，较严重过电压情况如图 4.1.1－3 所示。分析过电压幅值及持续时间可以得出：沿线过电压最高为 1352kV（1.51p.u.，1p.u.=898kV），折合有效值约为 956kV（1.09p.u.，1p.u.=876kV），持续时间较长，约为 3s。根据现有 828kV 避雷器的耐受特性，1.1p.u.电压下，耐受时间为 10s，因此从上述过电压特征看，避雷器应可以满足电压耐受要求。但目前额定电压 876kV 的 MOA，需在设备研制过程中进一步验证 MOA 的工频电压耐受能力。

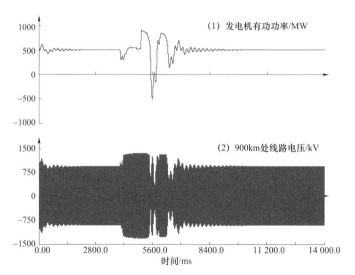

图 4.1.1－3　876kV 避雷器配置下，功率波动过程中
发电机有功功率、沿线严重位置过电压情况

通过综合比较研究 876kV、900kV 及 948kV 三种额定电压的避雷器配置方案，得到各种方案下的过电压水平及 MOA 吸收能耗水平如表 4.1.1－1 所示。图 4.1.1－4 给出了各方案下，沿线 MOA 的配置情况（1p.u.=898kV）。

表 4.1.1－1　各种 MOA 配置方案下的过电压水平及 MOA 吸收能耗水平

MOA 配置方案		过电压/p.u.	MOA 能耗/MJ
额定电压	组数		
948	116	1.79	38
948	73	1.84	49
900	80	1.75	50
876	95	1.67	48

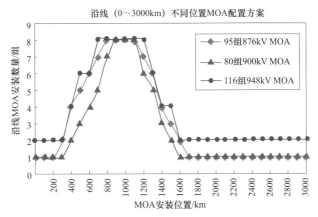

图 4.1.1 - 4　各种 MOA 配置方案下，沿线 0～3000km
不同位置 MOA 安装数量

可见，80 组 900kV 的 MOA 配置方案下 MOA 最大能耗 50MJ，过电压水平 1.75p.u.；95 组 876kV 的 MOA 配置方案下 MOA 最大能耗 48MJ，过电压水平 1.67p.u.。两种避雷器的配置方案下，过电压水平可以控制在允许范围内，能耗水平较为合理，可作为半波长线路的过电压控制方案。

上述沿线避雷器配置方案，可将线路单相故障重合不成功跳三相、单相故障断路器单相拒动失灵保护动作、三相接地、相间短路故障时的沿线过电压控制在 1.7p.u. 以内，满足过电压限制要求，各安装位置单组避雷器总能耗不超过 30MJ，在允许范围内，且低于单相故障重合成功工况。

1.2　抑制功率波动过电压的其他措施

（1）切除送端机组对功率波动过电压的抑制。图 4.1.2 - 1 给出了沿线 95 组 MOA 配置方案下，考虑切机前、后，功率波动过程中的过电压及 MOA 吸收能耗波形图，其中切机时刻按故障相清除后 200ms 考虑。可见，送端切机可缩短功率波动时间，降低过电压持续时间，从而降低 MOA 能耗。因此，可以考虑切机措施来降低功率波动过程中的过电压及 MOA 吸收能耗。该措施下，当切 1 台 600MW 机时，MOA 组数可由 95 组降低至 56 组，该方案下沿线 MOA 最大吸收能耗为 49MJ（单组）；当切 2 台 600MW 机时，可进一步降低至 48 组，该方案下沿线 MOA 最大吸收能耗可降低至 45MJ（单组），MOA 配置方案具体情况如图 4.1.2 - 2 所示。

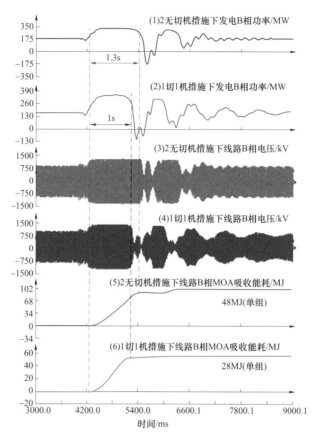

图 4.1.2－1　考虑切机前后，功率波动过程中发电机功率、
过电压及 MOA 吸收能耗情况

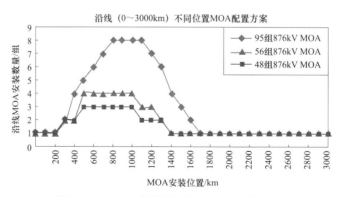

图 4.1.2－2　切机措施下，MOA 配置方案

（2）直流快速调制对功率波动过电压的抑制。由于直流系统均具有 1.1 倍的长期过载能力，3s 的 1.5 倍短时过载能力，以及快速调制能力（故障后 0.3s 启动），因此，当系统受到大干扰时，可利用直流系统的短时过载能力，快速调制直流系统注入交流系统的功率，以弥补暂态过程中送端和受端的功率不平衡量。

在半波长线路接入的交流系统中，如图 4.1.2 – 3 所示，若系统中存在多回直流线路，同样可利用直流的快速功率调制功能，通过迅速提升 DC1 直流功率，或者速降 DC2 直流功率，有效降低半波长线路上传输的有功功率，从而降低沿线避雷器配置组数，改善由功率波动引起的半波长线路的功率波动过电压问题。

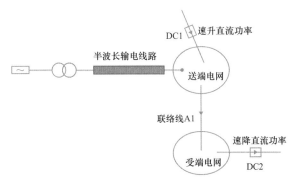

图 4.1.2 – 3　半波长线路接入系统的示意图

第2章
半波长线路潜供电流的控制技术

2.1 高速接地开关对潜供电流的抑制

常规线路仅在两端加装 HSGS 后，故障相的相对地电容被短路，与短路点构成分流回路，HSGS 支路的分流作用会使得潜供电流容性分量得以有效分流；但在潜供电流感性回路中，由于 HSGS 相当于将线路对地电容短接，电磁耦合回路总阻抗减小，线路的潜供电流感性分量可能会有一定程度的增大。但常规线路中，相较于电磁耦合的感性分量，静电耦合的容性分量占据主导地位，所以故障点潜供电流还是会有一定程度的减小。

半波长线路中，长线会使得故障相与健全相之间有着很大的互感，电磁耦合产生的电动势也会很大，此时潜供电流的感性分量会大于容性分量，占潜供电弧的主导地位，此时若依然采用线路两端加装 HSGS，可能会使得潜供电流不降反升。在这种情况下，考虑采用多组 HSGS 在半波长线路沿线的合理配置。

半波长线路两端以及沿线装设多组 HSGS 的情况下，潜供电流和恢复电压较不装设 HSGS 时有较大的降低。在装设 6 组、8 组或 10 组 HSGS 时，潜供电流分别下降到 111A、54A、37A 左右，虽然潜供电流仍然较大，但恢复电压分别不超过 15kV、10.2kV、6.2kV，恢复电压梯度不超过 2kV/m，有利于潜供电弧的熄灭。参照有关试验结果，恢复电压梯度 10kV/m，潜供电流在 50A 时，潜供电弧自灭时间小于 0.8s，考虑到采用 HSGS 后恢复电压梯度较小，不超过 2kV/m，熄弧时间更短，可以满足重合闸要求。

图 4.2.1 – 1、图 4.2.1 – 2 分别给出了线路两端以及距两端 300km、600km、900km、1300km 装设 HSGS 的情况下潜供电流和恢复电压的沿线稳态分布，共有 10 组 HSGS。

事实上，若不采取 HSGS 措施，线路中部故障位置的恢复电压暂态过程，除工频分量外，还存在较高幅值的直流分量，不利于潜供电弧的自熄灭，HSGS 的加入可消除该直流分量。考虑如下故障时序及 HSGS 配置及动作方案，对典型故障位置下 HSGS 抑制潜供电流与恢复电压的效果进行验证。弧道电阻按 100Ω 考虑。

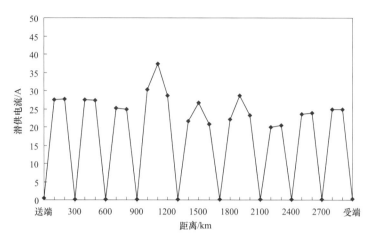

图 4.2.1 − 1 线路两端和距两端 300km、600km、900km、
1300km 装设 HSGS 沿线潜供电流

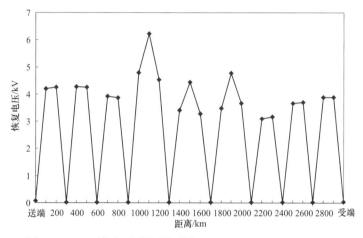

图 4.2.1 − 2 线路两端和距两端 300km、600km、900km、
1300km 装设 HSGS 沿线恢复电压

（1）故障时序：0.1s 发生 C 相接地故障→0.225s 两侧 C 相断路器跳开→1.12s
两侧 C 相断路器重合。

（2）HSGS 配置方案：线路两端以及距两端 300km、600km、900km、1300km
装设 HSGS，共有 10 组。

（3）HSGS 动作方案：半波长线路发生单相故障、故障相两侧断路器跳闸后，
经 0.2s 后，根据保护测距，命令故障两侧 HSGS 闭合，为保障可靠动作，当故障点
位于 HSGS 附近时，命令距离最近的 HSGS 及其临近两个 HSGS 闭合。HSGS 闭合

后，经 0.5s 左右断开。之后经约 0.2s，断路器重合。

图 4.2.1 – 3 和图 4.2.1 – 4 给出了距送端 1100km 和 1500km 典型故障位置下，潜供电流与恢复电压波形图。

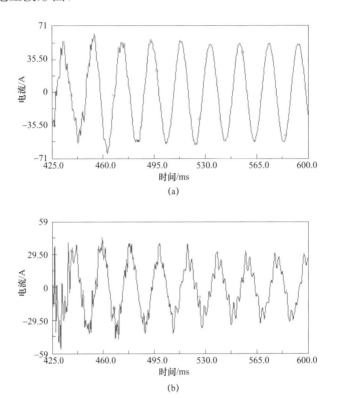

图 4.2.1 – 3　不同故障位置下，断路器跳闸 200ms 后的潜供电流波形
（a）距离送端 1100km 处；（b）距离送端 1500km 处

由计算结果可以看出，在沿线 10 组 HSGS 抑制措施下：

（1）在线路中部（1300～1600km）故障时，潜供电流和恢复电压均存在较高比例的高频分量，但幅值很低，潜供电流不超 $40A_{peak}$（断路器跳闸 0.3s 后）、恢复电压不超 $8kV_{peak}$，且恢复电压不过零现象消失。通过傅里叶分析，其高频分量多为 3 次、5 次、7 次谐波，但主频率仍为工频，工频分量与稳态研究结果一致。如在距送端 1500km 故障时，在断路器跳闸后 0.3s，潜供电流工频分量约为 $18.8A_{rms}$，与稳态结果 $18.3A_{rms}$ 接近，此外还有 8%、19%、26%（与基波相比）的 3 次、5 次和 7 次谐波。在潜供电弧熄灭 80ms 后，恢复电压工频分量约为 $2.19kV_{rms}$，与稳态结果 $2.15kV_{rms}$ 接近，此外还有 14%、76%、51%（与基波相比）的 3 次、5 次和 7 次谐波。

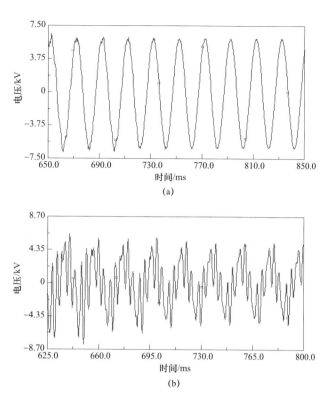

图 4.2.1 - 4　不同故障位置下，潜供电弧熄灭后，故障点恢复电压波形
（a）距离送端 1100km 处；（b）距离送端 1500km 处

（2）其他位置故障时，随着故障位置从中部向两侧变化，潜供电流和恢复电压高频分量含量逐渐减少，且很快衰减进入稳态工频正弦波，其幅值与稳态研究结果一致。如在距离送端 1100km 故障时，在断路器跳闸后 0.3s，潜供电流工频分量约为 $37.7A_{rms}$，与稳态结果 $37A_{rms}$ 接近。在潜供电弧熄灭 80ms 后，恢复电压工频分量约为 $4.37kV_{rms}$，与稳态结果一致。

综上所述，沿线加装 10 组 HSGS 可将特高压半波长线路单相重合闸过程中的潜供电流与恢复电压控制在较低水平，恢复电压水平尤其低，可以满足重合闸要求。

2.2　主动抑制措施对潜供电流的抑制

潜供电流的主动抑制措施，是指在半波长线路送端或受端加装并联换流器，通过控制手段使并联换流器在特定时间内向半波长线路中注入所需的特定电流，从而对潜供电流进行抑制，如图 4.2.2 - 1 所示。还可利用换流器控制灵活的特点，对系统多种运行工况下因故障产生的潜供电流进行更合理有效的抑制。

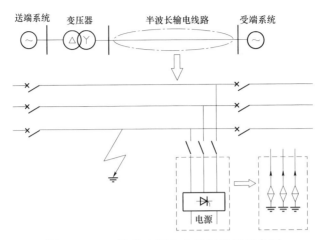

图 4.2.2 - 1　潜供电流主动抑制措施示意图

（1）换流器拓扑结构的选择。半波长交流输电的电压等级通常较高，当输电线路发生故障时，故障处的潜供电流较大，可达上百安培。从抑制潜供电流的需求出发可知，并联换流器需要实现将电源侧的交流或直流转换成为一定大小及相角的正弦工频电流，并在一段时间内持续地注入半波长线路中。基于以上的工作场景，所需的并联换流器应符合以下要求：电压等级高、容量大、能实现 DC - AC 或 AC - DC - AC 的功能。

为实现上述功能，可供选择的并联换流器拓扑结构主要有两电平换流器和多电平换流器等，其中，多电平换流器包括二极管钳位型多电平换流器、飞跨电容型多电平换流器、级联多电平换流器和模块化多电平换流器（Modular Multilevel Converter，MMC）等。

半波长交流输电对额定电压等级要求较高，因此，二极管钳位型换流器和飞跨电容型换流器不适用。级联型多电平换流器因没有公共直流母线，需要加装大量额外的独立直流电源，因此，无法直接应用于高压 AC/DC 或 DC/AC 的功率变换场合。适用于半波长线路潜供电流主动抑制措施的换流器拓扑结构应选择 MMC。

（2）换流器主回路参数设计。MMC 变频柔性调谐装置的直流侧电压值可表示为：

$$V_\mathrm{d} = \frac{2E_\mathrm{m}}{M} \qquad (4.2.2-1)$$

式中：V_d 为 MMC 四象限运行时公共直流母线电压；E_m 为交流网侧相电压峰值；M 为调制比，与脉冲调制方式有关。通常，MMC 选用的调制方式为最近电平逼近调制（NLM），调制比为 0.8～0.9。经计算，直流电压应为 1905kV，考虑到适当的裕度，将直流侧电压定为 2000kV。

选择子模块电容值的基本思路是抑制直流侧电压纹波，子模块电容值的选择取决于电容电压波动率，电容电压波动率与等容量放电时间常数之间的关系基本不随具体工程而变，即具有跨工程的普遍适用性。因此，MMC 变频柔性调谐装置的子模块电容值可表示为：

$$C_0 = H \times \frac{N}{3} \times \frac{S_N}{U_{dc}^2} \qquad (4.2.2-2)$$

式中：H 为等容量放电时间常数，由经验可得 H 经济合理的取值为 35～45ms；N 为每个桥臂子模块个数；S_N 为 MMC 交流出口处额定容量；U_{dc} 为直流侧电压。根据 MMC 子模块工作时的直流侧电压及电流等级，以及现有 IGBT 器件电压水平，子模块电压可选为 3.6kV，由此可知子模块数为 556，子模块中的电容经计算得 150μF。为了提高仿真效率，桥臂上子模块的个数定为 100 个，子模块电容选择 5000μF。

桥臂电抗器的取值原则是抑制交流侧电流纹波，且使相单元串联谐振角频率尽量远离二倍频环流谐振角频率。因此，MMC 变频柔性调谐装置的桥臂电抗器电感值可表示为：

$$L_0 = \frac{N}{4\omega_{res}^2 C_0} \qquad (4.2.2-3)$$

式中：ω_{res} 为相单元串联谐振角频率，通常 $0 < \omega_{res} < 1.55\omega_0$，$\omega_0$ 为电网额定运行角频率。参考已有的研究结论，桥臂电抗器参数普遍适用的推荐值为相单元串联谐振角频率取电网额定运行角频率。

（3）换流器控制策略。当系统发生接地短路故障时，故障相两端的断路器动作将故障线路从系统中切除，此时潜供电流产生。线路保护等判断出故障相及故障位置，并反馈给抑制装置的控制单元。随后，控制单元发出命令控制 MMC 投入到半波长线路上，MMC 整流侧和逆变侧按照相应的控制策略进入抑制状态，在一定时间内持续地向线路中注入电流，并联的无源元件投入与其配合来抑制潜供电流，直到潜供电流熄灭。

1）整流侧控制策略。整流侧与交流电源相连，主要功能为将交流转换为直流，为逆变侧提供有功功率。整流侧控制框图如图 4.2.2-2 所示。

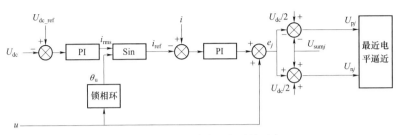

图 4.2.2－2　整流侧控制框图

整流侧需要为逆变侧提供稳定的直流电压，采用的控制方式为电流跟踪控制，控制交流侧电流跟踪参考电流来实现稳定直流电压的目标。交流电流参考值的生成过程为：取直流侧实测电压 U_{dc} 与参考值 U_{dc_ref} 做差后经比例—积分（PI）环节得到幅值 i_{rms}，再由所连交流电源的电压提供相角 θ_u，由此，可以得到参考电流 i_{ref}。将实际电流测量值 i 与参考电流 i_{ref} 做差后经过 PI 环节，且引入前馈电压 u，得到交流电动势参考值 e_j（$j=a$, b, c）。经过式（4.2.2－4）运算分别得到上、下桥臂的调制波。在触发信号的作用下 MMC 各子模块进入投入或切除的状态，并在 MMC 直流侧产生直流电压 U_{dc}。在 U_{dc} 多次经历上述过程后，最终实现直流侧电压 U_{dc} 稳定于参考值 U_{dc_ref} 附近的目的。

$$\begin{cases} U_{pj} = \dfrac{1}{2}U_{dc} - (e_j - u_{sumj}) \\ U_{nj} = \dfrac{1}{2}U_{dc} + (e_j - u_{sumj}) \end{cases} \quad (4.2.2-4)$$

2）逆变侧控制策略。逆变侧实现的功能为向半波长线路中注入特定大小相角的电流，以此实现对潜供电流的抑制，采用的控制策略仍然为跟踪电流控制。控制框图如图 4.2.2－3 所示。

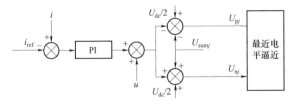

图 4.2.2－3　逆变侧控制框图

逆变侧的参考电流为一工频量，其大小和相角均通过查表法获得，因此，参考电流在对应运行工况下可以直接确定。参考值与实测电流 i 做差，并经 PI 环节，可以得到电压参考值，与整流侧控制类似，叠加前馈交流电压 u 后采用最近电平逼近调制，可以得到逆变侧功率单元的触发信号。

（4）主动抑制措施优化。半波长线路的电压、电流水平比较高，因此，在应用主动抑制措施对潜供电流进行抑制时，并联换流器需要向线路中注入的功率容量比较大，为了满足需求，MMC 单个桥臂上级联的子模块数量也相应地比较多，进而降低了该抑制措施的经济性与可行性。为了改善这一情况，需要对主动抑制措施进行改进。

在半波长线路发生 A 相接地故障并产生潜供电流时，分别通过仿真计算出 MMC 靠近线路侧的三相注入系统中的有功功率和无功功率，将沿线分成线路送端、中部及受端三部分，每部分的功率交换情况选取四个采样点，并将仿真计算出的数据汇总可以得到表 4.2.2－1。表中采样点 1～4、采样点 5～8、采样点 9～12 的数据分布反应了线路送端、中部、受端发生故障时 MMC 注入线路中的有功功率和无功功率。

由表中数据可以看到，在抑制潜供电流的过程中，故障相（A 相）功率的注入情况与非故障相（B、C 相）的功率注入情况存在较大的差异，非故障相之间功率注入的情况相近。

表 4.2.2－1　　　　　　　　各采样点处 MMC 注入功率统计

采样点编号	注入有功/MW			注入无功/Mvar		
	A 相	B 相	C 相	A 相	B 相	C 相
1	−24	−15	−125	14	310	320
2	−16	−100	−110	25	305	320
3	−8	−90	−100	31	306	317
4	−1	−83	−92	36	308	320
5	120	−180	−210	−220	525	550
6	225	−500	−450	−900	665	690
7	−110	−550	−590	−940	−130	−140
8	−88	−102	−107	−65	−18	−18
9	−2	−57	−62	58	275	285
10	−1	−67	−75	50	286	296
11	−1	−78	−85	36	295	306
12	−1	−95	−105	21	310	320

由于在抑制潜供电流时，线路与 MMC 之间的功率交换在故障相与非故障相之间存在明显的差别，且交换类型既存在注入功率又存在吸收功率，因此，为了降低 MMC 的额定容量，在此提出了一种优化方案：在 MMC 的并联位置配置几组无源

元件，当半波长线路有潜供电流时，根据故障点所需功率的具体情况，有针对性地对故障相与非故障投切电阻、电容与电感等无源元件来注入或吸收一部分功率；与此同时，MMC 接收控制指令向线路中注入特定电流，在无源元件和有源元件的配合下对潜供电流进行抑制，并减少 MMC 的额定容量。故障相与非故障相投切的无源元件类型及数值可由查表法获得，由上面的分析可知，两个非故障相投切的无源元件通常相同，故障相投切的无源元件通常与之不同。

以不同故障位置处潜供电流抑制所需功率为基础，合理分配有源元件与无源元件之间所需补偿的比例，可以得到无源元件的配置方案如表 4.2.2−2 所示，经实验验证后，三种配置方案都可以辅助 MMC 对潜供电流进行抑制，优化主动抑制措施。由于每一相都有可能成为故障相，因此，在线路上的三相受端都应按照配置方案安装多组无源元件，考虑到无源元件组别越多，所要使用开关器件数量也随之增多，方案 3 作为优化方案的推荐选择。

表 4.2.2−2 　　　　　　　　　无 源 元 件 配 置 方 案

方案编号	电感/H	电容/μF
1	1.2，1.8，3.6	1.5，2，2.5，3，3.5，4，4.5，6.5
2	1.2，1.8，3.6，7.2	4，6
3	1.2，1.4，3.65	4，25

（5）仿真验证。在搭建好的半波长交流输电仿真系统中进行半波长线路潜供电流主动抑制措施的仿真实验，如图 4.2.2−1 所示。首先，令系统运行在单位功率因数下并传输一个自然功率，在系统运行至 1.3s 时，距离线路送端 1268.725km 处 A相发生接地短路，1.4s 时线路两端的断路器动作，将故障相从系统中切除，此时，潜供电流出现，如图 4.2.2−4 所示。在 1.6s 抑制装置动作，MMC 向 A 相线路注入幅值为 0.56kA，相角为−142°（以送端的电源电压角度为参考）的电流，与此同

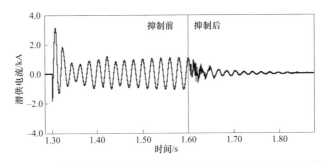

图 4.2.2−4　采用优化方案后的主动抑制措施对潜供电流抑制效果

时，A 相投入 1.2H 的电抗，B、C 两相投入 4μF 的电容。从潜供电流的波形图中可以看到，在 MMC 与无源元件的配合下潜供电流幅值显著减小，抑制效果比较明显。

图 4.2.2－5 为抑制该故障点的潜供电流时采取混合补偿方案前后主动抑制装置向半波长线路中注入的无功功率情况，以向线路中注入功率为正，下面的功率曲线图中若不做特殊说明均遵循这一原则。由图 4.2.2－5（a）可以看到，当未采用混合补偿方案时，MMC 需要注入的无功功率较大；当采用混合补偿方案后，图 4.2.2－5（b）中显示 MMC 注入的无功功率大幅下降，由图 4.2.2－5（c）可知，此时无功功率主要由无源元件注入。显然，采用混合补偿方案可以显著地减小 MMC 的额定容量。

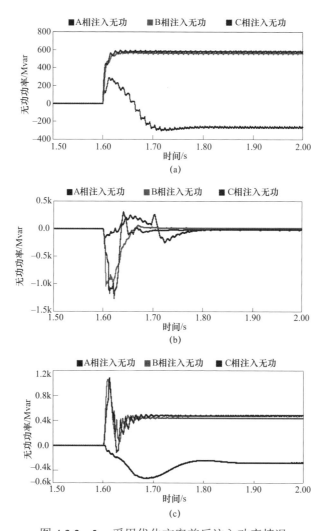

图 4.2.2－5　采用优化方案前后注入功率情况

（a）无无源元件时 MMC 注入的无功功率；（b）并联无源元件后 MMC 注入的无功功率；

（c）无源元件注入的无功功率

在沿线选取有代表性的点重复上述仿真实验,得到沿线潜供电流在采用主动抑制后的统计值,如图 4.2.2-6 所示。可以看出,半波长线路沿线的潜供电流都得到了有效的抑制。

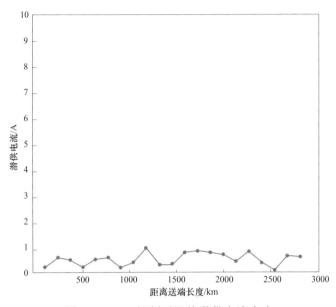

图 4.2.2-6 抑制后沿线潜供电流大小

研究表明,该方案对不同传输功率、不同功率因数,以及不同过渡电阻下的潜供电流都有很好的抑制效果,适应性较强。可以将以上各种工况时抑制潜供电流所需注入电流的大小、相角以及各相投入的无源元件数值整理成表,作为查表法使用的依据。

统计抑制线路沿线各点处的潜供电流时需要注入的功率情况,分别得到图 4.2.2-7、图 4.2.2-8 所示的采用优化方案前、后 MMC 注入线路中的功率曲线,图中左侧纵坐标为测量有功功率的大小范围,右侧纵坐标为测量视在功率的大小范围。可以看到,在线路未采用优化方案时,为了将潜供电流抑制在自熄水平以内,MMC 需要向线路中注入的功率较大,其额定容量需要设计在 1800MVA 左右,抑制措施的经济性与实用性均会受到影响。当采用优化方案后,可以看到在无源元件的作用下 MMC 需要注入系统中的功率大幅降低,因此,MMC 的额定容量可以随之降低至 250MVA,这在一定程度上提高了该方案的实用性和经济性。

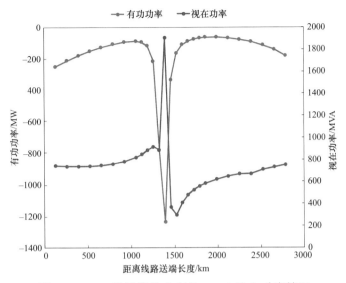

图 4.2.2－7　采用优化方案前 MMC 注入功率情况

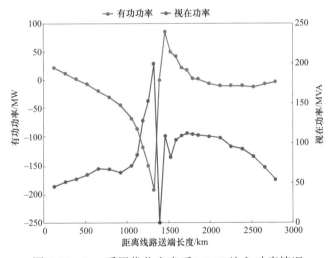

图 4.2.2－8　采用优化方案后 MMC 注入功率情况

2.3　避雷器与 HSGS 设备制造水平初步分析

半波长线路 HSGS 开断感应电压电流水平超出了现有 HSGS 开断试验的范围。设备厂家初步分析表明,现有 HSGS 制造水平可以满足半波长线路 HSGS 参数要求,但需进一步开展相关研究和试验验证工作。

避雷器厂家初步试验分析结果表明,现有避雷器阀片在工频过电压下的能耗耐受能力可以满足前述能耗要求,但还需要结合实际工况,并考虑避雷器多柱并联的影响进行进一步试验验证。

2.4 总体解决方案

基于上述半波长线路过电压与潜供电流抑制措施研究，提出特高压半波长输电总体解决方案示意图如图 4.2.4 - 1 所示，主要一次设备包括：

半波长线路两端及沿线每 100km 装设 MOA，MOA 额定电压为 900kV 方案下，沿线共配置 80 组；MOA 额定电压为 876kV 方案下，沿线共配置 95 组，具体方案如图 4.1.1 - 4 所示。半波长线路两端及距两端 300km、600km、900km、1300km 处装设 HSGS，共 10 组。

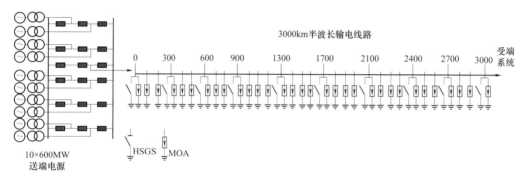

图 4.2.4 - 1 特高压半波长输电系统一次设备总体解决方案示意图

第3章
影响特高压半波长线路输电能力的主要因素

3.1 半波长线路点对网送电方式下的输电能力

半波长输电系统的稳定性与输电能力不仅受到送端开机方式、送端机组及励磁、PSS 参数、受端短路容量、接入点电压水平、故障类型、故障位置以及清除时间等因素影响，还受到半波长线路沿线 MOA 等过电压抑制措施影响。受暂态稳定性制约，点对网半波长输电系统的输电能力约在 4500～5400MW 之间[1-5]。

达到 5400MW 的基本条件：① 应用附录 A 中的基本发电机参数，基本 FV（自并励静止励磁）模型参数，考虑 PSS 作用；② 送端开机台数为 10 台；③ 故障时序：单相瞬时短路重合闸成功，故障清除时间 0.12s，重合时间 1.02s。

3.2 半波长线路点对网送电方式下影响输送极限的主要因素分析

半波长输电系统的输送极限受到多方面技术因素的约束，这些影响因素主要包括：

（1）送端发电机及其控制系统类型和参数、升压变压器及汇集线路参数；

（2）受端系统网络强度；

（3）半波长线路继电保护装置的动作逻辑及时序；

（4）半波长线路的稳态电压特征；

（5）暂态过程中半波长线路的过电压特征及 MOA 能量限制。

常规的点对网送出系统的输电能力通常会受到上述前三个因素的影响。稳态运行电压约束虽然也会影响输电能力，但一般情况下可以通过优化无功补偿方案予以解决。暂态过程中的工频过电压、操作过电压持续时间很短，通过采取相应的过电压抑制措施，通常不会成为输电能力的限制因素。

半波长输电系统的输电能力，还将明显地受到过电压水平的限制。在稳态情况下，线路中部电压水平与输送功率大小呈正比。例如，线路工频过电压水平按照 1.4 倍设计，则线路输送功率约束将不会超过 1.4 倍自然功率。暂态过程中，除了故障期间会产生很高的过电压外，故障清除后半波长线路功率振荡也会造成沿线的功率波动过电压，这种周期性的工频过电压将比故障期间的过电压持续时间长的多。

以下将应用机电暂态仿真工具，重点分析送端机组及励磁模型参数、送端开机方式、故障切除时间和过电压控制措施（MOV）等因素对半波长输电系统输电能力的影响。

（1）发电机参数的影响。从表 4.3.2－1～表 4.3.2－3 可以看出，通过改善送端发电机组及控制系统的参数可以提高半波长输电系统的输电能力，其中较小的 T'_{d0}、较大的 T_j 有利于提高输电能力。T'_{d0} 为 d 轴开路暂态时间常数，T_j 为转子惯性时间常数。

表 4.3.2－1 　　　　　　发电机 $T_j=8.85s$ 时半波长线路输电极限　　　　　　MW

参数	$X'_d=0.35$	$X'_d=0.30$	$X'_d=0.25$
$T'_{d0}=11.74s$	3873	3920	3966
$T'_{d0}=8.74s$	3873	3966	3966
$T'_{d0}=5.74s$	3920	3966	4013

表 4.3.2－2 　　　　　　发电机 $T_j=11.85s$ 时半波长线路输电极限　　　　　　MW

参数	$X'_d=0.35$	$X'_d=0.30$	$X'_d=0.25$
$T'_{d0}=11.74s$	4154	4154	4154
$T'_{d0}=8.74s$	4154	4154	4200
$T'_{d0}=5.74s$	4200	4200	4200

表 4.3.2－3 　　　　　　发电机 $T_j=5.85s$ 时半波长线路输电极限　　　　　　MW

参数	$X'_d=0.35$	$X'_d=0.30$	$X'_d=0.25$
$T'_{d0}=11.74s$	3640	3640	3686
$T'_{d0}=8.74s$	3686	3686	3733
$T'_{d0}=5.74s$	3686	3733	3780

（2）励磁系统的影响。从表 4.3.2－4 可以看出，励磁系统的性能优化有利于提高系统输电能力，其中 EK、FV 优化优于 FV＋PSS、FV 励磁系统。

其中 EK 为交流励磁系统模型，该系统采用与主发电机同轴的交流发电机作为励磁机，再通过静止的或者旋转的不可控或可控的整流器，向发电机转子磁场绕组供电。

FV 为自并励静止励磁系统模型，该系统利用发电机的机端电压源通过可控整流器整流后，直接供给发电机励磁，该系统没有旋转元件。

FV 优化是在 FV 模型的基础上，通过优化补偿环节、放大环节的时间常数和放大倍数，使其在半波长输电系统中具有较好的效应特征。

FV＋PSS 是在 FV 模型的基础上，增加了电力系统稳定器。在励磁系统中采用某个附加信号，经过相位补偿，使其产生正阻尼转矩。

表 4.3.2－4　　　　　　　　发电机采用不同励磁模型时半波长线路输电极限

励磁模型	FV＋PSS	FV	FV 优化	EK
输电极限/MW	5386	5132	5533	5500

（3）故障切除时间的影响。采用以下故障时序确定半波长线路输电极限：

单相瞬时故障点选在距送端 80%，单相瞬时短路重合闸成功。

1）时序 A：故障清除时间 0.12s，重合时间 1.02s；

2）时序 B：故障清除时间 0.10s，重合时间 1.00s；

3）时序 C：故障清除时间 0.10s，重合时间 0.90s。

从表 4.3.2－5 可以看出，加快故障清除时间和重合闸速度，均有利于提高输电能力。

表 4.3.2－5　　　　　　　采用不同故障时序时半波长线路输电极限

故障时序	时序 A	时序 B	时序 C
输电极限/MW	5386	5667（5699 失稳）	5800（5833 失稳）

（4）故障位置的影响。表 4.3.2－6 为送端开 10 台×600MW 机组、沿线不同位置故障，半波长线路的输电极限。可以看出，故障位置的不同，对于系统稳定性影响程度不同，最严重故障位置在距离送端 75%～90%处。

表 4.3.2－6　　　　　　　不同故障位置制约的半波长线路输电极限

故障位置/km	0	100	200	300	400	500	600
输电极限/MW	6000	6000	6000	6000	6000	6000	6000

故障位置/km	700	800	900	1000	1100	1200	1300
输电极限/MW	6000	6000	6000	6000	6000	6000	6000
故障位置/km	1400	1500	1600	1700	1800	1900	2000
输电极限/MW	6000	6000	6000	6000	6000	6000	6000
故障位置/km	2100	2200	2300	2400	2500	2600	2700
输电极限/MW	5933	5700	5467	5386	5400	5600	5867
故障位置/km	2800	2900	3000				
输电极限/MW	6000	6000	6000				

3.3   半波长线路网对网送电方式下的输电能力

利用半波长线路进行大网和大网之间的连接，其联网能力不仅受到送端电网和受端电网短路容量、网间其他送电通道、故障类型、故障位置以及清除时间等因素影响，还受到半波长线路沿线 MOA 等过电压抑制措施影响。

与点对网送电方式相比，尽管网对网送电方式的系统等值阻抗更小，等值惯量更大，系统的功角稳定性更高，但半波长线路的输电能力依然受制于系统稳态和故障后的过电压承受能力，特别是故障后大量潮流转移导致的半波长线路的功率波动过电压。

以某电网 2030 年目标规划网架为例，在相邻近 3000km 的 A、B 变电站之间搭建半波长单回和双回送电线路。不同运行方式下半波长网对网输电能力如表 4.3.3－1 所示。

表 4.3.3－1   不同运行方式下半波长网对网输电能力

运行方式	制约稳定极限的严重故障	受工频过电压约束的输电极限/MW	
		不采取措施	采取切机措施
网对网单回	单相短路重合闸	5470	—
	网间直流单极闭锁	3000	5100
网对网双回	三相永久短路	5400	10 500
	网间直流单极闭锁	7550	10 500

（1）单回线方式网对网输电能力。单相瞬时故障重合闸成功条件下，单回线方式网对网输电能力为 5470MW；网间直流单极闭锁故障下，因大量潮流转移至半波

长线路导致其沿线电压超出允许范围，不采取措施条件下网对网输电能力降至 3000MW，采取切机措施可提高到 5100MW。

（2）双回线方式网对网输电能力。双回线一回三相永久短路故障下，大量潮流转移至另一回线路，导致健全一回线的沿线电压超出允许范围，不采取措施条件下网对网输电能力为 5400MW，采取切机措施可提高到 10 500MW；网间直流单极闭锁故障下，不采取措施条件下网对网输电能力降至 7550MW，采取切机措施可提高到 10 500MW。

第 4 章
特高压半波长线路投运后送端机组安全稳定特性

4.1 特征值分析方法对含有半波长线路输电系统的适用性分析

本小节将通过对比分析短线路、半波长线路投运后系统动态特性的变化，验证特征值分析方法对含有半波长线路输电系统的适用性。

4.1.1 原理分析

假设半波长线路为无损线路，以简单的双机系统为例进行分析。首先将两机通过短线路互联，如图 4.4.1 – 1 所示。

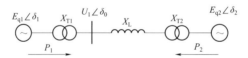

图 4.4.1 – 1　通过短线路互联可能的两机系统接线图

在进行小干扰分析时，机组用转子运动方程描述，假设 E_q 恒定，而网络则用代数方程描述。对于接于短线路的两机系统：

1 号机的电功率方程：

$$P_1 = \frac{E_{q1}U_1}{x_{d1}+x_{T1}}\sin(\delta_1-\delta_0) \qquad (4.4.1-1)$$

小扰动分析时 1 号机微分方程：

$$\dot{\omega}_1 = -\frac{1}{T_{j1}}\frac{E_{q1}U_1}{x_{d1}+x_{T1}}\cos(\delta_1-\delta_0)(\Delta\delta_1-\Delta\delta_0)$$

$$\frac{\mathrm{d}\delta_1}{\mathrm{d}t} = \omega_0\Delta\omega_1 \qquad (4.4.1-2)$$

2 号机的电功率方程：

$$P_2 = \frac{E_{q2}U_1}{x_{d2} + x_{T2} + x_L}\sin(\delta_2 - \delta_0) \tag{4.4.1-3}$$

2 号机组的微分方程：

$$\dot{\omega}_2 = -\frac{1}{T_{j2}}\frac{E_{q2}U_1}{x_{d2} + x_{T2} + x_L}\cos(\delta_2 - \delta_0)(\Delta\delta_2 - \Delta\delta_0) \tag{4.4.1-4}$$

$$\frac{d\delta_2}{dt} = \omega_0\Delta\omega_2$$

式（4.4.1-1）～式（4.4.1-4）中的 x_{d1}、x_{d2} 为 1 号、2 号发电机的 d 轴次暂态电抗。

现在将两机系统用长度为半波长+短线路的长线路相联，如图 4.4.1-2 所示，其线路阻抗为 $X_{Half} + X_L$。

图 4.4.1-2　通过半波长+短线路互联的两机系统接线图

1 号机组的方程没有变化，与式（4.4.1-1）相同。利用无损半波长线路送受端电压相同、相位相反的特点，得到 2 号机组的功率方程：

$$\begin{aligned}P_2 &= \frac{E_{q2}U_2}{x_{d2} + x_{T2} + x_L}\sin(-\pi + \delta_2 + \pi - \delta_0)\\&= \frac{E_{q2}U_2}{x_{d2} + x_{T2} + x_L}\sin(\delta_2 - \delta_0)\end{aligned} \tag{4.4.1-5}$$

$U_1 = U_2$，式（4.4.1-5）可以变为：

$$P_2 = \frac{E_{q2}U_1}{x_{d2} + x_{T2} + x_L}\sin(\delta_2 - \delta_0) \tag{4.4.1-6}$$

这样含有半波长线路+短线路的两机系统与短线路连接的两机系统状态方程相同。对于电网 0.1～2Hz 的功率波动，变化较慢，因此特征值分析方法适用于含有半波长线路的电网动态稳定分析。

4.1.2　实例验证

为配合实际电网仿真计算，搭建一个 10 机系统的电源点，通过半波长线路向系统送电[6-7]，如图 4.4.1-3 所示。具体参数见附录 A。

根据线路参数可以得到线路的半波长 $\lambda/2$ 为 2938km，因此 3000km 线路等同于一个标准半波长线路加一个 62km 的短线路。下面将分别对 2938＋62km、62km 送电系统进行小扰动分析。

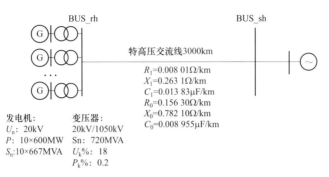

BUS_rh   BUS_sh

特高压交流线3000km

$R_1=0.008\ 01\Omega/km$
$X_1=0.263\ 1\Omega/km$
$C_1=0.013\ 83\mu F/km$
$R_0=0.156\ 30\Omega/km$
$X_0=0.782\ 10\Omega/km$
$C_0=0.008\ 955\mu F/km$

发电机：   变压器：
U_n: 20kV   20kV/1050kV
P: 10×600MW   Sn: 720MVA
S_n:10×667MVA $U_k\%$: 18
                    $P_k\%$: 0.2

图 4.4.1－3 10 机接入无穷大系统接线图

对 2938＋62km 送电系统进行小扰动分析后，得到的机组对系统的振荡模式如图 4.4.1－4 所示。10 机系统与无穷大系统的振荡频率为 1.309 1Hz，振荡阻尼比为 0.070 4。

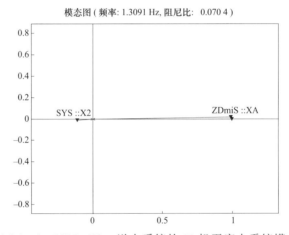

模态图（频率: 1.3091 Hz, 阻尼比: 0.070 4）

SYS ::X2   ZDmiS ::XA

图 4.4.1－4 2938+62km 送电系统的 10 机无穷大系统模态图

对 62km 送电系统进行小扰动分析，获得的结果如图 4.4.1－5 所示。10 机系统与无穷大系统的振荡频率为 1.251Hz，振荡阻尼比为 0.068 7。尽管考虑线损后，2938＋62km 与 62km 送电系统的小扰动结果有些许差别，但该实例说明了特征值分析方法适用于含有半波长线路的电网动态稳定分析。

下面通过时域仿真，验证小扰动分析的计算结果。在半波长输电系统中的平衡节点施加负荷扰动，得到的线路功率波动曲线如图 4.4.1－6 所示。可以看出，线路的波动频率与小扰动分析结果一致。

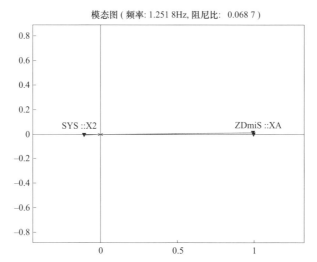

图 4.4.1 – 5　62km 送电系统的 10 机无穷大系统模态图

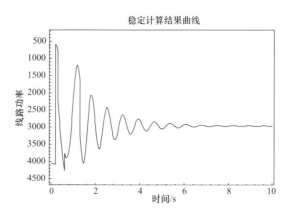

图 4.4.1 – 6　含半波长线路系统负荷扰动后线路功率波动曲线

4.2　对半波长线路送端机组一次调频性能的要求

4.2.1　半波长输电系统静态稳定性与电网频率之间的关系

对于简单的交流输电系统，要具有运行的静态稳定性，必须运行在功率特性的上升部分，可以用 $\mathrm{d}P/\mathrm{d}\delta > 0$ 作为简单电力系统具有静态稳定的判据。以六条不同长度（线路 a、b 为传统短线路，线路 c、d 为比半波长线路略短的超长线路，线路 e、f 为比半波长线路略长的超长线路）的无损无补偿线路为例，分析其传输的有功功率与自然功率比值 P/P_{n} 和功角 δ 的函数关系，如图 4.4.2 – 1 所示，同时对比这六条线路发出的无功功率与自然功率比值 Q/P_n 和功角 δ 的函数关系，如图 4.4.2−2 所示[8]。

可以看出，不同长度范围的输电线路其静态稳定性具有不同的特点，半波长线路具有不同于常规短线路的稳定运行范围。对于常见的短线路（曲线 a、b）和仅比半波长线路略短的超长线路（曲线 c、d）应运行在 δ 接近于 0 的区域，以满足 $\mathrm{d}P/\mathrm{d}\delta>0$，保证其静态稳定。但在此区间内，线路 c、d 需要补偿大量的无功功率。当线路长度略长于半波长线路时（曲线 e、f），如线路运行在 $\delta=180°$ 附近，则能同时满足上述两个指标。线路 e、f 运行在 $\delta=180°$ 附近时，$\mathrm{d}P/\mathrm{d}\delta>0$ 正值，类似于常规短线路运行在 $\delta=0°$ 附近的特点。尤其是当传输的有功功率 P 在 $-P_n\leqslant P\leqslant P_n$ 范围内时，线路两端的运行特点与短线路更为相似。此时，线路所需的无功功率不大，且线路的沿线电压不会超过电压额定值。

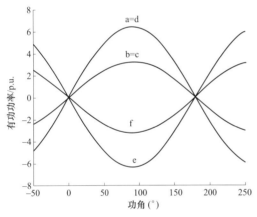

图 4.4.2−1　P/P_n 和功角 δ 的函数关系
（线路 a、b 为传统短线路，线路 c、d 为比
半波长线路略短的超长线路，线路 e、f 为
比半波长线路略长的超长线路）

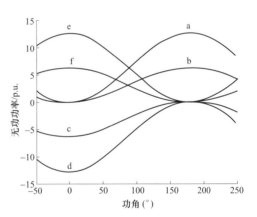

图 4.4.2−2　Q/P_n 和功角 δ 的函数关系
（线路 a、b 为传统短线路，线路 c、d 为比
半波长线路略短的超长线路，线路 e、f 为
比半波长线路略长的超长线路）

为了满足上述要求，线路应比半波略长，使得线路运行在 $\delta=180°$ 附近。由于线路接入电网后，电网频率变化影响半波线路的有效长度，特别是当电网频率低于 50Hz 时，该频率下的半波长度会大于 50Hz 频率下的半波长度，可能导致实际线路的长度短于该频率下的半波长度，形成图 4.4.2−2 中曲线 c、d 的情形，不利于电网稳定运行。因此，实际线路不仅应比 50Hz 频率下的半波略长，且需要限定电网频率的波动范围。

抑制电网频率波动，最有效的方法就是合理调节电网内机组一次调频速度，保证电网频率波动在允许范围内，从而始终保持线路的实际长度大于半波长度。

4.2.2　实例验证

以淮北—南阳半波长输电系统点对网送电方式（如图 4.4.1 – 3 所示，系统参数见附录 A）为例，检验淮北机组通过 2938km + 62km（略长于半波长）特高压线路接入华中电网后，电网频率变化能否满足半波长线路的静稳特性要求。送端机组套用辽宁庄河电厂 1 号机组的调速参数。

现有火电机组一次调频分为功率闭环方式与阀控方式，通过切机试验可以对比不同控制方式对华中电网频率的影响。

送端机组分别切 1 台机 600MW、2 台机 1200MW 后系统频率偏差曲线见图 4.4.2 – 3、图 4.4.2 – 4。

图 4.4.2 – 3 显示，切 1 台机、两种控制方式下系统频率降至 49.96Hz。将该频率代入式（4.4.2 – 1），计算得到该频率下的半波长度为 2942km，该长度小于线路的实际长度 3000km，满足电网运行要求。

$$\lambda / 2 = \pi / \sqrt{(r_0 + \mathrm{j}2\pi f L_0)(g_0 + \mathrm{j}2\pi f C_0)} \qquad (4.4.2 - 1)$$

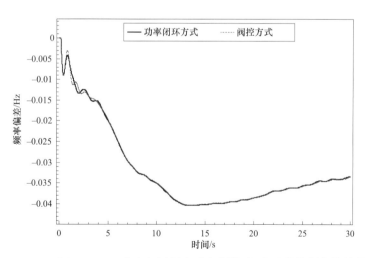

图 4.4.2 – 3　切 600MW 时功率闭环方式与阀控方式下系统频率偏差曲线

图 4.4.2 – 4 显示，切 2 台机、两种控制方式下系统频率降至 49.94Hz。依据式（4.4.2 – 1）的得到该频率下的半波长度为 2943km，小于线路的实际长度 3000km，满足电网运行要求。

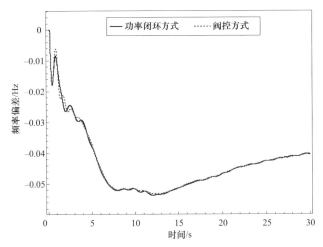

图 4.4.2 - 4 切 1200MW 时功率闭环方式与阀控方式下系统频率偏差曲线

参 考 文 献

[1] 梁旭明. 半波长交流输电技术研究及应用展望 [J]. 智能电网, 2015, 3 (12): 1091 – 1096.

[2] 秦晓辉, 张志强, 徐征雄, 等. 基于准稳态模型的特高压半波长交流输电系统稳态特性与暂态稳定研究 [J]. 中国电机工程学报, 2011, 31 (31): 66 – 76.

[3] 韩彬, 林集明, 班连庚, 等. 特高压半波长交流输电系统电磁暂态特性分析 [J]. 电网技术, 2011, 35 (9): 22 – 27.

[4] 王安斯, 任大伟, 汤涌, 等. 特高压半波长线路输电能力与暂态稳定影响因素 [J]. 电网技术, 2017, 41 (10): 3168 – 3173.

[5] 张志强, 秦晓辉, 王皓怀, 等. 特高压半波长交流输电线路稳态电压特性 [J]. 电网技术, 2011, 35 (9): 33 – 36.

[6] 张志强, 秦晓辉, 徐征雄, 等. 特高压半波长交流输电技术在我国新疆地区电源送出规划中的暂态稳定性研究 [J]. 电网技术, 2011, 35 (9): 42 – 45.

[7] 梁旭明, 薛更新, 郅鑫, 等. 半波长交流输电真型线路初步试验方案 [J]. 电力建设, 2016, 37 (02): 85 – 90.

[8] M.Aredes, C.Portela, E.L. Emmerik, et al. Static series compensators applied to very long distance transmission lines [J]. Electrical Engineering, 2003, 86 (2): 69 – 76.

[9] 张启平, 李晨光, 万磊. 半波长交流输电线路三相短路谐振点研究 [J]. 电网技术, 2017, 41 (9): 2743 – 2749.

[10] 张媛媛, 王毅, 韩彬, 等. 交流半波长输电系统功率波动过电压形成机理与抑制策略 [J]. 中国电机工程学报, 2018, 38 (10): 3116 – 3124 + 3164.

第五篇

超长距离交流线路
继电保护技术

本篇主要分析现有保护原理不适用于长线路的原因，首次提出自由波能量保护、假同步差动保护、伴随阻抗保护等保护新原理、算法，提供完整的半波长线路保护方案，并介绍半波长线路保护装置成功完成研发并通过设备测试的情况。

第1章
现有保护原理对于交流长线路
适应性分析

目前，交流输电线路保护原理包括电流差动保护、距离保护和方向保护。其中方向元件利用系统等值阻抗判断故障方向，不受长线路参数影响；而电流差动保护、距离保护受长距离输电线路参数及故障特性影响较大。

1.1 长线路差动保护适应性分析

1.1.1 线路倍乘集中参数模型的电流差动保护适应性分析

输电线路的电流差动保护原理基于基尔霍夫定律，通过线路两侧电流计算故障点处电流，保护判据为：

$$\left| \dot{I}_{\mathrm{M}} + \dot{I}_{\mathrm{N}} \right| > k \left| \dot{I}_{\mathrm{M}} - \dot{I}_{\mathrm{N}} \right| \tag{5.1.1-1}$$

式中：$\dot{I}_{\mathrm{M}}$、$\dot{I}_{\mathrm{N}}$ 分别为输电线路两侧相电流；$\dot{I}_{\mathrm{M}} + \dot{I}_{\mathrm{N}}$、$\dot{I}_{\mathrm{M}} - \dot{I}_{\mathrm{N}}$ 分别为差动电流和制动电流，k 为制动系数。

对于常规中、短距离输电线路（图 5.1.1 – 1），可以用倍乘集中参数进行等值。短距离线路（线路长度＜100km）分布电容小，电容电流对电流差动保护性能影响很小，无需进行电容电流补偿。

中距离输电线路（线路长度≥100km）分布电容较大，电流差动保护判据中线路两侧电流需要补偿电容电流（图 5.1.1 – 2），目前常规的补偿方法为线路两侧电流各补偿线路全长一半对应的电容电流，即 $\dot{I}'_{\mathrm{M}} = \dot{I}_{\mathrm{M}} - \dfrac{\dot{I}_{\mathrm{C}}}{2}$，$\dot{I}'_{\mathrm{N}} = \dot{I}_{\mathrm{N}} - \dfrac{\dot{I}_{\mathrm{C}}}{2}$，$\dot{I}_{\mathrm{C}}$ 为线路全线电容电流，且 $\dot{I}_{\mathrm{C}} = \mathrm{j}\dot{U}\omega C$，$\dot{U}$ 为线路额定电压，式（5.1.1 – 1）可以表示为：

$$\left| \dot{I}'_{\mathrm{M}} + \dot{I}'_{\mathrm{N}} \right| > k \left| \dot{I}'_{\mathrm{M}} - \dot{I}'_{\mathrm{N}} \right| \tag{5.1.1-2}$$

上述两侧电容电流补偿法适用的前提是：线路沿线的电压变化很小，可以用额定电压近似代替沿线电压分布。然而对于长距离输电线路，不同输送功率下线路的沿线电压差异较大，不能近似用一个额定电压代替全线电压，因此两侧电容电流补偿法不适用于长线路。

图 5.1.1-1 中、短距离线路故障示意图

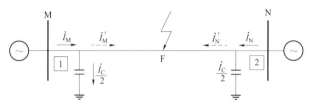

图 5.1.1-2 补偿电容电流后输电线路图

1.1.2 线路分布参数模型的电流差动保护方法适应性分析

长线路若采用分布参数模型，则基于分布参数的线路电流差动保护不受线路分布电容的影响，无需进行电容电流补偿，但是根据线路两侧电流计算得到的差动电流不能准确反映故障点电流，影响电流差动保护动作性能。

对于长线路，发生不对称故障时，可在故障点根据故障边界条件将三相系统转换成正、负、零序网络，每一序网络的计算均可按照单导线系统分析差动电流，据此可以得到故障点处及沿线各处电压电流，进而应用序—相转换矩阵求得线路上故障相和非故障相差动电流。

（1）单导线系统的差动电流分析方法。单导线系统如图 5.1.1-3 所示，图中 F 为故障点，保护位于图中 1 和 2。

根据分布参数模型可知，线路在稳态运行时满足[1]：

$$\begin{cases} \dot{U} = \dot{U}_M \cosh(\gamma x) - \dot{I}_M Z_c \sinh(\gamma x) \\ \dot{I} = \dot{I}_M \cosh(\gamma x) - \dfrac{\dot{U}_M}{Z_c} \sinh(\gamma x) \end{cases} \qquad (5.1.1-3)$$

式中：$\dot{U}_M$、$\dot{I}_M$ 为保护 1 处的测量电压和电流；$\dot{U}$、$\dot{I}$ 为线路任一点处的电压、电流；γ 为传播常数；Z_c 为波阻抗；F 点发生故障后，保护 1 处的 $\dot{U}_M$ 和 $\dot{I}_M$ 满足以下关系[2]：

$$\begin{cases} \dot{E}_M - \dot{I}_M Z_M = \dot{U}_M \\ \dot{U}_M \cosh(\gamma l_F) - \dot{I}_M Z_c \sinh(\gamma l_F) = 0 \end{cases} \qquad (5.1.1-4)$$

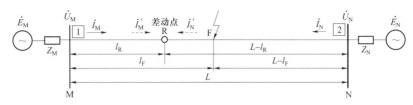

图 5.1.1 − 3　单导线系统示意图

保护 2 处的 $\dot{U}_N$ 和 $\dot{I}_N$ 满足以下关系：

$$\begin{cases} \dot{E}_N - \dot{I}_N Z_N = \dot{U}_N \\ \dot{U}_N \cosh[\gamma(L-l_F)] - \dot{I}_N Z_c \sinh[\gamma(L-l_F)] = 0 \end{cases} \qquad (5.1.1-5)$$

式中：$\dot{E}_M$、Z_M、$\dot{E}_N$、Z_N 分别为 M、N 侧的系统电势及系统阻抗；l_F 为故障点 F 到保护 1 的距离；L 为线路全长。

根据式（5.1.1−3），利用保护 1、2 处的电流、电压可归算到沿线线路上任一点两侧的电流，在该点计算差动电流，称为差动点（图 5.1.1−3 中 R 点）。

由保护 1、2 归算到差动点两侧电流 $\dot{I}'_M$、$\dot{I}'_N$ 分别为：

$$\dot{I}'_M = \dot{I}_M \cosh(\gamma l_R) - \frac{\dot{U}_M}{Z_c} \sinh(\gamma l_R) \qquad (5.1.1-6)$$

$$\dot{I}'_N = \dot{I}_N \cosh[\gamma(L-l_R)] - \frac{\dot{U}_N}{Z_c} \sinh[\gamma(L-l_R)] \qquad (5.1.1-7)$$

式中：l_R 为差动点 R 到保护 1 的距离。

R 点处差动电流为：

$$I'_{cd} = |\,I'_M + I'_N\,| \qquad (5.1.1-8)$$

当 R 点与 F 点重合时，差动点处差动电流等于故障点电流。当 R 点与 F 点不重合时，差动点处差动电流与故障电流的差异与 R 点与 F 点之间的距离相关。

令 $p = \dot{I}_M / \dot{I}_N$，可得差动点差动电流 I'_{cd} 为：

$$\begin{aligned} I'_{cd} &= \left|\dot{I}'_M + \dot{I}'_N\right| = \left|\dot{I}_M \frac{\cosh[\gamma(l_R-l_F)]}{\cosh(\gamma l_F)} + \dot{I}_N \frac{\cosh[\gamma(l_R-l_F)]}{\cosh[\gamma(L-l_F)]}\right| \\ &= \left|\cosh[\gamma(l_R-l_F)]\right|\left|\frac{p}{\cosh(\gamma l_F)} + \frac{1}{\cosh[\gamma(L-l_F)]}\right|\left|\dot{I}_N\right| \end{aligned} \qquad (5.1.1-9)$$

对于无损线路，式（5.1.1−9）可化简为：

$$I'_{cd} = \left|\cos[\gamma(l_R-l_F)]\right|\left|\frac{p}{\cos(\gamma l_F)} + \frac{1}{\cos[\gamma(L-l_F)]}\right|\left|\dot{I}_N\right| \qquad (5.1.1-10)$$

当 $l_R = l_F$ 时，I'_{cd} 最大，即差动点和故障点重合时，差动电流最大，当 $\gamma(l_R - l_F) = \pi/2$ 时，即差动点和故障点相距 1/4 波长时，差动电流最小，$I'_{cd} = 0$。

（2）长线路的差动电流分析方法。以线路上某点 A 相接地为例进行分析，可知：

$$\begin{cases} \dot{U}_{fa} = 0 \\ \dot{I}_{fb} = \dot{I}_{fc} = 0 \end{cases} \qquad (5.1.1-11)$$

根据对称分量法，可将相边界条件转换成序边界条件：

$$\begin{cases} \dot{U}_{f1} + \dot{U}_{f2} + \dot{U}_{f0} = 0 \\ \dot{I}_{f1} = \dot{I}_{f2} = \dot{I}_{f0} \end{cases} \qquad (5.1.1-12)$$

根据正、负、零序电压、电流关系及边界条件，作出正、负、零序网络图（图 5.1.1-4）。图中各序网络按照单导线系统差动电流分析方法计算，进而求得沿线各处故障相及非故障相差动电流。

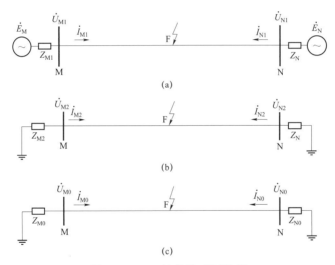

图 5.1.1-4 长线路序网络图

（a）长线路正序网络图；（b）长线路负序网络图；（c）长线路零序网络图

以半波长线路为例，系统参数见附录 A。图 5.1.1-5 为线路距离 M 侧母线 500km 处单相接地故障时故障相差动电流随差动点位置变化关系曲线。根据式（5.1.1-10）计算得出，正序、负序网络下，差动点与故障点相差约 1500km 时，差动电流最小；零序网络下，差动点与故障点相差约 1050km 时，差动电流最小。对于故障相，当故障点与差动点重合时，差动电流最大，当差动点与故障点相差约 1300km 时，差动电流最小，差动保护灵敏度最低。

图 5.1.1-6 为线路距离 M 侧母线 500km 处单相接地故障时非故障相差动电流随差动点位置变化关系曲线。非故障线路受互感影响将感受到差动电流，当故障点

与差动点重合时，非故障相差动电流为 0，故障点与差动点不重合时，非故障相差动电流均不为 0，当差动点与故障点相差 1500km 时，差动电流最大。这表明若差动点与故障点不一致时，可能引起非故障相电流差动保护误动。

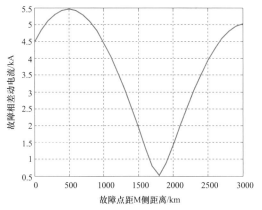

图 5.1.1−5 A 相接地故障，A 相差动
电流随差动点位置变化曲线

图 5.1.1−6 非故障相差动
电流随差动点位置变化曲线

1.1.3 运行方式及故障位置对电流差动保护灵敏度影响

以半波长线路为例，当线路传输功率不同时，线路沿线电压的变化曲线如图 5.1.1−7 所示。

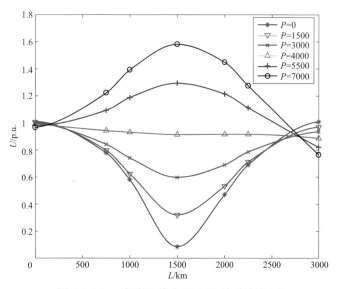

图 5.1.1.7 线路沿线电压与传输功率关系

在线路轻载情况下沿线发生单相接地故障时，故障相故障点处的差动电流 $|I'_M + I'_N|$ 与制动电流 $|I'_M - I'_N|$ 如表 5.1.1 - 1 所示。

表 5.1.1 - 1　轻载沿线发生单相接地故障时故障点处差动电流与制动电流

故障点/km	$|I'_M + I'_N|$ /kA	$|I'_M - I'_N|$ /kA
F1（0）	18.2	10.2
F2（500）	5.9	3.6
F3（1000）	5.4	1.0
F4（1500）	0.4	4.6
F5（2000）	6.3	1.2
F6（2500）	7.5	5.6
F7（3000）	28.9	18.6

可见，当半波长线路中部附近发生故障时，差动电流小于制动电流，电流差动保护会拒动。

因此，对于长线路，电流差动保护差动点的选取直接影响差动电流的大小，进而影响区内故障时故障相差动保护的灵敏度及非故障相的可靠性。

1.1.4　长线路对电流差动保护速动性的影响

电流差动保护需要利用线路两侧的同步数据进行运算，对于长线路，故障点位于 F 处时，M 侧保护从启动到出口的时间如图 5.1.1 - 8 所示，图中 T_1 时刻，M 侧保护启动，T_2 时刻 N 侧保护启动，T_3 时刻 N 侧保护将信息传输到 M 侧，T_4 为保护计算所需数据窗长度（20ms），T_5 为出口继电器动作时间（5ms），如图 5.1.1 - 8 所示。

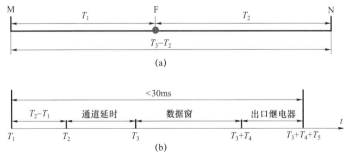

图 5.1.1 - 8　M 侧保护启动到出口的时间
（a）故障时间；（b）M 侧保护计算时间

按照 GB 15145—2017《输电线路保护装置通用技术条件》对电流差动保护动作

时间需不大于 30ms 的要求，除去 T_5 和 T_4，$T_3 - T_1$ 时间不大于 5ms。其中通信通道的延时为 $T_3 - T_2$，该延时与通道长度及中继数量相关，目前光纤通道的传输延时为 5μs/km，对于 SDH 通信方案，每间隔 200～300km 设置中继站，每个中继站的传输延时约为 250μs。

假设故障后电磁波到达线路两侧时间相同，即 $T_2 - T_1 = 0$，求解下式

$$5 \times 10^{-6} \times L + \frac{L}{200} \times 250 \times 10^{-6} \leqslant 5 \times 10^{-3}$$

可得，$L \leqslant 800\text{km}$，当长线路距离大于 800km 时，仅通道延时就令保护动作时间大于 30ms。

当故障后电磁波到达线路两侧母线时间不同时，考虑通道延时，极端情况下 $T_1 = 0$，$T_2 + T_4 = 30\text{ms}$。

通道延时对于长线路纵联保护（纵联距离保护、纵联方向保护）的影响与电流差动保护相同。

1.2　长线路距离保护适应性分析

1.2.1　线路倍乘集中参数模型的距离保护方法适应性分析

对于中短线路，可以用倍乘集中参数模型等效，距离保护的测量阻抗 Z_m 正比于短路点到保护安装处之间的距离，即 $Z_m = Z_{1k} = z_1 l_k$，其中 Z_{1k}、z_1、l_k 分别为短路点到保护安装处的正序阻抗、单位长度线路正序阻抗和短路距离。

保护安装处电压可表示为：

$$\begin{cases} \dot{U}_A = \dot{U}_{Ak} + Z_{1k}(\dot{I}_A + 3K\dot{I}_0) \\ \dot{U}_B = \dot{U}_{Bk} + Z_{1k}(\dot{I}_B + 3K\dot{I}_0) \\ \dot{U}_C = \dot{U}_{Ck} + Z_{1k}(\dot{I}_C + 3K\dot{I}_0) \end{cases} \qquad (5.1.2-1)$$

式中：$\dot{U}_A$、$\dot{U}_B$、$\dot{U}_C$ 分别为保护安装处的 A、B、C 三相测量电压；$\dot{U}_{Ak}$、$\dot{U}_{Bk}$、$\dot{U}_{Ck}$ 分别为故障点处的 A、B、C 三相电压；$\dot{I}_A$、$\dot{I}_B$、$\dot{I}_C$ 分别为保护安装处的 A、B、C 三相测量电流；K 为零序补偿系数，$K = \dfrac{z_0 - z_1}{3z_1}$；$z_0$ 为单位长度线路的零序阻抗。

对于单相接地故障（以 A 相接地故障为例）：

$$Z_m = Z_A = \frac{\dot{U}_A}{\dot{I}_A + 3K\dot{I}_0} \qquad (5.1.2-2)$$

对于两相短路（以 BC 相短路故障为例）：

$$Z_{m} = Z_{BC} = \frac{\dot{U}_B - \dot{U}_C}{\dot{I}_B - \dot{I}_C} \qquad (5.1.2-3)$$

对于三相短路：

$$Z_{m} = Z_A = Z_B = Z_C = Z_{AB} = Z_{BC} = Z_{CA} = Z_{1k} \qquad (5.1.2-4)$$

对于长距离输电线路，线路分布电容较大，无法用倍乘集中参数模型进行等效，所以现有基于倍乘集中参数模型的距离保护不适用。

1.2.2　线路分布参数模型的距离保护方法适应性分析

（1）三相短路故障。从长线路的传输线方程可以得出，长线路送受端电压和电流的关系如下所示：

$$\begin{cases} \dot{U}_1 = \dot{U}_2 \cosh(\gamma l) + Z_c \dot{I}_2 \sinh(\gamma l) \\ \dot{I}_1 = \dot{I}_2 \cosh(\gamma l) + \dfrac{\dot{U}_2}{Z_c} \sinh(\gamma l) \end{cases} \qquad (5.1.2-5)$$

当在距线路送端 x 处发生三相故障时，故障点处电压为 0，保护安装处的电压 $\dot{U}_1$ 和电流 $\dot{I}_1$ 如下所示：

$$\begin{cases} \dot{U}_1 = Z_c \dot{I}_k \sinh(\gamma x) \\ \dot{I}_1 = \dot{I}_k \cosh(\gamma x) \end{cases} \qquad (5.1.2-6)$$

其故障后测量阻抗为：

$$Z_{sc} = \frac{\dot{U}_1}{\dot{I}_1} = Z_c \tanh(\gamma x) \qquad (5.1.2-7)$$

式中：Z_c 是线路波阻抗；γ 是传播常数。

根据式（5.1.2-7），线路沿线故障保护安装处测量阻抗的模值与相角如图 5.1.2-1 所示。可以看出，线路测量阻抗随距离变化情况是非单调的，当故障发生在距离送端 1500km 以内时，测量阻抗的模值随距离增大而增加，然而当故障位置距离送端超过 1500km 时，其测量阻抗的模值随距离增加而迅速减小。当半波长线路（3000km）受端发生故障时，测量阻抗的幅值关于 1500km 偶对称，测量阻抗的相位关于 1500km 奇对称。

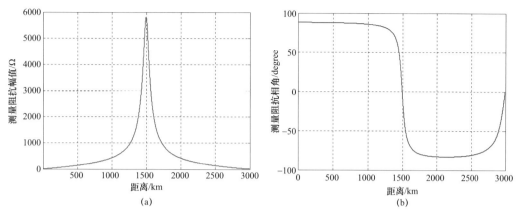

图 5.1.2 - 1 长线路沿线三相短路保护测量阻抗

（a）幅值；（b）相角

图 5.1.2 - 2 为长线路沿线故障保护安装处测量阻抗在阻抗平面上示意图。随着故障距离从 0km 开始不断增加，测量阻抗位于阻抗平面的第一象限，当故障距离增大到 1500km 时，测量阻抗突变至第四象限，同时其模值也达到最大，随着故障距离进一步增加，测量阻抗由第四象限慢慢回到原点附近。

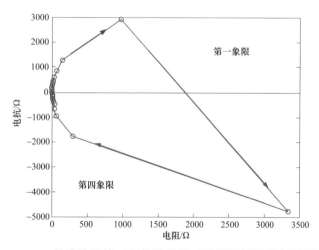

图 5.1.2 - 2 长线路沿线三相接地故障时始端测量阻抗复平面曲线

距离保护作为输电线路的后备保护，其基本原理是利用保护安装处的测量阻抗线性反映保护安装处至故障点处的距离。图 5.1.2 - 3 为距离保护两种常用的动作特性[3]：圆特性和四边形特性，图中 Z_{set} 为整定阻抗，当测量阻抗落在动作特性范围内时，距离保护动作，否则不动作。针对距离保护 I 段进行分析，距离保护 I 段保护范围 80%～85%，Z_{set} 为线路全长阻抗的 80%～85%。

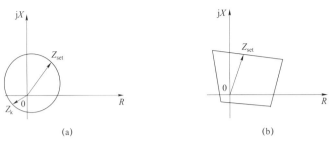

图 5.1.2－3　不同阻抗继电器动作特性
（a）圆特性；（b）四边形特性

　　将图 5.1.2－2 中的测量阻抗与 5.1.2－3 的距离保护动作特性置于同一阻抗平面如图 5.1.2－4 所示。结合图 5.1.2－1 可见，对于长线路，故障位置与保护之间的距离大于 500km，测量阻抗与故障距离不再满足线性关系，测量阻抗不能反映故障距离；当故障点位于 1500km 时，测量阻抗最大，处于距离保护动作区之外，距离保护无法动作；当故障点位于 3000km 时，测量阻抗的幅值与相位与故障点位于 0km 相同，测量阻抗不满足唯一性，即无法确定故障点位置，距离保护会发生误动。所以，长线路三相短路故障时，常规的距离保护不再适用。

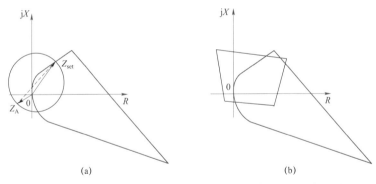

图 5.1.2－4　不同阻抗继电器动作特性与长距离线路故障测量阻抗
（a）圆特性；（b）四边形特性

　　（2）两相故障。对于不对称故障，需要利用序分量进行推导，再转化为相分量。当在距线路首端 x 处发生两相故障（以 AB 相为例）时，根据式（5.1.2－5），故障点处 A、B 相电压 $\dot{U}_{FA}$、$\dot{U}_{FB}$ 可以表示为：

$$\dot{U}_{FA} = \dot{U}_{A1}\cosh(\gamma_1 x) + \dot{U}_{A2}\cosh(\gamma_2 x) + \dot{U}_{A0}\cosh(\gamma_0 x)$$
$$- [Z_{c1}\dot{I}_{A1}\sinh(\gamma_1 x) + Z_{c2}\dot{I}_{A2}\sinh(\gamma_2 x) + Z_{c0}\dot{I}_{A0}\sinh(\gamma_0 x)] \quad (5.1.2－8)$$

$$\dot{U}_{FB} = \dot{U}_{B1}\cosh(\gamma_1 x) + \dot{U}_{B2}\cosh(\gamma_2 x) + \dot{U}_{B0}\cosh(\gamma_0 x)$$
$$- [Z_{c1}\dot{I}_{B1}\sinh(\gamma_1 x) + Z_{c2}\dot{I}_{B2}\sinh(\gamma_2 x) + Z_{c0}\dot{I}_{B0}\sinh(\gamma_0 x)] \quad (5.1.2－9)$$

式中：$\dot{U}_{A1}$、$\dot{U}_{A2}$、$\dot{U}_{A0}$ 分别为保护安装处的以 A 相为基准的正序、负序和零序电压，且满足 A 相电压 $\dot{U}_A = \dot{U}_{A1} + \dot{U}_{A2} + \dot{U}_{A0}$；B 相电压 $\dot{U}_B = k^2\dot{U}_{A1} + k\dot{U}_{A2} + \dot{U}_{A0}$，

$$k = e^{j120°} = -\frac{1}{2} + j\frac{\sqrt{3}}{2}，\quad k^2 = e^{j240°} = -\frac{1}{2} - j\frac{\sqrt{3}}{2}。$$

$\dot{I}_{A1}$、$\dot{I}_{A2}$、$\dot{I}_{A0}$ 分别为保护安装处的以 A 相为基准的正序、负序和零序电流，且满足 A 相电流 $\dot{I}_A = \dot{I}_{A1} + \dot{I}_{A2} + \dot{I}_{A0}$；B 相电流 $\dot{I}_B = k^2\dot{I}_{A1} + k\dot{I}_{A2} + \dot{I}_{A0}$。

γ_1、γ_2、γ_0 分别为正序、负序和零序传播常数；Z_{c1}、Z_{c2}、Z_{c0} 分别为正序、负序和零序波阻抗。令 $\gamma_1 = \gamma_2$，$Z_{c1} = Z_{c2}$。

AB 相短路的边界条件是：$\dot{U}_{FA} = \dot{U}_{FB}$，$\dot{U}_{A0} = 0$，$\dot{U}_{B0} = 0$，$\dot{I}_{A0} = 0$，$\dot{I}_{B0} = 0$。

将式（5.1.2-8）和式（5.1.2-9）相减并代入 AB 相短路的边界条件，整理得到：

$$\dot{U}_A \cosh(\gamma_1 x) - \dot{I}_A Z_{c1}\sinh(\gamma_1 x) = \dot{U}_B \cosh(\gamma_1 x) - \dot{I}_B Z_{c1}\sinh(\gamma_1 x) \quad (5.1.2-10)$$

由式（5.1.2-10）可得：

$$Z_{AB} = \frac{\dot{U}_A - \dot{U}_B}{\dot{I}_A - \dot{I}_B} = Z_{c1}\tanh(\gamma_1 x) \quad (5.1.2-11)$$

可见，长线路两相故障时，当故障点位置相同时，两相故障的相间距离继电器测量阻抗与三相短路时的测量阻抗相同，所以，长线路两相故障时，常规的距离保护也不再适用。

（3）单相接地故障。根据式（5.1.2-8），令 $\gamma_1 = \gamma_2$，$Z_{c1} = Z_{c2}$，对于单相接地故障，以 A 相接地故障为例，故障点处 A 相电压 $\dot{U}_{FA}$ 为：

$$\dot{U}_{FA} = (\dot{U}_A + \dot{U}_{A0}K_u)\cosh(\gamma_1 x) - (\dot{I}_A + \dot{I}_{A0}K_i)Z_{c1}\sinh(\gamma_1 x) \quad (5.1.2-12)$$

式中 K_u、K_i 为电压补偿系数，具体表达式为：

$$K_u = \frac{\cosh(\gamma_0 x) - \cosh(\gamma_1 x)}{\cosh(\gamma_1 x)}$$
$$K_i = \frac{Z_{c0}\sinh(\gamma_0 x) - Z_{c1}\sinh(\gamma_1 x)}{Z_{c0}\sinh(\gamma_1 x)} \quad (5.1.2-13)$$

对于金属性故障，$\dot{U}_{FA} = 0$，由式（5.1.2-12）可得，故障相电流和电压存在如下关系：

$$\frac{\dot{U}_A + K_u\dot{U}_{A0}}{\dot{I}_A + K_i\dot{I}_{A0}} = Z_{c1}\tanh(\gamma_1 x) \quad (5.1.2-14)$$

根据式（5.1.2－14），对于长线路，接地距离继电器计算得到的测量阻抗无法反映保护安装处到故障点之间的位置。此外，根据式（5.1.2－13）与式（5.1.2－14），无法直接计算故障点位置 x。所以长线路单相接地故障时，距离保护不再适用。

1.3 行波保护适应性分析

对于长线路，通过凯伦贝尔相模变换矩阵将线路上的相量变换到模量上，利用单导线分析线模分量和零模分量故障行波传播特性，以母线到线路为正方向，则故障初始行波为反行波。

选择我国首条特高压交流线路"晋东南—南阳—荆门"的线路参数及杆塔参数，仿真得到不同频率下线模分量和零模分量的电阻和电感（如图 5.1.3－1 所示），通过计算可得波阻抗、波速的依频特性（如图 5.1.3－2 所示）以及传播常数的依频特性（如图 5.1.3－3 所示）。

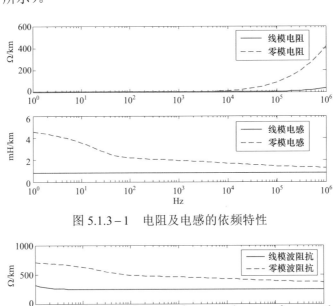

图 5.1.3－1 电阻及电感的依频特性

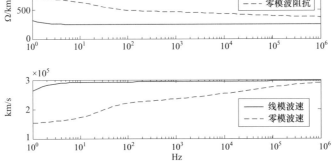

图 5.1.3－2 波阻抗及波速依频特性

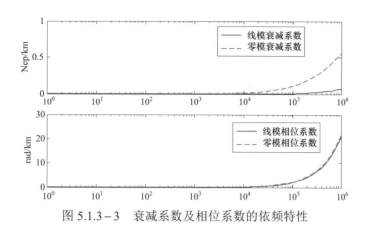

图5.1.3-3 衰减系数及相位系数的依频特性

从图中可知随着频率增大，线模分量电感和电阻分量变化很小，零模分量电阻增大，电感减小。线模分量波阻抗基本不受频率变化影响，而零模波阻抗则随频率增大而减小。相同频率下，线模分量行波波速大于零模分量行波波速，随着频率逐渐增大，二者差距逐渐减小。

对于传播常数，线模分量和零模分量相位系数相同，而对于衰减系数，随着频率增大，行波衰减程度增大，且零模分量衰减大于线模分量。

上述特点会造成随着传播距离的增大，不同频率的行波会由于波速不同而逐渐分开，并且先到达的是高频的行波，但衰减严重，后到达的是低频的行波，衰减较小，整体上使得行波在波头上变缓，这就是行波的色散现象，对于零模行波来说色散现象远比线模行波严重。

图5.1.3-4为幅值为1A的电流行波传输3000km后不同频率分量的衰减特征。可见，零模行波中1kHz以上分量基本都衰减完了，而线模行波的10kHz分量还剩28%左右。

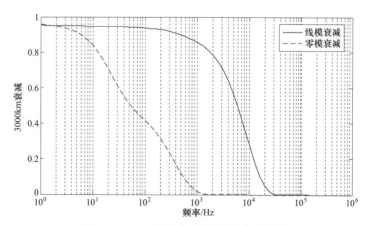

图5.1.3-4 线模和零模分量衰减特性

利用小波变化分析线模分量行波传播 3000km 后的在各个频带中的波头可识别度，故障电压分量和各个尺度的电压模极大值如图 5.1.3 – 5 所示，只有在 10kHz 以下才有较明显波头，可以进行故障行波识别，大于 10kHz 的高频分量衰减严重，基于波头识别的行波保护应用于长距离线路时应选择 10kHz 以下的高频分量。

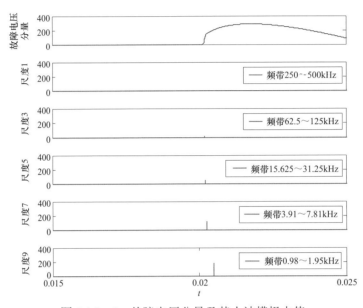

图 5.1.3 – 5　故障电压分量及其小波模极大值

综上，对于长线路，现有的电流差动保护由于电容电流无法准确补偿、固定差动点无法准确计算故障点电流、通道延时长等原因不适用，距离保护的测量阻抗无法反应故障点位置也不适用，行波远距离传输造成的衰减影响行波保护的性能。

第 2 章
长线路继电保护新原理

2.1 基于最优差动点的长线路保护原理

2.1.1 最优差动点确定方法

根据本篇 1.1.2 节分析，对于长线路，差动点的选取直接影响保护的动作性能，当差动点与故障点一致时，差动点的电气量才能准确反映故障特征，该差动点称为最优差动点，本节提出了基于时差法的最优差动点确定方法。

长线路发生故障后，故障分量通过线路传递到线路两侧存在时间差，该时间差与故障点的位置成线性关系（如图 5.2.1 – 1 所示）。

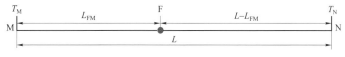

图 5.2.1 – 1 故障分量传输时刻与故障位置示意图

利用线路两侧保护启动元件动作时间差计算故障点位置，计算公式为[4]：

$$L_{FM} = [(T_M - T_N)v_{光} + L]/2 \qquad (5.2.1-1)$$

式中：L_{FM} 为故障点距离线路 M 侧的距离；L 为线路全长；T_M 与 T_N 分别为线路两侧保护启动元件动作时刻。L_{FM} 应满足 $0 \leqslant L_{FM} \leqslant L$，考虑计算误差，当 $L_{FM} > L$，令 $L_{FM} = L$；当 $L_{FM} < 0$，令 $L_{FM} = 0$。

时差法的关键是启动元件算法能够快速确定保护感受到故障的时刻。现有启动元件算法需要一定长度的数据窗，影响启动元件的动作速度，本节提出了基于三相一点采样值的启动元件算法，消除了数据窗对启动元件动作速度的影响。

启动元件判据为：

$$\Delta f(t) > I_{set} \qquad (5.2.1-2)$$

$$f(t) = \Delta i_A^2(t) + \Delta i_B^2(t) + \Delta i_C^2(t) \qquad (5.2.1-3)$$

$$\Delta f(t) = \left| f(t) - f(t-1) \right| \qquad (5.2.1-4)$$

式中：I_{set} 为启动元件定值；$\Delta i_A(t)$、$\Delta i_B(t)$、$\Delta i_C(t)$ 分别为三相电流突变量采样值。

数据采样频率会引起计算误差，当故障时刻处于两个采样点间时，以一工频周波 24 点采样值为例，最大计算误差为 125km。

以下长线路保护原理都是基于最优差动点实现的。

2.1.2 长线路假同步差动阻抗保护

根据本篇 1.1.4 节分析，长线路故障后，通道传输延时及线路两侧保护感受到故障的时间差会严重影响保护的动作速度。本节提出了假同步差动阻抗保护原理解决以上问题。

假同步差动阻抗保护的基本原理：利用线路两端的电压、电流计算最优差动点两侧的电压、电流，进而计算假同步差动阻抗，根据其大小判断线路区内、外故障。假同步差动阻抗保护包括保护判据及保护逻辑两部分，其中保护逻辑分为闭锁式、测距式和允许式三种[5]。

2.1.2.1 假同步差动阻抗保护判据

利用长线方程，可以线路两侧电压、电流求取最优差动点两侧的电压、电流。对于对称故障，最优差动点两侧电压、电流的计算公式为：

$$\begin{cases} \dot{I}_{x-} = \dot{I}_M \cosh(\gamma x) - \dfrac{\dot{U}_M}{Z_c}\sinh(\gamma x) \\ \dot{U}_{x-} = \dot{U}_M \cosh(\gamma x) - \dot{I}_M Z_c \sinh(\gamma x) \end{cases} \quad (5.2.1-5)$$

$$\begin{cases} \dot{I}_{x+} = \dot{I}_N \cosh[\gamma(L-x)] - \dfrac{\dot{U}_N}{Z_c}\sinh[\gamma(L-x)] \\ \dot{U}_{x+} = \dot{U}_N \cosh[\gamma(L-x)] - \dot{I}_N Z_c \sinh[\gamma(L-x)] \end{cases} \quad (5.2.1-6)$$

式中：$x = L_{FM}$；$\dot{U}_{x+}$、$\dot{I}_{x+}$ 为 N 侧的电压和电流计算到差动点处的电压和电流；$\dot{U}_{x-}$、$\dot{I}_{x-}$ 为 M 侧的电压和电流计算到差动点处的电压和电流；$\dot{U}_M$、$\dot{U}_N$、$\dot{I}_M$、$\dot{I}_N$ 分别为线路 M 侧和 N 侧电压、电流相量值；Z_c 为线路的波阻抗；γ 为线路的传播常数；电流方向均以母线流向线路方向为正方向。

对于不对称故障，最优差动点两侧电压、电流的计算公式如下：

$$\begin{cases} \dot{I}_{x-} = (\dot{I}_M + 3k_I \dot{I}_{M0})\cosh(\gamma x) - \dfrac{\dot{U}_M + 3k_U \dot{U}_{M0}}{Z_c}\sinh(\gamma x) \\ \dot{U}_{x-} = (\dot{U}_M + 3k'_U \dot{U}_{M0})\cosh(\gamma x) - (\dot{I}_M + 3k'_I \dot{I}_{M0})Z_c \sinh(\gamma x) \end{cases} \quad (5.2.1-7)$$

$$\begin{cases} 3k_{\mathrm{U}} = \dfrac{Z_{\mathrm{c}}\sinh(\gamma_0 x) - Z_{\mathrm{c0}}\sinh(\gamma x)}{Z_{\mathrm{c0}}\sinh(\gamma x)} \\[3mm] 3k_{\mathrm{I}} = \dfrac{\cosh(\gamma_0 x) - \cosh(\gamma x)}{\cosh(\gamma x)} \end{cases} \tag{5.2.1-8}$$

$$\begin{cases} 3k'_{\mathrm{U}} = \dfrac{\cosh(\gamma_0 x) - \cosh(\gamma x)}{\cosh(\gamma x)} \\[3mm] 3k'_{\mathrm{I}} = \dfrac{Z_{\mathrm{c0}}\sinh(\gamma_0 x) - Z_{\mathrm{c}}\sinh(\gamma x)}{Z_{\mathrm{c}}\sinh(\gamma x)} \end{cases} \tag{5.2.1-9}$$

式中：Z_{c0} 为线路的零序波阻抗；γ_0 为线路的零序传播常数，$\dot{U}_{\mathrm{M0}}$，$\dot{I}_{\mathrm{M0}}$ 为 M 侧零序测量电压和电流。

利用线路一侧计算到最优差动点的电流 $\dot{I}_{\mathrm{x-}}(t)$ 与线路另一侧一周波前计算到最优差动点的电流 $\dot{I}_{\mathrm{x+}}(t-T)$（$T=20\mathrm{ms}$）计算差动电流 $\dot{I}_{\mathrm{x-}}(t)+I_{\mathrm{x+}}(t-T)$，结合线路一侧计算到最优差动点处的电压 $U_{\mathrm{x-}}(t)$，可得假同步差动阻抗 Z_Σ，假同步差动阻抗保护判据为：

$$Z_\Sigma(t) = \frac{\dot{U}_{\mathrm{x-}}(t)}{\dot{I}_{\mathrm{x-}}(t) + \dot{I}_{\mathrm{x+}}(t-T)} < Z_{\mathrm{set}} \tag{5.2.1-10}$$

式中：Z_{set} 为保护定值。

2.1.2.2　假同步差动阻抗保护逻辑

假同步差动阻抗保护逻辑由闭锁式、测距式和允许式三部分构成，分别对应不同的保护范围，其中闭锁式保护长线路近段故障，测距式保护长线路中段故障，允许式保护线路远段故障，如图 5.2.1-2 所示。

图 5.2.1-2　假同步差动阻抗保护范围示意图

（1）闭锁式。闭锁式是线路本侧的假同步差动阻抗保护、方向元件与线路对侧启动元件闭锁信号构成的纵联保护，动作逻辑如图 5.2.1-3 所示。长线路近段故障

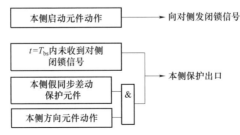

图 5.2.1-3　闭锁式假同步差动阻抗保护动作逻辑图

后，以本侧保护启动开始计时，在本侧保护启动后 T_{bs} 时间内未收到对侧启动元件闭锁信号或测距结果 $L_{FM} < L_{bs}$，且本侧假同步差动阻抗保护元件和方向元件动作条件满足，闭锁式保护动作。

（2）允许式。允许式是由线路本侧假同步差动阻抗保护与线路对侧保护允许信号构成的纵联保护，动作逻辑如图 5.2.1－4 所示。长线路远段故障后，本侧保护启动后 T_{yx} 时间内收到对侧允许信号，且本侧假同步差动阻抗保护动作条件满足，允许式保护动作。

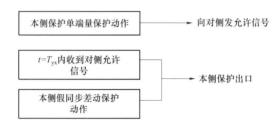

图 5.2.1－4 允许式假同步差动阻抗保护动作逻辑图

（3）测距式。测距式是由本侧假同步差动阻抗保护与测距信号构成的纵联保护，动作逻辑如图 5.2.1－5 所示。长线路中段发生故障后，本侧假同步差动阻抗保护同时收到两侧启动信号进行故障测距，判断故障点位置处于线路区内，测距式保护动作。

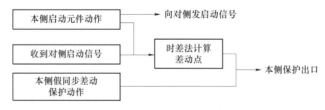

图 5.2.1－5 测距式假同步差动阻抗保护动作逻辑图

假同步差动阻抗保护流程如图 5.2.1－6 所示。

2.1.2.3 假同步差动阻抗保护动作速度分析

假同步差动阻抗保护是采用线路本侧数据与线路对侧一个工频周期前的数据进行分析，构成判据，可以大幅提高保护的动作速度。

假同步差动阻抗保护与电流差动保护动作速度对比如图 5.2.1－7 所示，图中 T_0 为故障时刻，T_M 为本侧保护启动时刻，T_F 为假同步差动阻抗保护计算数据窗，$T_F = 20 \sim 30ms$，T_S 为传统差动保护计算数据窗，$T_S = 20 \sim 40ms$。以通道传输时间为 20ms 为例，假同步差动阻抗保护提速 20～40ms，使保护动作时间小于 30ms。

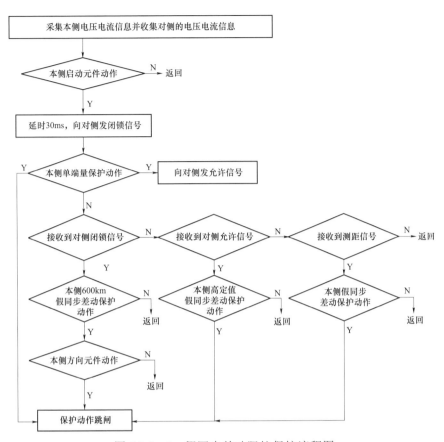

图 5.2.1-6　假同步差动阻抗保护流程图

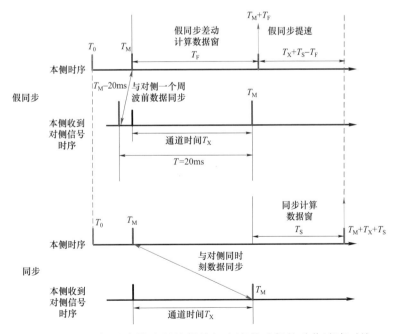

图 5.2.1-7　假同步差动阻抗保护与电流差动保护动作速度对比

2.1.3　长线路伴随阻抗保护

根据本篇 1.1.1 节分析，长线路故障后，沿线电压不一致导致分布电容电流无法集中补偿。本节提出了伴随阻抗保护原理解决以上问题[6]。

线路故障后，利用最优差动点处的电压和电流可计算稳态量阻抗 Z_Σ 和突变量阻抗 ΔZ_Σ，计算公式如下：

$$Z_\Sigma = \frac{\dot{U}_\Sigma}{\dot{I}_\Sigma} = \frac{\dot{U}'_{M} + \dot{U}'_{N}}{\dot{I}'_{M} + \dot{I}'_{N}} \qquad (5.2.1-11)$$

$$\Delta Z_\Sigma = \frac{\Delta \dot{U}_\Sigma}{\Delta \dot{I}_\Sigma} = \frac{\Delta \dot{U}'_{M} + \Delta \dot{U}'_{N}}{\Delta \dot{I}'_{M} + \Delta \dot{I}'_{N}} \qquad (5.2.1-12)$$

式中：$\Delta \dot{U}'_{M}$、$\Delta \dot{U}'_{N}$、$\Delta \dot{I}'_{M}$ 与 $\Delta \dot{I}'_{N}$ 为最优差动点的补偿电压、电流突变量。

稳态量阻抗 Z_Σ 和突变量阻抗 ΔZ_Σ 组成伴随阻抗。伴随阻抗可以识别长线路区内、外故障。

（1）区内故障。对于 Z_Σ，$\dot{I}_\Sigma$ 为故障点处流过过渡电阻的电流，$\dot{U}_\Sigma$ 为 2 倍故障点处电压 [如图 5.2.1-8（a）所示]，金属性故障时，$Z_\Sigma = 0$，经过渡电阻故障时，Z_Σ 为两倍过渡电阻，即 $Z_\Sigma = \dfrac{\dot{U}_\Sigma}{\dot{I}_\Sigma} = \dfrac{\dot{U}'_{M} + \dot{U}'_{N}}{\dot{I}'_{M} + \dot{I}'_{N}} = 2R$。

ΔZ_Σ 为从故障点看进去的两侧系统等值阻抗，如图 5.2.1-8（b）所示，一般为几百欧姆。$\Delta Z_\Sigma = \dfrac{\Delta \dot{U}_\Sigma}{\Delta \dot{I}_\Sigma} = \dfrac{(Z_{MF} + Z_{M})(Z_{NF} + Z_{N})}{Z_{MF} + Z_{M} + Z_{NF} + Z_{N}}$。

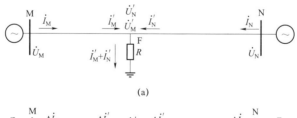

(a)

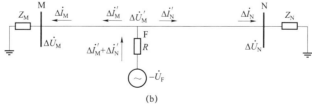

(b)

图 5.2.1-8　长线路区内故障等值网路
（a）稳态网络；（b）故障分量网络

（2）区外故障。区外故障时，Z_Σ 和 ΔZ_Σ 相同，等于长线路任一点处的容抗。

综上，长线路故障时伴随阻抗特征如下：

1）对于 Z_Σ，区内故障时，Z_Σ 为故障点处的过渡电阻；区外故障时，Z_Σ 为线路任一点处容抗。

2）对于 ΔZ_Σ，区内故障时，ΔZ_Σ 为故障点处的两侧系统等值阻抗；区外故障时，ΔZ_Σ 为线路任一点处容抗。

3）区外故障时，Z_Σ 和 ΔZ_Σ 相等。区内故障时，Z_Σ 和 ΔZ_Σ 差异巨大。

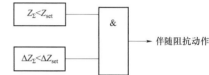

伴随阻抗保护的动作逻辑如图 5.2.1−9 所示，当中 Z_Σ 和 ΔZ_Σ 的二者同时满足动作条件时，伴随阻抗保护分相动作。

图 5.2.1−9　伴随阻抗保护动作逻辑

2.1.4　长线稳态方程电流差动保护

根据本篇 1.1.1、1.1.2 节分析，长线路不能采用集中参数等值，同时差动点与故障点不一致影响保护灵敏性及可靠性的问题，本节提出了长线稳态方程电流差动保护原理解决以上问题。

利用时差法确定最优差动点 L_{FM} 后，利用长线稳态方程计算 L_{FM} 两侧电流，分别为：

$$\begin{cases} I'_M = I_M \cosh\left(\gamma L_{FM}\right) - \dfrac{U_M}{Z_c}\sinh\left(\gamma L_{FM}\right) \\[2mm] I'_N = I_N \cosh\left[\gamma(L - L_{FM})\right] - \dfrac{U_N}{Z_c}\sinh\left[\gamma(L - L_{FM})\right] \end{cases} \qquad (5.2.1-13)$$

由 I'_M 和 I'_N 构成电流差动保护：

$$\begin{cases} \left| I'_M + I'_N \right| > k\left| I'_M - I'_N \right| \\[2mm] \left| I'_M + I'_N \right| \geqslant I_{set} \end{cases} \qquad (5.2.1-14)$$

式中：k 为制动系数；I_{set} 为差动电流门槛值。

长线稳态方程电流差动保护计算流程图如图 5.2.1−10 所示。

2.2　长线路自由波能量保护

根据本篇 1.2 节分析，传统单端量距离保护不适用于长线路，无法快速切除线路出口附近的故障，而故障行波受远距离传输色散影响，行波波头平缓不易检测，本节提出了自由波能量保护原理解决以上问题[7]。

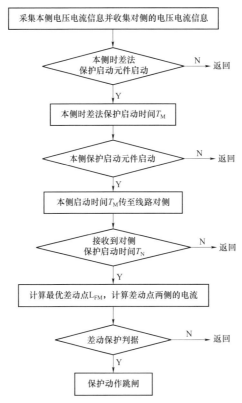

图 5.2.1 – 10　基于时差法的差动保护流程图

2.2.1　长线路的自由波

线路故障后，故障电流表达式为：

$$i = I_{\text{fhm}} \sin(\omega_0 t + \varphi_e - \varphi) + I_{\Delta m} \sin(\omega_0 t + \varphi_e - \varphi) + I_0 e^{-\beta t} \cos(\omega' t + \theta) \qquad （5.2.2 – 1）$$

式中：$I_{\text{fhm}} \sin(\omega_0 t + \varphi_e - \varphi)$ 为负荷分量；$I_{\Delta m} \sin(\omega_0 t + \varphi_e - \varphi)$ 为稳态分量，又称为强制分量；$I_0 e^{-\beta t} \cos(\omega' t + \theta)$ 为暂态分量，又称为自由分量，自由分量包括衰减直流分量和衰减谐波分量两部分。

稳态分量是由电网中电源提供的；而自由分量是在短路过渡过程中，为满足电感上电流、电容上电压无法突变等初始边界条件，产生的电气量。从能量角度看，自由分量中的周期性暂态分量反映了电路中电场和磁场能量的自由交换。由于自由分量无强制约束电源，且在线路上以波动形式存在，将其定义为自由波。

故障后自由波在线路上的传输如图 5.2.2 – 1 所示。故障后，故障点处的附加电源产生向线路两端传播的自由波，自由波在长线路两侧及故障点之间反射，出口故障时反射次数多，能量迅速聚积；受端和反向短路来回反射次数少，能量缓慢聚积。

2.2.2　自由波能量保护

通过对长线路沿线及正、反向区外故障时自由波特征的分析可知，自由波在区内、外故障时特征有明显差异，区内故障

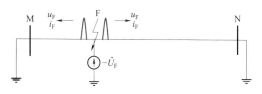

图 5.2.2 - 1　故障后自由波串传输过程

自由波幅值高，且周期短、能量密集；区外故障自由波幅值低，且周期较长、能量较小。据此，可以利用积分方式，通过计算在故障过程中自由波的能量在一周波内的累积量，实现区别区、内外故障的目的。

通过提取长线路故障后产生的自由波，并对其进行积分运算，得到自由波的能量，设置自由波能量保护判据，根据自由波能量是否满足保护判据，确定故障区域。

输电线路越长，故障后自由波传输特征越明显，基于波过程原理的保护效果越好，以 3000km 半波长线路（图 5.2.2 - 2）为例进行说明，图中 S1 和 S2 为半波长线路两侧等值电源，F1、F2 分别为区内、外故障点。

图 5.2.2 - 2　半波长线路故障示意图

图 5.2.2 - 3 为半波长线路区内 F1 点故障时提取的自由波能量。图 5.2.2 - 4 为半波长线路区外 F2 点故障时提取的自由波能量。可见，区内故障时自由波幅值高，周期为 10ms；区外故障时自由波幅值低，周期为 20ms。

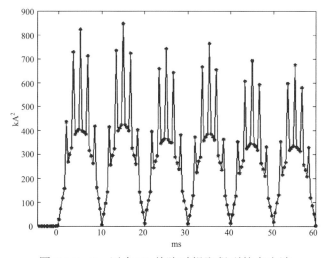

图 5.2.2 - 3　区内 F1 故障时提取得到的自由波

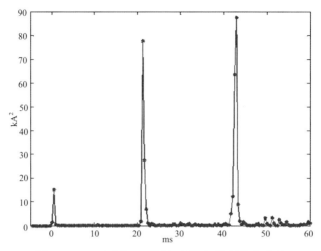

图 5.2.2 – 4 区外 F2 故障时提取得到的自由波

自由波能量保护利用了自由波在长线路上的传输特性，利用自由波能量差异实现了区内出口故障的快速识别，只需要单端量信息，本算法仅需每周波 48 点的采样率，大大减轻了装置实现的硬件要求，也降低了对算法执行速度的要求。

2.3 基于贝瑞隆模型的半波长线路电流差动保护

2.3.1 保护原理

贝瑞隆模型是一种较为准确的分布参数模型，它很好地描述了线路在正常运行和外部故障时两端电压、电流在时域上的函数关系。当线路发生内部故障时，线路上的电压、电流不再均匀变化，相当于在线路上增加了一个节点，原本的函数关系被破坏，但此时线路两端到故障点的线路仍满足贝瑞隆模型。贝瑞隆模型的这个特点为正确区分区内外故障，并以此为依据提出新的差动保护原理提供了理论依据。由于基于贝瑞隆模型的分相电流差动保护能够不受线路分布电容的影响，所以已经成功地应用到交流输电领域。

半波长线路分布参数特性满足贝瑞隆模型的适用条件，所以本节提出了半波长线路电流差动保护及选相的新原理。

本原理的核心思路是：在半波长线路上人为规定一个参考点（这个参考点可以在线路送受端，也可以在任何位置），计算出参考点两侧的电流，并判断其是否符合基尔霍夫电流定律。当被保护线路内部无故障时，参考点两侧线路都符合贝瑞隆模型，两侧电流计算值满足基尔霍夫电流定律；当线路发生内部故障时，含有故障点的一侧线路不再满足贝瑞隆模型，所以两侧电流计算值不再满足基尔霍夫电流定律，从而可以区分区内、外故障。因为这种保护原理将电流计算到了参考点两侧，所以能够去除分布电容电流带来的不良影响。

设任意一条两侧装有电流差动保护的双端三相输电线路，以一侧（m 侧）为例说明保护的工作流程。具体步骤如下（选择参考点为线路 n 侧）：

（1）假设半波长线路在 $t=0$ 的时刻发生区内短路故障，线路 m 侧的保护装置采集到本侧的三相电压和三相电流分别为 $u_{m\varphi}$、$i_{m\varphi}$（其中，φ 代表 a 相、b 相或 c 相，下同）。

（2）将采样得到的线路 m 侧的三相电压和三相电流 $u_{m\varphi}$、$i_{m\varphi}$ 通过凯伦贝尔变换矩阵 S 转换为三个模量电压 $u_{m\mu}$ 和三个模量 $i_{m\mu}$（其中，μ 代表 0 模、α 模或 β 模，下同）。

（3）如图 5.2.3 − 1 所示，基于贝瑞隆线路模型，利用 m 侧的电压模量 $u_{m\mu}$ 和电流模量 $i_{m\mu}$，计算得到 n 侧的模量电压和模量电流的计算值 $u_{nm\mu}$、$i_{nm\mu}$。

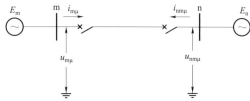

图 5.2.3 − 1　半波长线路任一模分量的等效电路

（4）将计算得到的线路 n 侧模量电压和模量电流计算值 $u_{nm\mu}$、$i_{nm\mu}$。通过凯伦贝尔反变换变换成线路 n 侧三相电压和三相电流的计算值 $u_{nm\varphi}$、$i_{nm\varphi}$。

（5）由于第三步的贝瑞隆模型计算需要时间 τ 的延时，因此在故障发生后的延时 τ 之后，利用 m 侧当前时刻之前的电压电流就可以求出 n 侧在 $t=0$ 时的电压电流。当线路 n 侧电压电流的计算值满足半波或者全波傅里叶滤波算法的时间窗要求后，即可计算得到线路 n 侧的电压和电流的相量计算值 $\dot{U}_{nm\varphi}$、$\dot{I}_{nm\varphi}$。

（6）在线路 n 侧，对采样得到的 n 侧三相电压和三相电流直接进行相同的傅里叶滤波计算，求出线路 n 侧的电流相量值 $\dot{I}_{n\varphi}$。

（7）按照电流差动保护的一般原则，计算出保护各相的动作量 $dI_a = \left| \dot{I}_{nma} + \dot{I}_{na} \right|$、$dI_b = \left| \dot{I}_{nmb} + \dot{I}_{nb} \right|$、$dI_c = \left| \dot{I}_{nmc} + \dot{I}_{nc} \right|$。

由上述分析可知，当半波长线路稳态运行或发生区外故障时，应有 $\dot{I}_{nm\varphi} + \dot{I}_{n\varphi} = 0$，即各相动作量为零；当线路发生区内故障时，$\dot{I}_{nm\varphi} + \dot{I}_{n\varphi} \neq 0$，故障相动作量远比非故障相大得多。

2.3.2　保护判据

图 5.2.3 − 2 表示无损输电线路任一模分量等效线路上波传播的时间。当线路内

部 f 点发生故障时，m 侧到 k 点间的线路的贝瑞隆模型未被破坏，可由 m 侧电压和电流求得正确的 k 点电流 i_{mk}。而线路 n 侧到 k 点间线路不满足贝瑞隆模型，由 n 侧电压、电流不能求得正确的 k 点电流 i_{nk}。此时，在任意一个模量线路上，保护动作量的瞬时值为 $di(t) = i_{mk}(t) + i_{Jnk}(t)$。

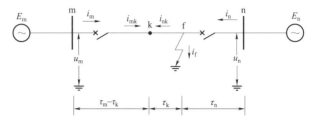

图 5.2.3-2 线路区内故障时任一模分量等效线路上波传播的时间

$$i_{mk}(t) + i_n(t - \tau_{nk}) - \frac{u_k(t)}{Z_c} + \frac{u_n(t - \tau_{nk})}{Z_c} = i_f(t - \tau_k) \qquad (5.2.3-1)$$

$$i_n(t) + i_{mk}(t - \tau_{nk}) - \frac{u_n(t)}{Z_c} + \frac{u_k(t - \tau_{nk})}{Z_c} = i_f(t - \tau_n) \qquad (5.2.3-2)$$

因为 $\tau_k + \tau_n = \tau_{nk}$，将式（5.2.3-2）中的 t 以 $t + \tau_{nk}$ 代替，得：

$$i_n(t + \tau_{nk}) + i_{mk}(t) - \frac{u_n(t + \tau_{nk})}{Z_c} + \frac{u_k(t)}{Z_c} = i_f(t + \tau_k) \qquad (5.2.3-3)$$

将式（5.2.3-3）与式（5.2.3-2）相加，得：

$$i_{mk}(t) + \frac{i_n(t + \tau_{nk}) + i_n(t - \tau_{nk})}{2} - \frac{1}{2Z_c}[u_n(t + \tau_{nk}) - u_n(t - \tau_{nk})] = D \qquad (5.2.3-4)$$

式中：$D = \dfrac{i_f(t - \tau_k) + i_f(t + \tau_k)}{2}$。

用 i_{Jnk} 表示 i_{nk} 的计算值。有：

$$\frac{i_n(t + \tau_{nk}) + i_n(t - \tau_{nk})}{2} - \frac{1}{2Z_0}[u_n(t + \tau_{nk}) - u_n(t - \tau_{nk})] = i_{Jnk}(t) \qquad (5.2.3-5)$$

将式（5.2.3-5）代入式（5.2.3-4）中，有：

$$i_{mk}(t) + i_{Jnk}(t) = \frac{i_f(t - \tau_k) + i_f(t + \tau_k)}{2} \qquad (5.2.3-6)$$

所以，有：

$$di(t) = i_{mk}(t) + i_{Jnk}(t) = \frac{i_f(t - \tau_k) + i_f(t + \tau_k)}{2} \qquad (5.2.3-7)$$

式（5.2.3－7）即任一模分量等效线路上保护动作量与故障点电流的关系式。由于三个模分量线路都满足式（5.2.3－7），所以有：

$$\begin{bmatrix} di_0(t) \\ di_\alpha(t) \\ di_\beta(t) \end{bmatrix} = \frac{1}{2}\left(\begin{bmatrix} i_{f0}(t-\tau_{k0}) \\ i_{f\alpha}(t-\tau_{k\alpha}) \\ i_{f\beta}(t-\tau_{k\beta}) \end{bmatrix} + \begin{bmatrix} i_{f0}(t+\tau_{k0}) \\ i_{f\alpha}(t+\tau_{k\alpha}) \\ i_{f\beta}(t+\tau_{k\beta}) \end{bmatrix} \right) \qquad （5.2.3-8）$$

进而有：

$$\begin{bmatrix} di_a(t) \\ di_b(t) \\ di_c(t) \end{bmatrix} = [\boldsymbol{S}]\begin{bmatrix} di_0(t) \\ di_\alpha(t) \\ di_\beta(t) \end{bmatrix} = \frac{1}{2}\begin{bmatrix} 1 & 1 & 1 \\ 1 & -2 & 1 \\ 1 & 1 & -2 \end{bmatrix}\left(\begin{bmatrix} i_{f0}(t-\tau_{k0}) \\ i_{f\alpha}(t-\tau_{k\alpha}) \\ i_{f\beta}(t-\tau_{k\beta}) \end{bmatrix} + \begin{bmatrix} i_{f0}(t+\tau_{k0}) \\ i_{f\alpha}(t+\tau_{k\alpha}) \\ i_{f\beta}(t+\tau_{k\beta}) \end{bmatrix} \right) \qquad （5.2.3-9）$$

以上文分析为基础，可继续推导出线路区内 f 点发生 A 相接地时，各相动作量间的关系。

线路内部 f 点发生 A 相接地故障时，对故障点电流进行变换：

$$\begin{bmatrix} i_{f0}(t) \\ i_{f\alpha}(t) \\ i_{f\beta}(t) \end{bmatrix} = [\boldsymbol{S}^{-1}]\begin{bmatrix} i_{fa}(t) \\ i_{fb}(t) \\ i_{fc}(t) \end{bmatrix} = \frac{1}{3}\begin{bmatrix} 1 & 1 & 1 \\ 1 & -1 & 0 \\ 1 & 0 & -1 \end{bmatrix}\begin{bmatrix} i_{fa}(t) \\ 0 \\ 0 \end{bmatrix} = \frac{1}{3}\begin{bmatrix} i_{fa}(t) \\ i_{fa}(t) \\ i_{fa}(t) \end{bmatrix} \qquad （5.2.3-10）$$

将式（5.2.3－10）中的 t 用 $(t-\tau_{m0})$、$(t-\tau_{m\alpha})$、$(t-\tau_{m\beta})$ 代替，可得：

$$\begin{bmatrix} i_{f0}(t-\tau_{k0}) \\ i_{f\alpha}(t-\tau_{k\alpha}) \\ i_{f\beta}(t-\tau_{k\beta}) \end{bmatrix} = \frac{1}{3}\begin{bmatrix} i_{fa}(t-\tau_{k0}) \\ i_{fa}(t-\tau_{k\alpha}) \\ i_{fa}(t-\tau_{k\beta}) \end{bmatrix} \qquad （5.2.3-11）$$

由于半波长线路必完全换位，所以有 $\tau_{m\alpha}=\tau_{m\beta}$。

将式（5.2.3－11）代入式（5.2.3－9）中，可得：

$$\begin{bmatrix} di_a(t) \\ di_b(t) \\ di_c(t) \end{bmatrix} = \frac{1}{2}\left(\frac{1}{3}\begin{bmatrix} i_{fa}(t-\tau_{k0})+2i_{fa}(t-\tau_{k\alpha}) \\ i_{fa}(t-\tau_{k0})-i_{fa}(t-\tau_{k\alpha}) \\ i_{fa}(t-\tau_{k0})-i_{fa}(t-\tau_{k\alpha}) \end{bmatrix} + \frac{1}{3}\begin{bmatrix} i_{fa}(t+\tau_{k0})+2i_{fa}(t+\tau_{k\alpha}) \\ i_{fa}(t+\tau_{k0})-i_{fa}(t+\tau_{k\alpha}) \\ i_{fa}(t+\tau_{k0})-i_{fa}(t+\tau_{k\alpha}) \end{bmatrix} \right) \qquad （5.2.3-12）$$

式（5.2.3－12）即为线路内部 f 点发生 A 相接地故障时，各相动作量与短路点电流的关系式。另外，根据 2.3.1 节步骤 7，有：

$$\begin{bmatrix} d\dot{I}_{ma}(t) \\ d\dot{I}_{mb}(t) \\ d\dot{I}_{mc}(t) \end{bmatrix} = \begin{bmatrix} \dot{I}_{ma}(t)-\dot{I}_{Jma}(t) \\ \dot{I}_{mb}(t)-\dot{I}_{Jmb}(t) \\ \dot{I}_{mc}(t)-\dot{I}_{Jmc}(t) \end{bmatrix} = FT\begin{bmatrix} i_{ma}(t)-i_{Jma}(t) \\ i_{mb}(t)-i_{Jmb}(t) \\ i_{mc}(t)-i_{Jmc}(t) \end{bmatrix} = FT\begin{bmatrix} di_{ma}(t) \\ di_{mb}(t) \\ di_{mc}(t) \end{bmatrix} \qquad （5.2.3-13）$$

其中 FT 表示傅里叶变换。

将式（5.2.3-13）代入式（5.2.3-12）中，得：

$$
\begin{bmatrix} d\dot{i}_a \\ d\dot{i}_b \\ d\dot{i}_c \end{bmatrix} = \frac{1}{2}\left(\frac{1}{3}\begin{bmatrix} \dot{I}_{fa}e^{-jw\tau_{k0}} + 2\dot{I}_{fa}e^{-jw\tau_{k\alpha}} \\ \dot{I}_{fa}e^{-jw\tau_{k0}} - \dot{I}_{fa}e^{-jw\tau_{k\alpha}} \\ \dot{I}_{fa}e^{-jw\tau_{k0}} - \dot{I}_{fa}e^{-jw\tau_{k\alpha}} \end{bmatrix} + \frac{1}{3}\begin{bmatrix} \dot{I}_{fa}e^{jw\tau_{k0}} + 2\dot{I}_{fa}e^{jw\tau_{k\alpha}} \\ \dot{I}_{fa}e^{jw\tau_{k0}} - \dot{I}_{fa}e^{jw\tau_{k\alpha}} \\ \dot{I}_{fa}e^{jw\tau_{k0}} - \dot{I}_{fa}e^{jw\tau_{k\alpha}} \end{bmatrix} \right) \quad (5.2.3-14)
$$

式中，所有时间符号均已省略。

令 $\dot{F}_1^- = (e^{-jw\tau_{k0}} + 2e^{-jw\tau_{k\alpha}})/3$，$\dot{F}_1^+ = (e^{jw\tau_{k0}} + 2e^{jw\tau_{k\alpha}})/3$，有：

$$
F_1 = (\dot{F}_1^- + \dot{F}_1^+)/2 = [\cos(w\tau_{k0}) + 2\cos(w\tau_{k\alpha})]/3 \quad (5.2.3-15)
$$

令 $\dot{F}_2^- = (e^{-jw\tau_{k0}} - e^{-jw\tau_{k\alpha}})/3$，$\dot{F}_2^+ = (e^{jw\tau_{k0}} - e^{jw\tau_{k\alpha}})/3$，有：

$$
F_2 = (\dot{F}_2^- + \dot{F}_2^+)/2 = [\cos(w\tau_{k0}) - \cos(w\tau_{k\alpha})]/3 \quad (5.2.3-16)
$$

所以，式（5.2.3-14）可改写为：

$$
\begin{bmatrix} d\dot{i}_a \\ d\dot{i}_b \\ d\dot{i}_c \end{bmatrix} = \frac{1}{2}\left(\begin{bmatrix} \dot{I}_{fa}\dot{F}_1^- \\ \dot{I}_{fa}\dot{F}_2^- \\ \dot{I}_{fa}\dot{F}_2^- \end{bmatrix} + \begin{bmatrix} \dot{I}_{fa}\dot{F}_1^+ \\ \dot{I}_{fa}\dot{F}_2^+ \\ \dot{I}_{fa}\dot{F}_2^+ \end{bmatrix} \right) = \begin{bmatrix} \dot{I}_{fa}F_1 \\ \dot{I}_{fa}F_2 \\ \dot{I}_{fa}F_2 \end{bmatrix} = \begin{bmatrix} F_1 & F_2 & F_2 \\ F_2 & F_1 & F_2 \\ F_2 & F_2 & F_1 \end{bmatrix}\begin{bmatrix} \dot{I}_{fa} \\ 0 \\ 0 \end{bmatrix} \quad (5.2.3-17)
$$

式（5.2.3-17）即为线路内部 f 点发生 A 相接地故障时，各相动作量与短路点电流的关系。

由理论分析可知，对于线路内部发生的各种类型的故障，上述推导过程不变，只需在推导时代入不同故障条件即可，这里不再赘述。经过推导可以发现，线路内部 f 点发生各种故障时，各相动作量间的关系都可以用式（5.2.3-18）表示[8]。

$$
\begin{bmatrix} d\dot{i}_a \\ d\dot{i}_b \\ d\dot{i}_c \end{bmatrix} = \begin{bmatrix} F_1 & F_2 & F_2 \\ F_2 & F_1 & F_2 \\ F_2 & F_2 & F_1 \end{bmatrix}\begin{bmatrix} \dot{I}_{fa} \\ \dot{I}_{fb} \\ \dot{I}_{fc} \end{bmatrix} \quad (5.2.3-18)
$$

若输电线路区内 ϕ 相（$\phi = a$、b、c）发生各种故障，则该相出现短路点电流 $\dot{I}_{f\phi}$，否则 $\dot{I}_{f\phi} = 0$。

值得注意的是，式（5.2.3-18）不涉及过渡电阻，所以以此动作量为基础的保护判据具有抗过渡电阻的能力。

上述理论分析都是在假设故障点 f 在参考点右侧的情况下进行的，故障点在参考点左侧时的推导过程与上述理论分析同理，推导后得到的各相动作量间的关系式同式（5.2.3-18）。

用附录的半波长线路参数来计算 F_1 和 F_2 的大小，因为 F_1 和 F_2 的值与 τ_{k0} 和 $\tau_{k\alpha}$ 有关，即与故障点位置和参考点位置有关，图 5.2.3－3 为单相接地故障发生在沿线不同位置所对应的 $|F_1|$ 和 $|F_2|$ 的大小（此时参考点选为线路一侧），图中横轴为故障点到参考点的距离与线路全长的比值（线路全长为精确半波长）。

由式（5.2.3－15）、式（5.2.3－16）可知，F_1 和 F_2 的大小与参考点在线路上的位置几乎没有关系，参考点越靠近故障点，F_1 的值越大，F_2 的值越小，如图 5.2.3－3 所示。随故障点到参考点距离增大，$|F_1|$ 先不断减小，在故障点到参考点距离约为线路长度 45% 的位置降为 0，之后增大，并在故障点到参考点距离约为线路长度 85% 的位置达到极大值，约为 0.85，之后再次减小直到故障点位于线路受端，此时 $|F_1|$ 约为 0.75。

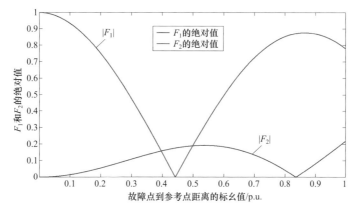

图 5.2.3－3　参考点在线路一端时，沿线各点发生单相接地故障时的 $|F_1|$ 和 $|F_2|$

随故障点到参考点距离增大，$|F_2|$ 先不断增大，在故障点到参考点距离约为线路长度 52% 的位置达到极大值，约为 0.2，之后减小，并在故障点到参考点距离约为线路长度 83% 的位置降为 0，之后再次增大直到故障点位于线路受端，此时 $|F_2|$ 约为 0.22。

因为 F_1 和 F_2 的值与 τ_{k0} 和 $\tau_{k\alpha}$ 有关，即与故障点位置和参考点位置有关，图 5.2.3－4 给出了当参考点选为线路一端时，三相短路故障发生在沿线不同位置所对应的 $|F_1|$ 和 $|F_2|$ 的大小，图中横坐标表示故障点到参考点的距离与线路总长度的比值（线路总长度为精确半波长）。

由式（5.2.3－15）和式（5.2.3－16）可知，F_1 和 F_2 的大小和参考点选取在线路上的哪一点没有关系，参考点越靠近故障点，F_1 的值越大，如图 5.2.3－4 所示。随故障点到参考点距离增大，$|F_1|$ 先不断减小，在故障点到参考点距离为线路长度 50%

的位置降为 0，之后增大，直到故障点位于线路受端，此时 $|F_1|$ 又增大到 1。随故障点到参考点距离增大，$|F_2|$ 一直为 0。$|F_1|$ 和 $|F_2|$ 的取值关于线路中点对称。

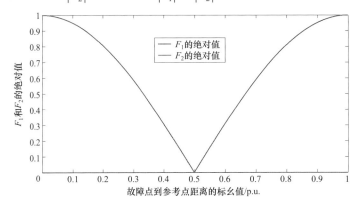

图 5.2.3 – 4 参考点在线路一端时，沿线各点发生三相短路故障时的 $|F_1|$ 和 $|F_2|$

由理论分析可知，当线路内部发生不对称故障时，$|F_1|$ 过零点位置与线路的传播常数 γ 有关，若 $\gamma_0 > \gamma_1$，则 $|F_1|$ 过零点位于线路中点左侧，若 $\gamma_0 < \gamma_1$，则 $|F_1|$ 过零点位于线路中点右侧。所以，图 5.2.3 – 3 中 $|F_1|$ 过零点位于线路中点左侧。而由于三相接地故障不存在零序分量，所以 $|F_1|$ 过零点位于线路中点（见图 5.2.3 – 4）。

本节推导出的关系式均没有考虑线路损耗。如果考虑线路损耗，推导过程比较复杂，推导出的表达式也比较复杂。采用接近实际半波长线路电阻的模型进行仿真，结果表明，$|F_1|$ 和 $|F_2|$ 的大小会因为线路电阻而发生一定的变化，但总体趋势与无损线路相同，且变化幅度不大。

另外，由于本节所进行的理论分析使用了傅里叶算法，所以严格意义上来说只在线路稳态运行时适用，在线路故障暂态，线路中的高频分量和衰减直流分量也会对 $|F_1|$ 和 $|F_2|$ 的大小产生影响。

由上述分析可知，内部故障时非故障相差动保护动作量原理上并不为零，而是与故障相的短路电流成正比。在此基础上，半波长线路在应用基于贝瑞隆模型的分相电流差动保护原理时，运用了以故障相的动作量作为制动量构成保护动作判据的方法，并采用如下判据：

$$
\begin{cases}
dI_{\mathrm{ma}} > K \cdot \max(dI_{\mathrm{mb}}, dI_{\mathrm{mc}}) + I_{\mathrm{s}} \\
dI_{\mathrm{mb}} > K \cdot \max(dI_{\mathrm{mc}}, dI_{\mathrm{ma}}) + I_{\mathrm{s}} \\
dI_{\mathrm{mc}} > K \cdot \max(dI_{\mathrm{ma}}, dI_{\mathrm{mb}}) + I_{\mathrm{s}}
\end{cases}
\qquad (5.2.3 - 19)
$$

判据中，大于号右侧第一项为浮动门槛，任意一相的浮动门槛都与其余两相动

作量、制动系数 K 有关，其中，$K = k_1 \cdot \left(\dfrac{|F_2|}{|F_1|} \right)_{\max}$，$k_1$ 为可靠系数；I_s 为固定门槛。

保护按照整定好的参数判断线路是否发生内部故障。以 A 相保护的判断过程为例，如果在线路 m 侧 dI_{ma} 大于对应的门槛值，则保护装置控制 m 侧 A 相断路器跳开，并通过信道向线路另一侧发出跳闸信号或允许信号。如果在 n 侧 dI_{ma} 满足保护动作的要求，则进行与 m 侧相似的保护动作过程。若 dI_{ma} 和 dI_{na} 没有达到对应的门槛值，则可以认定线路 A 相没有发生故障，保护装置可靠不动作。B、C 相保护装置同理。由上述分析可知，本文所提出的半波长线路电流差动保护新原理本身具有选相能力，无需安装选相元件来进行选相。

需要注意的是，此时贝瑞隆计算所选择的参考点固定为线路上某一点，参考点可选取为线路上任意一点。

设置固定门槛的目的是：

（1）发生区外故障时，I_s 躲过线路上可能出现的各相最大不平衡电流，从而避免保护在区外故障情况下误动；

（2）发生短路电流较小的区内故障时，I_s 要躲过非故障相不平衡电流，排除由于计算误差对非故障相电流的不良影响而可能导致的错误，从而保证保护选相的正确性。

设置浮动门槛的目的是：

（1）发生故障点电流较大的区内故障时，浮动门槛可以保证保护选相的正确性；

（2）采用浮动门槛后，由于有两个门槛的限制，可以为固定门槛的整定降低难度，使固定门槛的整定值变小，从而提高保护抗过渡电阻的能力。

对于长线路（包括半波长线路），若将贝瑞隆计算的参考点固定在线路某一点，则保护判据无法保证在故障点距参考点距离接近四分之一工频波长时保护能正确动作；贝瑞隆计算的参考点到故障点的距离越近，本保护判据的灵敏性和可靠性越强。

为了使保护装置始终能够正确动作，可以利用测距原理对保护装置进行改进。将半波长线路大致分为四段，每段约 750km，并在故障发生时利用测距装置测出故障点可能存在于哪一段线路上，之后将参考点选为该段线路的中点，利用贝瑞隆模型进行计算，可以提高保护的可靠性和灵敏性。

本节提出了半波长线路电流差动保护及选相新原理，详细介绍了新原理的计算过程、故障相动作量与非故障相动作量的关系和保护动作判据，详细指出了动作判据的不足并对原理的改进进行了展望，结论如下：

（1）半波长线路电流差动保护新原理不受分布电容电流的影响，有效地解决了分布电容电流给半波长线路保护带来的困难；

（2）理论分析证明，在半波长线路中，若将贝瑞隆模型计算的参考点固定在线路某一点，则保护判据无法保证在故障点距参考点距离接近四分之一工频波长时保护能正确动作；

（3）由理论分析可知，贝瑞隆模型计算所选定的参考点到故障点的距离越近，保护判据的灵敏性和可靠性就越强。因此可以利用测距原理对保护装置进行改进，使得保护可以作用于线路全长。

第3章
半波长线路保护整体配置方案

3.1 半波长线路保护构成

半波长线路故障特征及动作时间受空间位置影响显著，因此，半波长线路的保护体系需要充分利用其时空特征。

针对半波长线路不同故障位置，构建包括单端量保护和双端量保护的保护体系（图 5.3.1-1 所示），整体动作性能满足现有特高压线路保护标准。

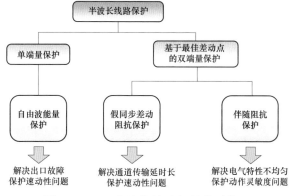

图 5.3.1-1 半波长线路保护体系构成

从空间上，以 M 侧保护为参考，将半波长线路分为近段、中段和远段三部分，近段和远段包含线路两侧出口（如图 5.3.1-2 所示），不同保护的保护范围如图 5.3.1-2 中所示，单端量保护保护线路出口故障，闭锁式保护保护线路近段故障，测距式保护保护线路中段故障，允许式保护保护线路远段故障，差动保护保护线路全长。图 5.3.1-3 为半波长线路保护体系构成。

图 5.3.1-2 半波长线路分区及不同保护范围示意图

图 5.3.1 - 3 半波长线路保护体系构成

3.1.1 单端量保护

自由波能量保护为单端量保护，该保护的保护范围为线路出口 0～500km。动作时间不受通信通道影响，可以在 0～20ms 动作。针对 M 侧保护进行分析。

半波长线路出口附近发生故障时（图 5.3.1 - 4 所示），为了快速切除故障，配置不依赖通道的单端量保护，保护准确识别正、反方向故障，保护动作时间 5～10ms。

图 5.3.1 - 4 半波长线路出口故障示意图

3.1.2 假同步差动阻抗保护

假同步差动阻抗保护与就地判据构成闭锁式、测距式和允许式保护，分别保护线路的近段、中段和远段故障。保护动作时间不受通信通道影响，在 30ms 内动作。

（1）闭锁式保护。半波长线路近段发生故障时，保护方案为本侧方向保护＋对侧闭锁信号相结合的闭锁式纵联保护。

利用对侧启动元件动作信号作为闭锁信号，采用闭锁信号的目的是防止正向区外故障时保护误动作。

闭锁式保护动作逻辑如图 5.3.1 - 5 所示，动作逻辑为以本侧保护启动开始计时，在 $T_{set.1}$ 内未收到对侧闭锁信号，且本侧方向保护动作，保护出口。

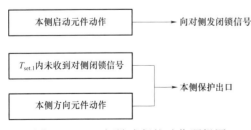

图 5.3.1 - 5 闭锁式保护动作逻辑图

对于正向区外故障，动作时序如图 5.3.1 - 6 所示，在本侧保护启动后 10ms 内可收到对侧闭锁信号，当设定时间 $T_{set.1}$ 大于 10ms（如 15ms），根据图 5.3.1 - 6 可得，本侧方向元件动作，但是启动后 $T_{set.1}$ 内可收到对侧闭锁信号，闭锁式保护不动作。

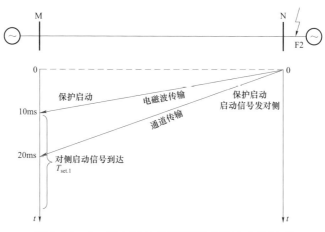

图 5.3.1－6　正向区外故障闭锁式保护动作时序

对于反向区外故障，动作时序如图 5.3.1－7 所示，本侧保护启动后，在 $T_{\text{set.1}}$ 内收不到对侧闭锁信号，且方向元件判为反方向，闭锁式保护不动作。

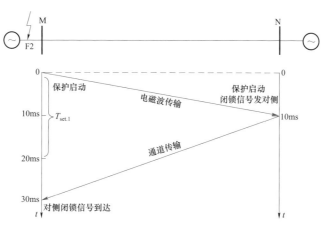

图 5.3.1－7　反向区外故障闭锁式保护动作时序

线路区内近段发生故障时的动作时序如图 5.3.1－8 所示，可见，近段故障时，$T_{\text{set.1}}$ 内收不到对侧闭锁信号，且方向元件判为正方向，闭锁式保护动作。闭锁式保护范围与 $T_{\text{set.1}}$ 相关，保护动作时为故障发生后 $T_{\text{set.1}} + t_{\text{m}}$（<30ms），即本侧保护启动后 $T_{\text{set.1}}$。

闭锁式保护在半波长线路近段故障时，快速动作，在半波长线路正反向区外故障时，可靠不动作。

（2）允许式保护。半波长线路远段发生故障时，保护方案为本侧保护启动＋对侧允许信号相结合的纵联保护。允许式保护动作逻辑如图 5.3.1－9 所示，动作逻辑为本侧保护启动，$T_{\text{set.2}}$ 时间内收到对侧允许信号，允许式保护动作。

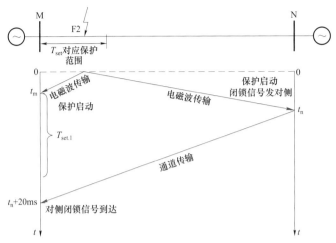

图 5.3.1 - 8　近段故障闭锁式保护动作时序

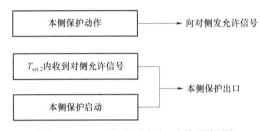

图 5.3.1 - 9　允许式保护动作逻辑图

半波长线路远段故障时，设保护计算时间为 10ms，允许式保护动作时序如图 5.3.1 - 10 所示，可见，线路远段故障时，本侧保护启动后 20ms 内收到对侧允许信号。令 40ms$>T_{set.2}>$20ms，远段故障时，允许式保护动作。保护动作时为本侧保护启动后 $T_{set.2}$。

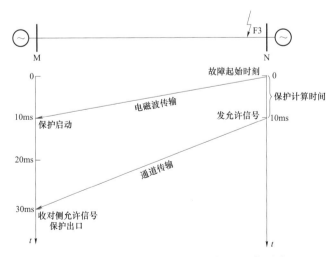

图 5.3.1 - 10　远段故障允许式保护动作时序

反方向区外故障时，允许式保护动作时序如图 5.3.1 – 11 所示，本侧保护启动后 40ms 后收到对侧允许信号，允许式保护不动作。

正方向区外故障时，允许式保护动作时序如图 5.3.1 – 12 所示，对侧保护不动作，收不到对侧允许信号，允许式保护不动作。

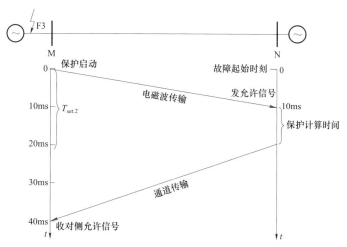

图 5.3.1 – 11　反方向故障允许式保护动作时序

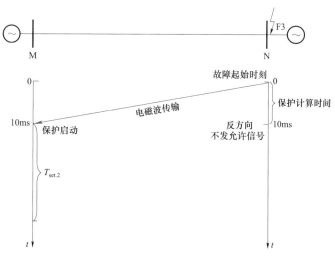

图 5.3.1 – 12　正方向故障允许式保护动作时序

（3）测距式保护。半波长线路中段发生故障时，由于故障点位置远离区外、便于进行测距，采用测距式纵联保护。测距式保护动作逻辑如图 5.3.1 – 13 所示，动作逻辑为本侧保护同时收到两侧启动信号进行测距，根据测距结果确定最优差动点实现差动算法。

图 5.3.1－13 测距式保护动作逻辑图

测距式保护方案动作时序如图 5.3.1－14 所示，可见，测距式保护在故障后 $t_n+20\text{ms}$（$<30\text{ms}$）内动作，即本侧保护启动后 $t_n-t_m+20\text{ms}$ 动作。

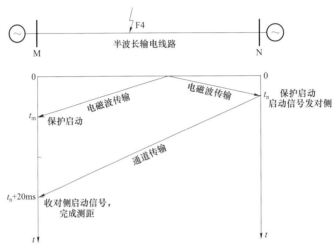

图 5.3.1－14 测距式保护动作时序

3.1.3 差动保护

伴随阻抗保护与电流差动保护构成差动保护，保护范围为线路全长。保护动作时间受通信通道影响，但灵敏度较高，在过渡电阻故障，发展/转换性故障时仍能可靠动作。

不同于常规差动保护，本节采用的差动保护是利用测距结果在最优差动点实现的差动保护算法，动作灵敏度显著优于常规差动保护。

相比其他保护，差动保护动作速度稍慢，主要处理跨线故障、转换性故障等复杂故障。

综上，利用半波长线路不同位置故障设计了针对性保护方案，构建了全套半波长线路保护体系：

1）半波长线路出口故障，单端量保护快速动作；

2）半波长线路近段故障，闭锁式保护在整定时间 T_{set}（$T_{set}<25\text{ms}$）动作；

3）半波长线路中段故障，测距式保护在故障后 30ms 内动作；

4）半波长线路远段故障，允许式保护在故障后 30ms 内（保护启动 20ms）动作；

5）对于转换性故障、跨线故障等复杂故障，利用基于最优差动点的差动保护切除。

3.2　半波长线路延时及通道方案

半波长线路输电距离长，以半波长线路出口故障为例（见图 5.3.2－1），近故障点侧立刻感受到故障，故障电磁波从故障点传播至线路另一侧耗时 10ms，以故障发生为参考点，两侧保护不同时刻感受到故障，最大相差 10ms。

对于输电线路的纵联保护，需要获得线路两侧数据，仍以半波长线路出口故障为例，假设通道时间 20ms，故障后 M 侧保护获得对侧数据最快需要 30ms，保护出口需要时间更长，严重影响保护的动作速度。

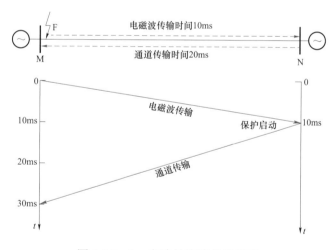

图 5.3.2－1　半波长线路传输延时

假同步差动阻抗保护与传统的差动保护不同，采用本侧数据与对侧一个工频周期前的数据同步，T_X 为实际通道时间，T 为工频周期，假同步保护的通道传输时间为 $T_X - T$，可以提高保护的动作速度。可以根据传输通道时间不同，分为 $T_X - T \geq 0$ 和 $T_X - T < 0$。

通信通道时间大于工频周期，即 $T_X - T \geq 0$，本侧 t 时刻采样值数据，需经 $T_X - T$，收到对侧 $t-T$ 时刻采样值数据，并将本侧 t 时刻数据与对侧 $t-T$ 时刻数据进行假同步计算。

通信通道时间小于工频周期，即 $T_X - T < 0$，本侧在 t 时刻已经收到对侧 $t-T$ 时刻采样值数据，将本侧 t 时刻数据与对侧 $t-T$ 时刻数据进行假同步计算。图 5.3.2−2 为假同步差动阻抗保护与传统同步差动保护动作速度对比。

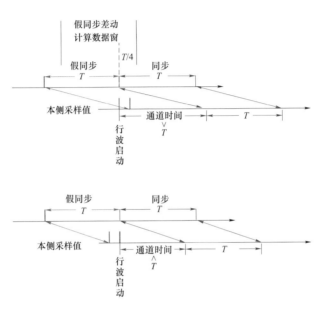

图 5.3.2−2　假同步差动阻抗保护与传统同步差动保护动作速度对比

假同步差动阻抗保护由闭锁式假同步差动阻抗保护、测距式假同步差动阻抗保护和允许式假同步差动阻抗保护构成。

闭锁式假同步差动阻抗保护为假同步差动阻抗保护与对侧闭锁信号相结合构成的纵联保护。线路区内近段发生故障时的动作时序如图 5.3.2−3 所示，可见，近段故障时，$T_{set.1}$ 内收不到对侧闭锁信号，且方向元件判为正方向，闭锁式保护动作。由闭锁式保护动作原理可知，通信通道时间与闭锁信号整定时间应满足 $t_m + T_{set.1} < t_n + T_X$，由时差法可知 $L_{FM} = [(t_m - t_n)v_光 + L]/2$，则闭锁式假同步差动阻抗的保护范围为：

$$L_B = [(T_X - T_{set.1})v_光 + L]/2 \qquad (5.3.2-1)$$

式中：L_B 为闭锁式假同步差动阻抗的保护范围。

允许式假同步差动阻抗保护为假同步差动阻抗保护与对侧允许信号相结合的纵联保护。半波长线路远段故障时，设保护计算时间为 10ms，允许式保护动作时序如

图 5.3.2 – 4 所示，可见，线路远段故障时，本侧保护启动后 T_X 内收到对侧允许信号。由允许式保护动作原理可知，通信通道时间与允许信号整定时间应满足 $T_{\text{set.2}} > T_X$。

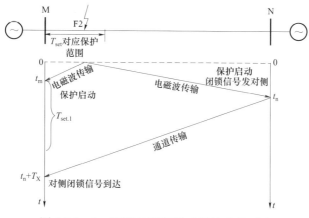

图 5.3.2 – 3　近段故障闭锁式保护动作时序

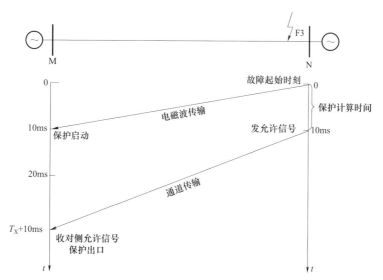

图 5.3.2 – 4　远段故障允许式保护动作时序

测距式假同步差动阻抗保护为本侧保护同时收到两侧启动信号进行测距，根据测距结果确定最优差动点实现假同步差动阻抗保护算法。测距式保护方案动作时序如图 5.3.2 – 5 所示，由测距式保护动作原理可知，在故障后 $t_n + T_X$ 内动作，即本侧保护启动后 $t_n - t_m + T_X$ 动作，通信通道时间直接影响保护的动作速度。

由上述分析可知，半波长线路输电距离长，数据传输时间不能忽略，保护动作时间受通信通道时间影响。

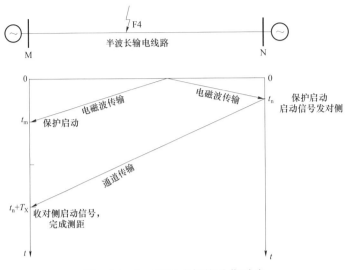

图 5.3.2 – 5 测距式保护动作时序

3.3 半波长线路保护装置的研发

3.3.1 半波长保护硬件新需求

半波长线路保护在保护原理上相比常规输电线路保护发生了重大变化，由于半波长线路保护算法的特殊性，对保护装置的硬件也提出了一些新的需求：

（1）主处理器高速运算能力需求。半波长线路保护由启动元件、测距元件、差动阻抗元件、假同步差动阻抗元件、自由波能量元件等诸多保护模块构成，尤其是差动阻抗元件的多个长线方程补偿算法复杂，计算量大，对装置主处理器的运算能力提出了较高要求。

（2）数据宽频采样需求。半波长线路保护各保护元件对采样频率有不同需求。其中同步差动阻抗保护、假同步差动保护采用常规超高压线路保护装置主流的 1.2kHz 采样频率即可满足需求。但启动元件、测距元件和自由波能量保护对采样频率要求较高，为提高保护灵敏性、快速性或测距精度，建议采样频率应不小于 2.4kHz。

若所有保护元件均采用 2.4kHz 高速采样，处理器需要在一个中断周期（416μs）内完成所有保护功能计算，这无疑又进一步提高了对处理器的要求。

3.3.2 保护装置系统框架

在成熟的超高压线路保护硬件平台基础上研制半波长线路保护装置。整个硬件框架由电源模块、交流量输入模块、ADC 模块、开入模块、开出模块、CPU 模块、管理 CPU 模块和人机接口等模块构成。

传统超高压线路保护一般采用单 CPU + DSP 的模式，CPU 完成管理和保护启动功能，DSP 完成保护逻辑功能。考虑到半波长线路保护运算量大，单 DSP 难以同时完成所有功能计算。本节采用 CPU + 双 DSP 构架，整个硬件框架如图 5.3.3 – 1 所示。

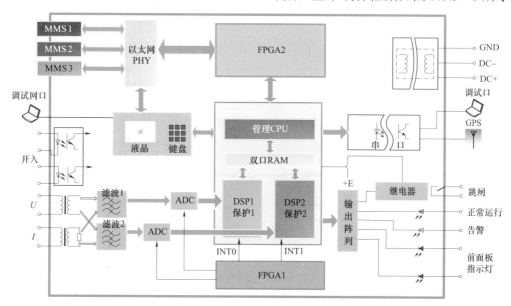

图 5.3.3 – 1　半波长线路保护硬件框架示意图

3.3.3　关键技术

（1）功能分处理器、分调度周期处理机制。根据不同保护元件对采样频率和任务调度周期的不同需求，将保护功能分别放在两个 DSP 中处理。如图 5.3.3 – 2 所示，电流突变量启动、零序过流启动、假同步差动阻抗保护、同步差动阻抗保护在 DSP1 中执行，其任务调度周期（INT0）为 833μs（1.2kHz）；电流突变量启动、零序过流启动、行波启动、测距元件和自由波能量保护元件在 DSP2 中执行，其

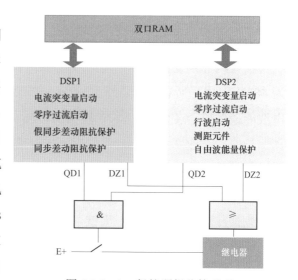

图 5.3.3 – 2　保护逻辑分核处理

任务调度周期（INT1）为 416μs（2.4kHz），DSP1 和 DSP2 通过双口 RAM 进行数据交互。

系统运行时，FPGA1 产生 INT0（1.2kHz）中断给 DSP1 使用，由于 DSP1 要进行差动阻抗保护计算，为实现两侧数据的同步，需通过调整 INT0 间隔长短实现两侧采样同步，具体做法如下：线路两端分别设为主、从机，主机按固有中断间隔触发采样中断，从机侧需通过实时调整 INT0 间隔长短实现两侧同步采样。FPGA1 产生 INT1（2.4kHz）中断给 DSP2 使用，INT1 严格按 0.5 倍 INT0 间隔时间触发中断，因此 INT1 的采样间隔也会根据 INT0 变化实时调整。

不同保护功能分解在两个独立的 DSP 中以不同的任务调度周期运行，这样简化了程序处理的复杂性，大幅降低单个 DSP 的计算处理量。DSP 选型上采用在常规超高压线路保护有成熟应用的 DSP 处理器即可，不必追求超强运算能力的新型 DSP 处理器，利于提升保护系统成熟度。两个 DSP 分别设置独立的启动元件，只有当两个 DSP 的 QD1 和 QD2 均动作时，才开放出口继电器正电源，在满足启动条件的同时，两个 DSP 中的动作元件 DZ1 或 DZ2 任一满足，保护跳闸出口，满足单一元件故障保护不会误动的基本原则。

（2）采样截止频率选取原则。为防止采样混叠，保护装置的采样回路中一般均设置 RC 低通回路，用于滤除高频分量。根据采样混叠定理，若采样率为 1.2kHz 时，其低通截止频率需小于 600Hz。如某型超高压线路保护截止频率为 483Hz，可滤除 9.66 次以上谐波，若用于半波长线路保护，由于差动阻抗保护均基于工频量计算，能满足要求，但不能满足自由波能量保护的要求。

为满足不同保护功能对谐波的不同需求，所研制半波长保护装置，对于同一电气量输入，分别设计两路不同低通截止频率的采样回路，第一路 RC 回路截止频率为 483Hz，用于所有工频量保护元件；第二路 RC 回路截止频率为 1000Hz，用于自由波能量保护，该回路滤除 20 次以上谐波。图 5.3.3-3 是不同截止频率下自由波能量保护的动作速度示意图，显然提高采样截止频率能够明显加快正向故障时自由波能量的积累过程，提高自由波能量保护动作速度和灵敏性。

（3）假同步差动阻抗采样数据回退机制。假同步差动阻抗保护采用本侧当前采样点数据与对侧相同时刻一周波前采样点数据进行差动阻抗计算。为实现这一目标，需完成以下步骤：

1）线路两侧数据同步采样。同传统线路差动保护一样，假同步差动阻抗保护同样需要对线路两侧数据进行同步采样。

2）对侧一周波前数据提取：两侧保护实现同步采样后，根据纵联通道延时的长短，对侧一周波前数据可能早于、等于或晚于本侧当前点采样数据到达本侧。为最大限度地提高保护动作速度，需确保能以最新电气量进行假同步差动阻抗保护计算，提出以下假同步差动阻抗保护采样数据回退机制。

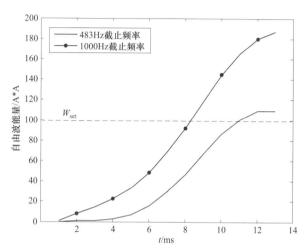

图 5.3.3－3　不同采样截止频率下的自由波能量保护动作速度图

当通道延时 T_X＞工频周期 T（20ms）时，假设本侧当前采样时刻为 t，则此时接收到的对侧采样点实际为 $t-T_X$ 时刻的数据。按照假同步差动阻抗保护的要求，取本侧 t 时刻与对侧 $t-T$ 时刻的采样值进行差动电流的计算，但在本侧获取到当前时刻 t 的采样时，对侧 $t-T$ 时刻的采样数据还需 T_X-T 时间后才能到达本侧，如果让本侧等待对侧数据，会造成保护动作延时，而采用本侧 $t-T_X+T$ 时刻与对侧 $t-T_X$ 时刻的数据，即本侧当前采样数据回退 T_X-T 时刻的采样点与收到对侧的采样点进行计算，如图 5.3.3－4 所示，既满足假同步差动阻抗保护对采样数据的要求，又能保证两侧使用最新的电气量来计算，提高保护动作速度。

当通道延时 T_X＜工频周期 T 时，假设本侧当前采样时刻为 t，则本侧接收到对侧的采样点实际为 $t-T_X$ 时刻的数据。对侧 $t-T$ 时刻与本侧 t 时刻的采样数据满足假同步差动阻抗保护对采样数据的要求，如图 5.3.3－5 所示，因

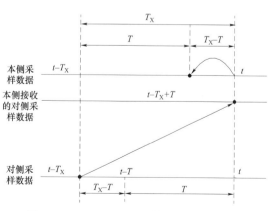

图 5.3.3－4　T_X＞T 时采样数据回退机制

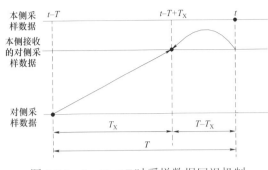

图 5.3.3 - 5 $T_X<T$ 时采样数据回退机制

此，采用本侧当前采样点与接收到对侧数据回退 $T-T_X$ 时刻的采样点与进行假同步差动阻抗计算。

当通道延时 T_X = 工频周期 T 时，本侧接收到的对侧采样点实际正好为一个工频周期 T 前的数据，因此无需对数据进行回退处理，直接采用本侧当前采样点和接收到的对侧采样点进行假同步差动计算。

采用以上回退机制后，保护在不同通道延时的情况下，均能以最新双端电气量实现假同步差动阻抗保护，提高保护动作速度。

3.3.4 超长通道延时适应技术

GB/T 14285—2006《继电保护和安全自动装置技术规程》规定传输线路纵联信息的数字式通道传输时间应不大于 12ms，因此超高压线路保护装置允许的最大通达延时一般为 15ms。半波长线路输电距离达 3000km，同时考虑到通道路由迂回等情况，通道延时可能大于 20ms，因此常规超高压线路保护的通道延时测量及差动数据回退机制无法满足半波长线路保护对于保护通道延时的特殊需求。

研制的保护装置通过扩展通道采样数据缓冲区（最大支持连续 6 周波数据存储），扩大通道采样点编号（序号：0~511）等方法使保护能够适应最大 60ms 的通道延时，满足了半波长线路对于保护通道延时的特殊需求。

3.3.5 半波长线路保护装置检测情况

目前已成功完成半波长线路保护装置的研发工作。2016 年 12 月 29 日，半波长线路保护装置顺利通过电力工业电力系统自动化设备质量检验测试中心共 12 大项 48 小项检验测试。

检测内容包括：模拟半波长线路自然功率下沿线区内外 9 个故障点的瞬时金属性单相接地、两相短路接地、两相短路、三相短路以及三相短路接地故障；永久性金属单相接地故障并考虑重合闸动作；经 600Ω 过渡电阻单相接地故障；经 25Ω 过渡电阻两相短路故障；同一故障点经不同时间（20~200ms）由单相接地故障发展为两相接地或者三相接地故障；线路出口（区内）与相邻线路出口（区外）经不同时间（20～200ms）相继发生单相接地故障的转换性故障；模拟半波长线路空载情况下沿线区内外 9 个故障点不同类型故障。

检测结果显示：半波长线路沿线区内外 9 个故障点发生不同类型故障，半波长线路保护装置均正确动作；在半波长线路沿线通道传输延时为 20ms 的条件下，金属性故障保护动作时间不超过 50ms，区内经过渡电阻故障保护动作时间不超过 80ms，线路出口故障保护最快可以在 10ms 内动作。

半波长线路保护装置的成功研发填补了国内外半波长线路保护装置空白，为半波长交流输电技术的应用创造了条件。

参 考 文 献

[1] 杜丁香，王兴国，柳焕章，等. 半波长线路故障特征及保护适应性研究 [J]. 中国电机工程学报，2016，36（24）：6788－6795.

[2] 李肖，杜丁香，刘宇，等. 半波长输电线路差动电流分布特征及差动保护原理适应性研究[J]. 中国电机工程学报，2016，36（24）：6802－6808.

[3] 黄少锋. 电力系统继电保护 [M]. 北京：中国电力出版社，2014.

[4] 郭雅蓉，周泽昕，柳焕章，等. 时差法计算半波长线路差动保护最优差动点 [J]. 中国电机工程学报，2016，36（24）：6796－6801.

[5] 周泽昕，柳焕章，郭雅蓉，等. 适用于半波长线路的假同步差动保护 [J]. 中国电机工程学报，2016，36（24）：6780－6787.

[6] 王兴国，杜丁香，周泽昕，等. 半波长交流输电线路伴随阻抗保护 [J]. 电网技术，2017，41（7）：2347－2352.

[7] 周泽昕，王兴国，柳焕章，等. 特高压交流半波长输电线路保护体系 [J]. 电网技术，2017，41（10）：3174－3179.

[8] 李斌，郭子煊，姚斌，等. 适用于半波长线路的贝瑞隆差动改进算法 [J]. 电力系统自动化，2017，41（6）：80－85.

第六篇

半波长线路的扩展技术研究

    此篇将重点分析两项与半波长线路有关的技术：① 半波长线路的调谐技术，主要用来应对在实际工程中可能出现的线路长度不足半个波长的情况；② 半波长线路的谐波特性分析技术，主要用来评估新能源并网对半波长输电系统的谐波影响。

第1章
半波长线路的调谐技术

交流半波长线路之所以能够实现超远距离送电，凭借的是该条线路长度为半个波长时独有的电气特性，因此在实际工程中保持该线路电气长度十分重要。然而，受客观条件限制，实际线路的自然长度可能无法正好达到半个波长，此时可以使用调谐技术将不足半个波长的线路调谐成半个波长。

1.1 无源调谐技术

1.1.1 无源 Π 形和 T 形调谐

长度为 l 的均匀有损传输线可以等效为图 6.1.1 – 1 所示的二端口网络和等值 Π 形电路。

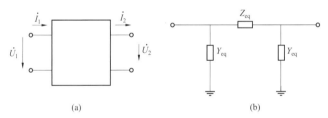

(a) (b)

图 6.1.1 – 1 均匀传输线等效二端口网络和等值 Π 形电路图

（a）二端口网络；（b）等值 Π 形电路

右端端口电压 $\dot{U}_2$、电流 $\dot{I}_2$ 与左端端口电压 $\dot{U}_1$、电流 $\dot{I}_1$ 的关系可用二端口网络的网络方程来描述：

$$\begin{bmatrix} \dot{U}_1 \\ \dot{I}_1 \end{bmatrix} = \begin{bmatrix} \cosh(\gamma l) & Z_\mathrm{C}\sinh(\gamma l) \\ \dfrac{1}{Z_\mathrm{C}}\sinh(\gamma l) & \cosh(\gamma l) \end{bmatrix} \begin{bmatrix} \dot{U}_2 \\ \dot{I}_2 \end{bmatrix} \qquad (6.1.1-1)$$

将二端口网络方程转换为等值 Π 形电路的表达式为：

$$\left. \begin{aligned} Z_\mathrm{eq} &= Z_\mathrm{C}\sinh(\gamma l) = Z_\mathrm{C}\left[\sinh(\alpha l)\cos(\beta l) + \mathrm{j}\cosh(\alpha l)\sin(\beta l)\right] \\ Y_\mathrm{eq} &= \frac{\cosh(\gamma l) - 1}{Z_\mathrm{C}\sinh(\gamma l)} = \frac{\cosh(\alpha l)\cos(\beta l) + \mathrm{j}\sinh(\alpha l)\sin(\beta l) - 1}{Z_\mathrm{C}\left[\sinh(\alpha l)\cos(\beta l) + \mathrm{j}\cosh(\alpha l)\sin(\beta l)\right]} \end{aligned} \right\} \quad (6.1.1-2)$$

其中，Z_C 为传输线的特征阻抗，$\gamma = \alpha + \mathrm{j}\beta$ 为传播常数：

$$Z_C = \sqrt{(R_0 + \mathrm{j}\omega L_0)/(G_0 + \mathrm{j}\omega C_0)} \qquad (6.1.1-3)$$

$$\gamma = \sqrt{(R_0 + \mathrm{j}\omega L_0)(G_0 + \mathrm{j}\omega C_0)} \qquad (6.1.1-4)$$

式中：R_0、L_0、G_0 和 C_0 分别为传输线的单位长度等效电阻、电感、电导及电容。

式（6.1.1－1）向式（6.1.1－2）的等效变换，说明均匀传输线路可以用相对应的集总电阻、电抗和电容（Z_{eq}、Y_{eq}）代替。因此，当线路长度不足半波长时，不足部分的线路可以用电阻、电抗和电容组成的调谐器进行补足。

常规的无源调谐器有两种：Π 形和 T 形调谐，如图 6.1.1－2 所示。

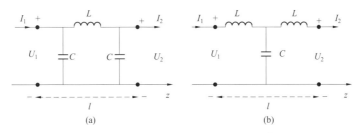

图 6.1.1－2　Π 形和 T 形无源调谐
（a）Π 形调谐；（b）T 形调谐

在忽略线路损耗的前提下，从式（6.1.1－3）和式（6.1.1－4）可得：

$$Z_C = \sqrt{\frac{L_0}{C_0}}, \quad \gamma = \mathrm{j}\beta = \mathrm{j}\omega\sqrt{L_0 C_0} \qquad (6.1.1-5)$$

将式（6.1.1－5）代入式（6.1.1－2）可得 Π 形调谐的电容和电感值，分别为[1]：

$$C = \frac{1}{\omega}\sqrt{\frac{C_0}{L_0}}\frac{1-\cos(\omega\sqrt{L_0 C_0}l)}{\sin(\omega\sqrt{L_0 C_0}l)} \qquad (6.1.1-6)$$

$$L = \frac{1}{\omega}\sqrt{\frac{L_0}{C_0}}\sin(\omega\sqrt{L_0 C_0}l) \qquad (6.1.1-7)$$

式中：l 为线路应补偿的长度。

同理，可以得到 T 形调谐的电容和电感值，分别为[1]：

$$C = \frac{1}{\omega}\sqrt{\frac{C_0}{L_0}}\sin(\omega\sqrt{L_0 C_0}l) \qquad (6.1.1-8)$$

$$L = \frac{1}{\omega}\sqrt{\frac{L_0}{C_0}}\frac{1-\cos(\omega\sqrt{L_0 C_0}l)}{\sin(\omega\sqrt{L_0 C_0}l)} \qquad (6.1.1-9)$$

1.1.2 均匀电容型调谐

均匀电容型调谐如图 6.1.1－3 所示，电容器均匀并联布置在待调谐输电线路上。

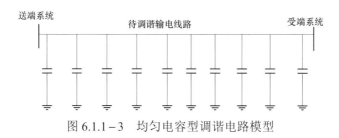

图 6.1.1－3 均匀电容型调谐电路模型

假设线路的长度为 l，线路的半波长度为 l_0，$l < l_0$。均匀电容型调谐的原理，就是通过增加输电线路单位长度的等效电纳（$C_0 + C_1$），从而增大 β_1 值 $[\beta_1 = \omega\sqrt{L_0(C_0 + C_1)}]$，减小线路等效半波长度至 l（$l = \pi/\beta_1$），最终将线路改造成一条新的等效半波长线路，这是与无源 Π 形和 T 形调谐的不同之处。

如果每间隔单位长度放置 1 个调谐电容，不难计算出间隔单位调谐电容值[2]为：

$$C_1 = \pi^2/(\omega^2 l^2 L_0) - C_0 \qquad (6.1.1-10)$$

当输电频率为 50Hz 时，有 $C_1 = 10^{-4}/(l^2 L_0) - C_0$。设传输线的调谐电容数为 N，则相邻调谐点之间的距离为 l/N，计算得到调谐电容值为 $C_1 l/N$。

1.1.3 不同无源调谐的效果对比

利用 PSCAD 仿真软件建立自然半波长线路模型，以及采用无源 Π 形、无源 T 形、均匀电容型调谐达到半波长的线路模型，如图 6.1.1－4 所示。系统参数见附录 A。

基于以上数据，可知自然半波长线路的长度为 2938km［图 6.1.1－4（a）］；假设待补偿线路长度为 2500km，将无源 Π 形、T 形调谐配置于线路两端，且各补偿 219km［图 6.1.1－4（b）、（c）］；假设采用均匀电容型调谐的输电线路长度为 2500km，在线路沿线均匀设置 10 个调谐电容，使线路新的等效半波长度为 2500km ［图 6.1.1－4（d）］。

线路采用不同无源调谐时沿线电压分布曲线如图 6.1.1－5 所示。带调谐线路的沿线电压分布被等效转换到半波长的长度。

可以看出，采用无源 Π 形、T 形调谐的线路沿线电压分布与自然半波长线路的电压分布基本一致。

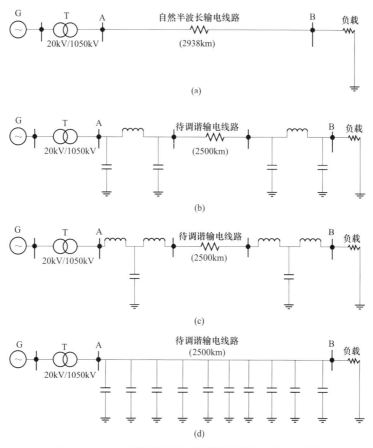

图 6.1.1-4　线路采用不同无源调谐的系统示意图

（a）自然半波长线路；（b）采用无源 Π 形调谐；（c）采用无源 T 形调谐；（d）采用均匀电容型调谐

均匀电容型调谐的线路沿线电压分布与自然半波长线路的电压分布差异较大，主要原因是，采用均匀电容型调谐时，随着 C_0 的增加，均匀电容调谐后的线路自然功率 $P_{自然}=U^2/Z_C=U^2\bigg/\sqrt{\dfrac{L_0}{C_0}}$ 会增加，因此，当传输自然半波长线路的自然功率时，自然半波长线路、无源 Π 形调谐和 T 形调谐的线路沿线电压均在 1.0p.u.左右，而均匀电容型调谐的线路因尚未达到其调谐后的自然功率，沿线电压多低于 1.0p.u.（见图 6.1.1-5 中 $P^*=1$ 曲线）。

同时可以看出，均匀电容型调谐线路自然功率增加，意味着该线路的输送能力较调谐前得到了增强。

综上所述，当线路长度不足半个波长时，三种调谐都可将实际线路调谐成半波长，使线路呈现出半波长特性。与 T 形调谐和 Π 形调谐不同，均匀电容型调谐增加了线路的自然功率，因此呈现出不同的调谐结果。均匀电容型调谐需要并联电容器均匀分布在输电线路上，维护相对困难，经济性会略差于采用集中补偿的无源 Π 形和 T 形调谐。

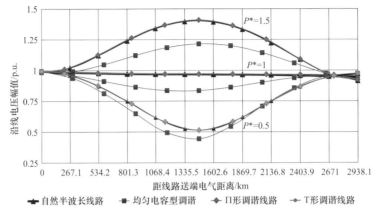

图 6.1.1 – 5　传输不同功率时不同调谐形式的半波长线路的沿线电压分布

1.2　有源 Π 形柔性调谐

无源调谐虽然构成简单，造价低，但功能单一，固定的调谐参数对系统结构和运行方式的适应性较差。有源柔性调谐装置不仅具有调谐功能，还能灵活适应系统结构和运行方式变化，同时具有功率因数补偿、抑制功率振荡、抑制过电压等功能。

本节将以 Π 形柔性调谐装置为例，分析其对不足半波长线路的调谐效果。Π 形柔性调谐装置如图 6.1.2 – 1 所示，此装置包括串联调谐器及其两端的并联调谐器。

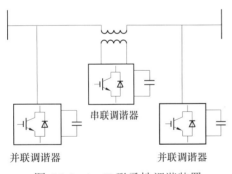

图 6.1.2 – 1　Π 形柔性调谐装置

假如线路长度小于一个工频半波长，Π 形柔性调谐装置中的串联调谐器可等效为一个串联电抗，用来实现半波长柔性调谐所需要的电感；并联调谐器等效为一个并联电容，用来实现半波长柔性调谐所需要的电容。如果输电线路结构、参数和运行方式发生变化，可以调整串联调谐器的等效电感值和并联调谐器的等效电容值，从而满足变化后的半波长交流调谐需求，即实现了柔性调谐。

1.2.1　并联调谐器的设计

Π 形柔性调谐装置中的并联调谐器，主要由电压源型换流器、直流电容和连接电抗三部分构成，基本接线如图 6.1.2－2 所示。

从原理上讲，电压源型换流器可采用二极管钳位多电平结构[3]、飞跨电容钳位多电平结构[4]、H 桥级联多电平结构[5]和模块化多电平结构[6]等。在不考虑 IGBT 等电力电子器件串联的前提下，受电力电子器件容量的限制，二极管钳位多电平结构和飞跨电容钳位多电平结构比较适用于大容量电机驱动等电压较低的应用场合。如图 6.1.2－3 所示，H 桥级联多电平结构和模块化多电平结构都采用了功率模块的串

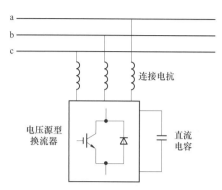

图 6.1.2－2　并联调谐器的基本接线图

联，从而避免了电力电子器件的直接串联，降低了换流器的研制难度，可适用于电压等级较高的应用场合。

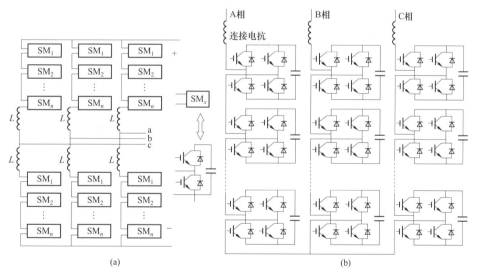

图 6.1.2－3　并联调谐器的模块化和 H 桥级联多电平拓扑
（a）模块化多电平拓扑；（b）H 桥级联多电平拓扑

模块化多电平拓扑可以提供公共直流母线，在基于电压源换流器的直流输电中较为流行，而并联调谐器不需要公共直流母线，考虑到 H 桥级联多电平拓扑具有电力电子器件数和功率模块数量少、没有环流问题、可靠性高、体积小、经济性高等优点[7－8]，因此，并联调谐器电压源型换流器选用 H 桥级联多电平拓扑。连接电抗设计、直流电容设计、级联单元数的确定与灵活交流输电中的静止同步补偿器等 PWM 整流器[9－10]类似，在此不一一赘述。

适用于 H 桥级联多电平拓扑换流器的调制策略大致有以下三种：载波移相正弦脉宽调制（carrier phase shifted sinusoidal pulse width modulation，CPS－SPWM）、空间矢量调制（space vector pulse width modulation，SVPWM）和最近电平逼近调制（nearest level modulation，NLM）。空间矢量调制通常适用于 5 电平以下的多电平换流器。载波移相正弦脉宽调制通常适用于 100 电平以下的多电平换流器，否则移相和触发的精度不易保证，在较高的开关频率下不能获得更优质的输出波形。按照现有电力电子器件的容量，并联调谐器中电压源型换流器的级联单元数超过 200 个，为了降低电力电子器件的开关损耗，选用开关频率较低的最近电平逼近调制，如图 6.1.2－4 所示。

由于 H 桥功率模块的性能差异和 IGBT 触发脉冲的偏差不同，图 6.1.2－3（b）中的 H 桥功率模块直流电容电压会出现不平衡。基于换流器输出电流的方向与 H 桥功率模块直流电容电压的充放电状态之间的相关关系，将 H 桥功率模块的开关冗余特性和直流侧电容的电压平衡结合起来，对某些 H 桥功率模块进行投切控制，实现 H 桥功率模块间有功功率的合理分配，从而确保

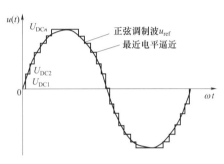

图 6.1.2－4　最近电平逼近调制

H 桥功率模块间电容电压的平衡。这一电容电压平衡策略的精髓与采用模块化多电平结构直流输电的平衡策略是相同的[11]，但是采用的拓扑结构不相同，具体实施上有些差异。

图 6.1.2－5 给出了并联调谐器的调谐控制策略框图。X_{ref} 是并联调谐器参与半波长柔性调谐所需要的容抗值，可根据待补偿的线路长度计算得到。U_m、θ 是并联调谐器并网点电压 u 的幅值和相角。通过调谐电流计算环节可得调谐电流值 i_0。对调谐电流值的修正是为了控制电压源型换流器与电网之间有功功率的交换，以此来实现对 H 桥级联直流电容电压总和 $U_{DC\Sigma}$ 稳定在期望值 U_{ref} 附近。

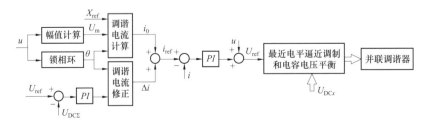

图 6.1.2－5　并联调谐器的调谐控制策略

如并联调谐器还需要提供无功功率 Q_S，则需要修改注入线路电流指令值 i_{ref}。可以先由调谐容抗 X_{ref} 计算出需要调谐的无功功率 Q_C，然后通过无功功率求和的办法来修改注入线路电流指令值，如图 6.1.2 – 6 所示。

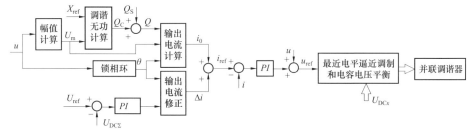

图 6.1.2 – 6　并联调谐器带无功补偿的调谐控制策略

1.2.2　串联调谐器的设计

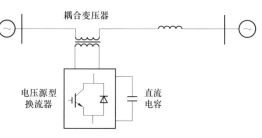

图 6.1.2 – 7　串联调谐器的基本接线图

如图 6.1.2 – 7 所示，Ⅱ 形柔性调谐装置的串联调谐器可由电压源型换流器、直流电容、耦合变压器三部分组成。当然，电压源型换流器也可以直接接入电网，即省略耦合变压器。

图 6.1.2 – 8 给出了串联调谐器的电路拓扑结构,也是采用 H 桥级联多电平结构。

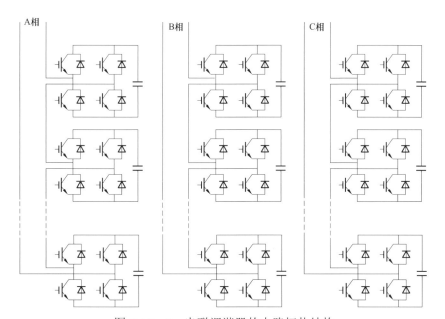

图 6.1.2 – 8　串联调谐器的电路拓扑结构

与图 6.1.2 – 3（b）中的并联调谐器相比，除了没有连接电抗之外，由于省略了耦合变压器，要求电压源型换流器各相各自独立。

串联调谐器中的直流电容设计、级联单元数的确定与灵活交流输电中的静止同步串联补偿器等 PWM 整流器[9–10]类似，在此不一一赘述。

与并联调谐器类似，串联调谐器也是采用最近电平逼近调制（NLM）和相同的 H 桥功率模块间电容电压的平衡策略。

图 6.1.2 – 9 给出了串联调谐器的调谐控制策略框图。X_{ref} 是串联调谐器参与半波长柔性调谐所需要的感抗值，可根据待补偿的线路长度计算得到。I_m、θ 是流过串联调谐器线路电流 i 的幅值和相角。通过调谐电压计算环节可得调谐电压值 u_0。对调谐电压值的修正是为了控制电压源型换流器与电网之间有功功率的交换，以此来实现对 H 桥级联直流电容电压总和 $U_{DC\Sigma}$ 的稳定控制。

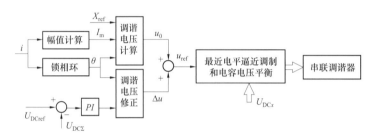

图 6.1.2 – 9 串联调谐器的调谐控制策略

1.2.3 Π 形柔性调谐对不足半波长线路的调谐效果

利用 PSCAD 仿真软件建立了自然半波长线路、采用无源 Π 形调谐、Π 形柔性调谐的半波长线路仿真模型，如图 6.1.2 – 10 所示。自然半波长线路全长为 2938km；

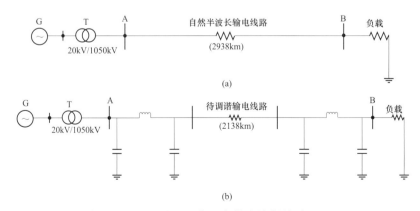

图 6.1.2 – 10 不同调谐形式的半波长线路（一）

（a）自然半波长线路；（b）采用无源 Π 形调谐的半波长线路

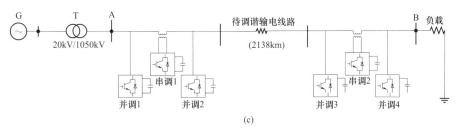

图 6.1.2－10 不同调谐形式的半波长线路（二）

（c）采用 Π 形柔性调谐的半波长线路

假设采用无源 Π 形调谐、Π 形柔性调谐的线路长度为 2138km，调谐装置配置于线路两端，且各补偿 400km。系统参数见附录 A。

不同调谐形式的半波长线路在不同功率和不同负载功率因数下的沿线电压、电流分布曲线如图 6.1.2－11、图 6.1.2－12 所示。可以看出，在不同功率和不同负载功率因数下，采用无源 Π 形调谐和采用 Π 形柔性调谐的半波长线路，均与自然半波长线路的沿线电压电流变化趋势及幅值基本一致。

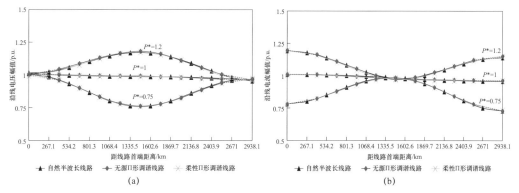

图 6.1.2－11 传输不同功率时不同调谐形式的半波长线路的沿线电压电流分布

（a）沿线电压分布；（b）沿线电流分布

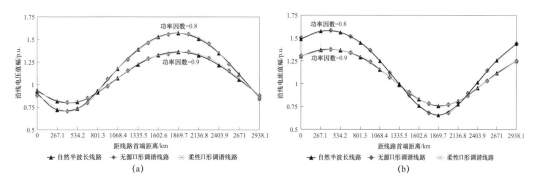

图 6.1.2－12 不同功率因数时不同调谐形式的半波长线路的沿线电压电流分布（一）

（a）功率因数滞后时沿线电压分布；（b）功率因数滞后时沿线电流分布

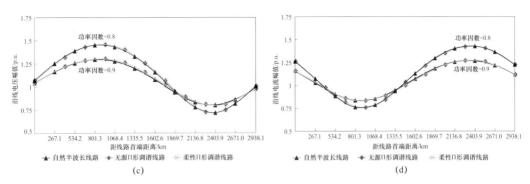

图 6.1.2 – 12 不同功率因数时不同调谐形式的半波长线路的沿线电压电流分布（二）

（c）功率因数超前时沿线电压分布；（d）功率因数超前时沿线电流分布

1.2.4 Ⅱ 形柔性调谐对功率因数的灵活补偿功能

Ⅱ 形柔性调谐不仅具有调谐功能，还可实现灵活补偿功率因数这一无源型调谐所不具备的功能。

图 6.1.2 – 13 所示为 Ⅱ 形柔性调谐对系统功率因数补偿前、后的半波长线路沿线电压分布曲线。可以看出，当系统功率因数小于零且不进行功率因数补偿时，半波长线路沿线部分电压达到 1.1p.u.；应用 Ⅱ 形柔性调谐将功率因数补偿到 1.0 后，半波长线路全线电压基本维持在 1.0p.u.左右，有效抑制了半波长线路因功率因数不为零造成的沿线电压的升高。

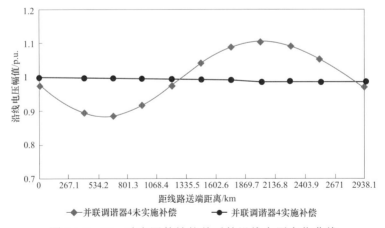

图 6.1.2 – 13 功率因数补偿前后的沿线电压变化曲线

第2章
半波长线路的谐波特性分析

谐波特性研究的主要目的是计算母线谐波电压、支路谐波电流、电压和电流的总谐波畸变率（total harmonic distortion，THD），并找出谐振的条件。在进行谐波特性研究时，需要准确模拟系统元件，保证谐波畸变结果的精确和可靠。

2.1　半波长线路的谐波分析模型

半波长交流输电的电气距离接近一个工频半波长[13~17]。若要对半波长线路进行可靠的谐波分析，并得到精确的谐波畸变结果，必须对半波长线路进行近似模拟，建立尽可能准确的谐波模型。

2.1.1　线路的谐波等效 Π 形模型

以架空线为例，考虑图 6.2.1－1 所示输电线路的 Π 形模型。

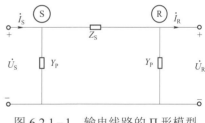

图 6.2.1－1　输电线路的 Π 形模型

设该线路长度为 l，在工频（$f_0 = 50\text{Hz}$）下，单位长度线路的串联阻抗 $z_0 = r_0 + jx_0$，并联导纳 $y_0 = g_0 + jb_0$；在 h 次谐波频率（$f_h = 50h\text{Hz}$）下，忽略线路的集肤效应，单位长度线路的串联阻抗 $z_0(h) = r_0 + j\omega L_0 = r_0 + jx_0 h$，并联导纳 $y_0(h) = g_0 + j\omega C_0 = g_0 + jb_0 h$，$r_0$、$x_0$、$g_0$、$b_0$ 分别为工频下单位长度的等效电阻、电感、电导及电纳。

对于图 6.2.1－1 中的线路长度为 l 的线路，其标称 Π 形模型的谐波串、并联元件为：

$$Z_S(h) = r_0 l + jx_0 hl \qquad (6.2.1-1)$$

$$Y_P(h) = \frac{1}{2}(g_0 l + jb_0 hl) \qquad (6.2.1-2)$$

式中：h 为谐波次数，无量纲。

标称 Π 形模型是基于线路倍乘集总参数模型得到的，当线路长度增加到一定程度后，线路的参数与线路长度呈现非线性特性，采用标称 Π 形模型的误差可能超过允许范围，需要采用基于线路分布参数的谐波等效 Π 形模型来提高长线路的计算精度。

假设半波长线路为均匀传输线，且已知受端的电压和电流，则由均匀传输线理论可知，传输线电报方程的工频正弦稳态解为：

$$\begin{bmatrix} \dot{U}_S \\ \dot{I}_S \end{bmatrix} = \begin{bmatrix} \cosh(\gamma l) & Z_C \sinh(\gamma l) \\ \dfrac{\sinh(\gamma l)}{Z_C} & \cosh(\gamma l) \end{bmatrix} \begin{bmatrix} \dot{U}_R \\ \dot{I}_R \end{bmatrix} \quad (6.2.1-3)$$

式中：$\dot{U}_S$、$\dot{I}_S$ 为线路送端的电压、电流，kV、A；$\dot{U}_R$、$\dot{I}_R$ 为线路受端的电压、电流，kV、A；Z_C 为线路的特征阻抗，Ω。

从式（6.1.1−2）、式（6.2.1−3）可以看出，图 6.2.1−1 中的串联和并联元件可表示为：

$$Z_S = Z_C \sinh(\gamma l) \quad (6.2.1-4)$$

$$1 + Z_S Y_P = \cosh(\gamma l) \quad (6.2.1-5)$$

解得：

$$Y_P = \frac{\cosh(\gamma l) - 1}{Z_C \sinh(\gamma l)} = \frac{\tanh(\gamma l / 2)}{Z_C} \quad (6.2.1-6)$$

当存在谐波时，谐波域的串联阻抗和并联导纳变为：

$$Z_S(h) = Z_C(h) \sinh[\gamma(h)l] \quad (6.2.1-7)$$

$$Y_P(h) = \frac{\tanh[\gamma(h)l / 2]}{Z_C(h)} \quad (6.2.1-8)$$

式（6.2.1−7）和式（6.2.1−8）即为线路谐波等效 Π 形模型表达式，其中：Z_C 为线路的特征阻抗，Ω；γ 为线路的传播系数，无量纲；l 为线路的长度，km；h 为谐波次数，无量纲。

从线路的一端来看，线路等效 Π 形模型的等效阻抗为：

$$Z_{eq}(h) = \frac{1}{Y_P(h)} \left\| \left[Z_S(h) + \frac{1}{Y_P(h)} \right] = \frac{Z_S(h)Y_P(h) + 1}{Y_P(h)\left[Z_S(h)Y_P(h) + 2\right]} \quad (6.2.1-9)$$

2.1.2　考虑集肤效应的线路谐波电阻修正

导线中流过交流电流时，电流密度沿导线截面的分布是不均匀的，主要集中在导线外表面，这就是集肤效应（skin effect）。在进行谐波计算时，由于集肤效应，随着谐波频率的增加，导体的电流不断向外表面集中，导致导体交流电阻增大。因此，在建立线路谐波模型时，需要计及线路集肤效应的影响，按谐波次数对线路的单位长度电阻进行修正。

在实际工程计算中，导体电阻可由集肤效应系数简单计算。当计及线路集肤效应时，线路谐波电阻根据不同的谐波次数具有不同的修正值，修正原则如下[18]：

电压等级小于 200kV 时：

$$R_h = R_0\left(1 + \frac{0.646h^2}{192 + 0.518h^2}\right) \tag{6.2.1-10}$$

电压等级大于等于 200kV 时：

$$R_h = \begin{cases} R_0\left(1 + \dfrac{3.45h^2}{192 + 2.77h^2}\right) & h \leqslant 4 \\ R_0(0.864 - 0.024\sqrt{h} + 0.105h) & 4 < h \leqslant 8 \\ R_0(0.267 + 0.485\sqrt{h}) & h > 8 \end{cases} \tag{6.2.1-11}$$

式中：R_0 为工频下单位长度电阻；R_h 为谐波频率下的单位长度电阻；h 为谐波次数。

2.2　半波长输电系统谐波特性分析

电网中存在的大量非线性负荷及网内的故障或扰动等都可能会产生谐波（间谐波）问题，谐波一般是指频率为工频整数倍的交流信号，而间谐波是指频率为工频的非整数倍的交流信号。由于线路并联导纳的存在，谐波（间谐波）经超远距离半波长线路传输可能会产生放大，对电网造成一定程度的谐波危害。考虑半波长线路可能引起的谐波影响，需要对其谐波（间谐波）传输特性进行深入分析。

2.2.1　半波长线路沿线谐波传递模型

在半波长线路的应用场景设计时，考虑西北电网大规模新能源电源经特高压线路向华东、华中电网送出，含半波长输电线路的特高压交流互联系统结构如图 6.2.2 - 1

所示。

图 6.2.2－1 特高压交流互联系统结构示意图

送端电网的新能源发电可看作是谐波源。下面将分析谐波源分别为电压型、电流型谐波源时，半波长线路的沿线谐波电压、谐波电流响应，并给出线路沿线谐波传递特性分析模型。

（1）谐波电压传递分析模型。线路送端为电压型谐波源时的谐波传递分析模型如图 6.2.2－2 所示，其中，$Z_{sys}(h)$ 为电网谐波等效阻抗，$Z_L(h)$ 为负荷的谐波综合模型（CIGRE 模型[19]），$Z_S(h)$、$Y_P(h)$ 分别为计及集肤效应的半波长线路谐波串联阻抗和并联导纳，$\dot{U}_S(h)$ 为谐波电压源，$\dot{U}_R(h)$ 为半波长线路受端母线的谐波电压。"||"表示并联关系。

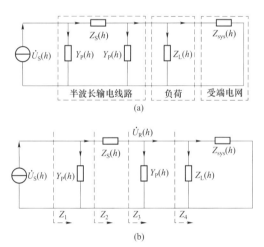

图 6.2.2－2 电压型谐波源谐波传递分析模型
（a）仅考虑送端电网谐波电压时交流电网等效电路；
（b）仅考虑送端电网谐波电压时谐波传递分析电路

由图 6.2.2－2（b）可得：

$$\begin{cases} Z_4(h) = Z_{sys}(h) \| Z_L(h) \\ Z_3(h) = Z_4(h) \| Y_P(h) \\ Z_2(h) = Z_3(h) + Z_S(h) \\ Z_1(h) = Z_2(h) \| Y_P(h) \end{cases} \quad (6.2.2-1)$$

通过推导可得:

$$\dot{U}_{S}(h)=\dot{U}_{R}(h)\left\{\left[\frac{1}{Z_{4}(h)}+Y_{P}(h)\right]Z_{S}(h)+1\right\} \qquad (6.2.2-2)$$

则半波长线路受端母线的谐波电压传递系数为:

$$\frac{\dot{U}_{R}(h)}{\dot{U}_{S}(h)}=\frac{1}{[1/Z_{4}(h)+Y_{P}(h)]Z_{S}(h)+1} \qquad (6.2.2-3)$$

距送端 l_{x} 处的谐波电压为:

$$\dot{U}_{x}(h)=\dot{U}_{S}(h)\cosh[\gamma(h)l_{x}]+Z_{C}(h)\sinh[\gamma(h)l_{x}]\frac{\dot{U}_{S}(h)}{Z_{1}(h)} \qquad (6.2.2-4)$$

距送端 l_{x} 处的谐波电压传递系数为:

$$\frac{\dot{U}_{x}(h)}{\dot{U}_{S}(h)}=\cosh[\gamma(h)l_{x}]-\frac{Z_{C}(h)}{Z_{1}(h)}\sinh[\gamma(h)l_{x}] \qquad (6.2.2-5)$$

(2)谐波电流传递系数。电流型谐波源的谐波传递分析模型如图 6.2.2-3 所示,其中, $\dot{I}_{S}(h)$ 为谐波电流源, $\dot{I}_{R}(h)$ 为半波长线路受端母线的谐波电流。

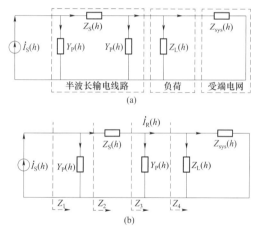

图 6.2.2-3　电流型谐波源谐波传递分析模型
(a)仅考虑送端电网谐波电流时交流电网等效电路;
(b)仅考虑送端电网谐波电流时谐波传递分析电路

由图 6.2.2-3(b)和式(6.2.2-1)可得半波长线路受端母线的谐波电流传递系数为:

$$\frac{\dot{I}_{R}(h)}{\dot{I}_{S}(h)}=\frac{1}{[(Z_{4}(h)Y_{P}(h)+1][Z_{S}(h)Y_{P}(h)+1]+Z_{4}(h)Y_{P}(h)} \qquad (6.2.2-6)$$

距送端 l_{x} 处的谐波电流传递系数为:

$$\frac{\dot{I}_{x}(h)}{I_{S}(h)}=-\frac{Z_{1}(h)}{Z_{C}(h)}\sinh[\gamma(h)l_{x}]+\cosh[\gamma(h)l_{x}] \qquad (6.2.2-7)$$

2.2.2　半波长线路谐波传递与分布特性

基于前面介绍的谐波传递分析模型及传递系数公式，下面对半波长线路谐波传递与分布特性进行分析，线路参数见附录 A。

根据式（6.2.2-5）和式（6.2.2-7）计算得 2~25 次谐波在半波长线路沿线的传递系数曲面如图 6.2.2-4 所示。

从图中可以看出，半波长输电线路谐波传递具有一定的规律性，在线路沿线，谐波电压和谐波电流传递系数呈周期波动，谐波次数越高，波动周期数越多，波动周期 T 满足 $T=h$（h 为谐波次数）；随着所分析的谐波次数的增加，沿线的谐波电压传递系数峰值呈下降趋势，沿线的谐波电流传递系数峰值呈上升趋势。

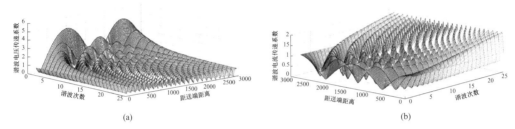

（a）　　　　　　　　　　　　（b）

图 6.2.2-4　半波长线路满载时沿线 2~25 次谐波分布图
（a）谐波电压；（b）谐波电流

通常交流电网特征谐波以 3 次、5 次、7 次等奇数次谐波为主，下面以电网普遍存在的 3 次谐波为例，分析不同负荷功率及功率因数、系统短路容量对线路沿线的 3 次谐波电压和 3 次谐波电流谐波传递分布的影响。在负荷功率变化、功率因数变化、系统侧高压电网短路容量变化时，3 次谐波在半波长线路的沿线传递系数曲线分别如图 6.2.2-5~图 6.2.2-7 所示。

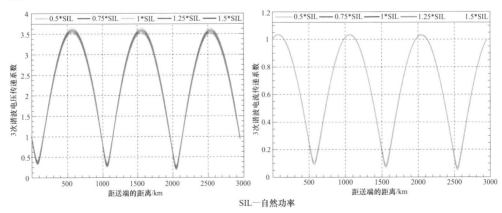

SIL—自然功率

图 6.2.2-5　负荷功率变化对半波长线路沿线 3 次谐波传递系数的影响

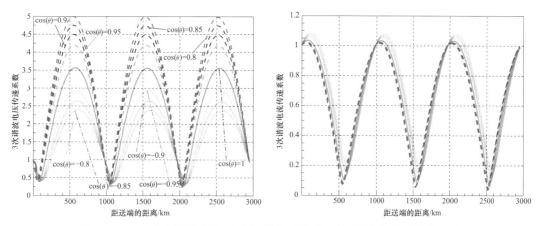

图 6.2.2－6　功率因数变化对半波长线路沿线 3 次谐波传递系数的影响

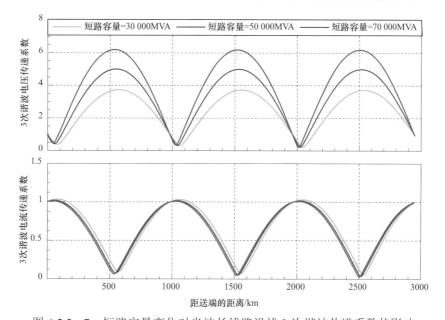

图 6.2.2－7　短路容量变化对半波长线路沿线 3 次谐波传递系数的影响

可以看出，线路沿线的 3 次谐波电压传递系数受线路功率因数、系统短路容量的影响明显，传递系数峰值呈大幅波动，而线路沿线的 3 次谐波电流受其变化的影响不明显。

2.2.3　基于实测数据的谐波传递算例分析

下面以西北地区电网实测的各次谐波电压及谐波电流数据作为送端谐波源，计算线路沿线及线路受端的各次谐波电压分布情况，并衡量是否满足电网谐波标准要求。

目前公共电网谐波电压指标的限值标准依据 GB/T 14549—1993《电能质量　公

用电网谐波》，由于该标准暂无特高压电网谐波电压的相关限值，因此参照 110kV 公共电网谐波电压限值的规定，如表 6.2.2－1 所示。

表 6.2.2－1　　　　　　　　　　公用电网谐波电压限值

电网标称电压/kV	电压总谐波畸变率/%	各次谐波电压含有率/%	
		奇　次	偶　次
110	2.0	1.6	0.8

（1）考虑送端电网背景谐波电压的算例分析。根据西北地区某变电站 750kV 母线测试的谐波电压历史数据，如表 6.2.2－2 所示。

表 6.2.2－2　　　　西北电网某变电站 750kV 母线谐波电压含有率统计

谐波次数	含有率/%	谐波次数	含有率/%
3	0.3	17	0.02
5	0.52	19	0.02
7	0.18	23	0.03
11	0.22	25	0.02
13	0.05	THD	0.67

采用表 6.2.2－2 数据作为谐波电压源注入半波长输电系统的谐波简化模型，考虑传输自然功率、功率因数为 1 时，计算线路沿线基波电压有效值、基波电流有效值及电压、电流总谐波畸变率（THD）的分布曲线如图 6.2.2－8 所示。

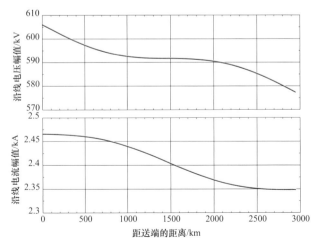

图 6.2.2－8　线路沿线电压和电流有效值及其 THD 值分布曲线（一）

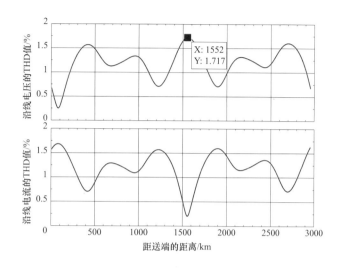

图 6.2.2 - 8　线路沿线电压和电流有效值及其 THD 值分布曲线（二）

　　从线路沿线电压总谐波畸变率（THD）值曲线可以看出，在距送端 1552km 处电压总谐波畸变率（THD）值最大，提取该点及线路受端的电压波形进行快速傅里叶变换分析（FFT），计算结果如表 6.2.2 - 3 所示。将计算结果与参照的 110kV 电压等级国标限值对比可以看出，线路沿线及受端的谐波电压在国标限值范围内。

表 6.2.2 - 3　　　　　　　　　线路沿线及受端的谐波电压统计表

谐波次数	距送端 1552km 处谐波电压含有率 /%	线路受端谐波电压含有率 /%	参照 110kV 国标限值/%
3	1.090	0.296	1.6
5	1.242	0.522	1.6
7	0.337	0.182	1.6
11	0.314	0.223	1.6
13	0.065	0.051	1.6
17	0.022	0.020	1.6
19	0.021	0.020	1.6
23	0.025	0.030	1.6
25	0.014	0.020	1.6
THD	1.717	0.669	2.0

　　（2）考虑送端电网谐波电流注入的算例分析。根据西北地区新能源并网资料，某一座 330kV、201MW 的新能源发电站产生的谐波电流实测数据见表 6.2.2 - 4，将该座新能源电站实测的各次谐波电流折算至 1050kV 作为送端电网谐波电流的注入

值，折算前后的谐波电流值如表 6.2.2－4 所示。

表 6.2.2－4　330kV、201MW 的新能源发电站产生的谐波电流值

谐波次数	实测 330kV 谐波电流/A	折算至 1050kV 谐波电流/A	谐波次数	实测 330kV 谐波电流/A	折算至 1050kV 谐波电流/A
2	6.57	2.158	13	0.47	0.153
3	4.49	1.475	17	0.63	0.208
5	5.14	1.689	19	0.21	0.068
7	3.30	1.084	23	0.20	0.066
11	0.79	0.258	25	0.34	0.113

采用表 6.2.2－4 中数据作为谐波电流源注入半波长输电系统的谐波简化模型，考虑传输 0.5 倍自然功率（surge impedance load，SIL）、功率因数为 0.8（感性）时，计算线路沿线电压总谐波畸变率（THD）结果如表 6.2.2－5 所示。将计算结果与国标限值对比可以看出，距线路送端 997.2km 处的电压总谐波畸变率（THD）最大，线路沿线及受端的谐波电压在国标限值范围内。

表 6.2.2－5　线路沿线及受端的谐波电压含有率统计表

谐波次数	距送端 997.2km 处谐波电压含有率/%	线路受端谐波电压含有率/%	参照 110kV 国标限值/%
2	0.219	0.017	0.8
3	0.030	0.018	1.6
5	0.190	0.033	1.6
7	0.083	0.030	1.6
11	0.036	0.011	1.6
13	0.011	0.008	1.6
17	0.034	0.013	1.6
19	0.005	0.005	1.6
23	0.013	0.005	1.6
25	0.008	0.010	1.6
THD	0.308	0.056	2.0

2.3　新能源并网对半波长输电系统的谐波影响

在考虑通过半波长输电线路实现新能源发电功率的远距离传输时，由于新能源发电主要采用了以电力电子器件为主的逆变器，一方面逆变器作为非线性元件会产

生谐波问题，另一方面逆变器的输出阻抗可能与电网阻抗耦合引发谐振问题，因此必须分析新能源并网对半波长输电系统的谐波影响。

2.3.1　逆变器的输出阻抗模型

为研究新能源并网与半波长输电系统的谐波交互影响，需要建立新能源发电模型，而新能源发电逆变器输出阻抗模型是关键。下面以水平轴双馈风力发电机为例进行分析，某型号机组单机容量为 1.5MW，采用三相 LCL 型结构，控制上采用电容电流内反馈与并网电流外反馈相结合的双闭环控制方法，其控制策略框图如图 6.2.3 – 1 所示。

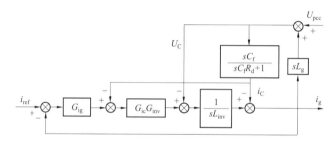

图 6.2.3 – 1　某型号双馈风力发电机逆变器并网控制策略框图

图 6.2.3 – 1 中，i_{ref} 表示并网参考电流值；G_{ig} 为并网电流外环控制传递函数，采用比例积分控制；G_{ic} 为电容电流内环控制传递函数，采用比例控制；G_{inv} 为逆变器桥路等效增益。根据控制策略框图，由 Mason 定理推导出逆变器并网的输出阻抗表达式为：

$$Z_o(s) = \{s^3 L_{inv} L_g C_f + s^2 [G_{ic} G_{inv} L_g C_f + R_d C_f (L_{inv} + L_g)] +$$
$$s(R_d C_f G_{ig} G_{ic} G_{inv} + L_{inv} + L_g) + G_{ig} G_{ic} G_{inv}\} / [s^2 L_{inv} C_f + s C_f (G_{ic} G_{inv} + R_d) + 1]$$

$$(6.2.3 – 1)$$

其并网逆变器参数如表 6.2.3 – 1 所示。根据式（6.2.3 – 1）计算，以及采用谐波小信号注入法用 Saber 软件进行仿真分析，得到单台逆变器输出阻抗的幅频和相频波特图如图 6.2.3 – 2 所示。

表 6.2.3 – 1　　　　　　　　　　　　某型号风电并网逆变器参数

LCL 滤波器	$L_{inv} = 0.025\text{mH}$，$L_g = 0.4\text{mH}$，$C_f = 33.4\mu\text{F}$，$R_h = 1\Omega$
控制参数	PI 控制：$K_p = 0.5$，$K_i = 100$；比例控制：$K = 1$

从图 6.2.3 – 2 中可看出，推导的并网逆变器输出阻抗的数学模型与开关电路的

仿真结果相吻合，从而验证逆变器输出阻抗模型的正确性。

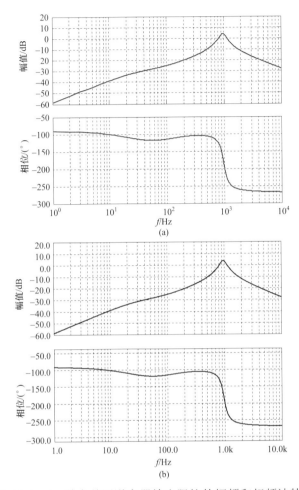

图 6.2.3－2　单台并网逆变器输出阻抗的幅频和相频波特图
（a）数学模型；（b）仿真模型

2.3.2　新能源并网谐振分析

谐波谐振在电力系统中主要表现为过电压、过电流。谐振发生时会使系统的电压、电流波形发生严重畸变，有时会造成电力元器件的损坏，甚至影响系统的正常运行。目前常用的谐波谐振问题的分析方法有频率扫描分析法和模态分析法，与频率扫描分析法相比，模态分析法在分析谐波谐振问题方面可以得到更多关于谐振机理的信息。

（1）模态分析法。

谐波谐振模态分析法（harmonic resonance modal analysis，HRMA）的基本原理是当系统有频率为 f 的并联谐振时，若在各节点注入幅值均为 1.0p.u.、频率为 f 的电流，通过式（6.2.3－2）计算出电压向量某些元素对应于频率 f 的值：

$$V_f = Y_f^{-1} I_f \qquad (6.2.3-2)$$

式中：Y_f 表示在频率为 f 时的节点导纳矩阵；V_f、I_f 分别为对应频率下的节点电压和节点注入电流矩阵。便于说明，省去下标"f"，对节点导纳矩阵 Y 进行特征分解：

$$Y = L\Lambda T \qquad (6.2.3-3)$$

式中：Λ 为特征值对角矩阵；L、T 分别为左、右特征矩阵，且 $L = T^{-1}$。

联立式（6.2.3－2）、式（6.2.3－3）得

$$TV = \Lambda^{-1} TI \qquad (6.2.3-4)$$

定义 $U = VT$ 为模态电压向量；$J = TI$ 为模态电流向量；Λ^{-1} 为模态阻抗。因此，当节点导纳矩阵 Y 在某频率 f 下的特征值等于或趋近于 0 时，很小的模态电流 J 将导致很大的模态电压 U，说明此频率下发生谐振，该频率为谐振频率。

在谐振频率 f 处，节点导纳矩阵 Y 进行特征分解后，其左、右特征矩阵 L、T 对应元素的乘积表征了各节点的谐振参与程度，参与因子最大的节点被视为该频率下的谐振中心，参与因子可以识别出节点谐振强弱。另外，为了精确定位谐振发生时主要是由哪些元件参与，引入"元件模态谐振灵敏度"指标来表征谐振发生时各元件的参与程度。

若节点导纳矩阵 Y 的谐振特征值为 λ，则 λ 对 Y_{ij} 的偏导定义为元件模态灵敏度，即：

$$S_{ji} = \frac{\partial \lambda}{\partial Y_{ij}} \qquad (6.2.3-5)$$

假设线路元件的导纳形式为 $y = G + jB$，则谐振特征值 λ 对此元件的归一化灵敏度为：

$$\begin{cases} \left. \dfrac{\partial |\lambda|}{\partial G} \right|_{\text{norm}} = \dfrac{G(S_r \lambda_r + S_i \lambda_i)}{\lambda_r^2 + \lambda_i^2} \\[4mm] \left. \dfrac{\partial |\lambda|}{\partial B} \right|_{\text{norm}} = \dfrac{B(S_r \lambda_i - S_i \lambda_r)}{\lambda_r^2 + \lambda_i^2} \end{cases} \qquad (6.2.3-6)$$

若线路元件为阻抗形式 $z_h = R_h + jX_h$，则谐振特征值 λ 对此元件的归一化灵敏度为：

$$\begin{cases} \left. \dfrac{\partial |\lambda|}{\partial R} \right|_{\text{norm}} = \dfrac{R(S_r' \lambda_r + S_i' \lambda_i)}{|z_h|^2 (\lambda_r^2 + \lambda_i^2)} \\[4mm] \left. \dfrac{\partial |\lambda|}{\partial X} \right|_{\text{norm}} = \dfrac{X(S_r' \lambda_i - S_i' \lambda_r)}{|z_h|^2 (\lambda_r^2 + \lambda_i^2)} \end{cases} \qquad (6.2.3-7)$$

式中：$S = S_r + jS_i$；$\lambda = \lambda_r + j\lambda_i$；$S' = S'_r + jS'_i = T_{ki}L_{ik} + T_{kj}L_{jk} - T_{kj}L_{ik} - T_{ki}L_{jk}$（$L$、$T$ 分别为左、右特征矩阵的元素）；$|z_h| = \sqrt{R_h^2 + X_h^2}$；$G$、$B$、$R$、$X$ 分别为工频下线路元件的电导、电纳、电阻、电抗。

（2）基于模态分析法的并网谐振算例分析。以国内某典型风电场的拓扑结构为例进行并网谐振算例分析，该风电场总装机容量为 99MW，共分两期，每期容量相同，均安装 33 台额定功率为 1.5MW 的风机，通过 3 条集电缆连接，每条集电缆均连接 11 台风机。

包含此风电场在内的大规模风电场集群经送出架空线连接到一台三绕组变压器，再通过半波长线路送出，其主接线图如图 6.2.3－3 所示。

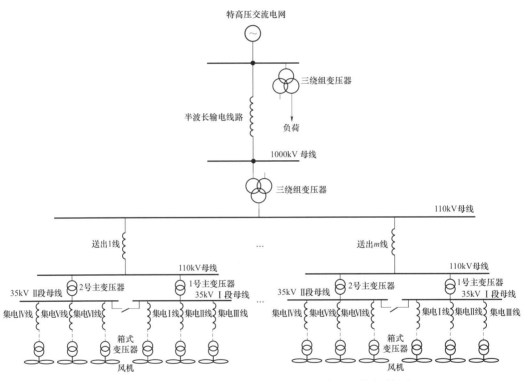

图 6.2.3－3 大规模风电场经半波长线路送出的拓扑图

建立大规模风电场经半波长线路送出系统的谐振等值分析电路，如图 6.2.3－4 所示。

图 6.2.3－4 中，$Y_1(s)$、$Y_2(s)$ 分别为一条集电缆及所带风机等效导纳 $Y_{eq}(s)$；$Y_3(s)$ 为 9 座并联风电场及其送出线等效导纳；$Y_4(s)$ 为风电集中上网的 5 台并联三绕组变压器等效导纳；$Z_{T2,1}$、$Z_{T2,2}$ 为升压主变压器等效阻抗；Z_{T3} 为三绕组变压器等效阻

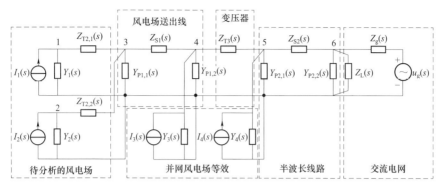

图 6.2.3－4　大规模风电场经半波长线路送出系统模态分析电路

抗；Z_{S1}、Y_{P1} 分别为送出线等效 Π 形模型的串联阻抗和并联导纳（$Y_{P1,1} = Y_{P1,2}$）；Z_{S2}、Y_{P2} 分别为半波长线路等效 Π 形模型的串联阻抗和并联导纳（$Y_{P2,1} = Y_{P2,2}$）；$Z_g(s)$ 为特高压电网等效阻抗；$Z_L(s)$ 为三绕组变压器与负荷的等效阻抗。

运用模态分析法得到系统的模态阻抗曲线如图 6.2.3－5 所示。

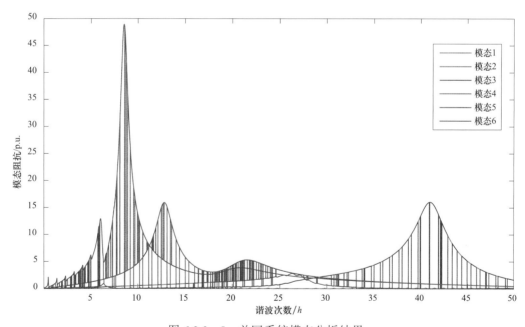

图 6.2.3－5　并网系统模态分析结果

由图 6.2.3－5 的计算结果，结合新能源产生的特征谐波电流的特点，重点关注图 6.2.3－5 中谐波次数分别为 0.465 次、8.54 次、12.78 次和 40.98 次的四个谐振点，该谐波次数下的节点参与因子如表 6.2.3－2 所示。

表 6.2.3 - 2　　　　　　　　　　　　四个谐振点的节点参与因子

节点	模态 3	模态 4		
	40.98 次谐波	0.465 次谐波	8.54 次谐波	12.78 次谐波
1	0.489 0	0.221 2	0.422 7	0.500 0
2	0.489 0	0.221 2	0.422 7	0.500 0
3	0.022 0	0.212 8	0.154 6	0.000 0
4	0.000 0	0.173 7	0.000 0	0.000 0
5	0.000 0	0.170 8	0.000 0	0.000 0

由于节点 1 和节点 2 模型参数的对称性，两个节点的参与因子相同，且为最强谐振参与节点，故节点 1 和节点 2 可视为谐振中心，予以重点关注。5 个节点在 0.465 次谐波谐振点的参与因子相差不多，表明低次间谐波对风电送出系统谐振的影响范围较大。

以谐振模态 4 中 0.465 次和 12.78 次谐波为例，计算谐振发生时并网系统各元件的归一化灵敏度值，计算结果如图 6.2.3 - 6 所示。

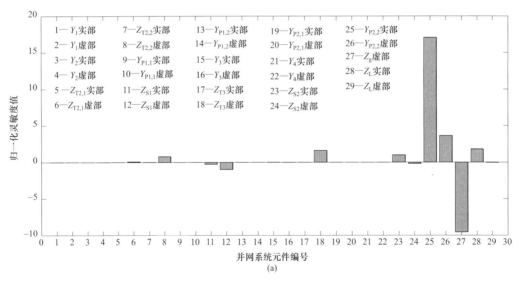

图 6.2.3 - 6　谐振模态 4 的元件归一化灵敏度（一）

（a）$h = 0.465$

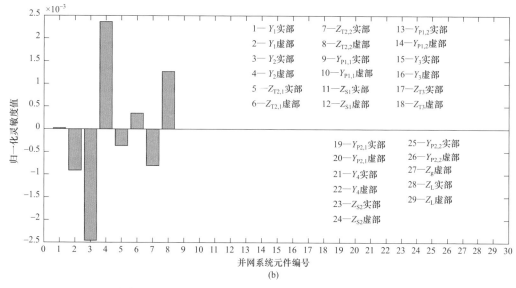

图 6.2.3 – 6　谐振模态 4 的元件归一化灵敏度（二）

（b）$h = 12.78$

从图 6.2.3 – 6 可以看出，谐波次数为 0.465 时，半波长线路并联导纳和特高压交流电网等效阻抗的灵敏度值较大，是引起该 0.465 次谐波谐振的主要参与元件。单条集电缆等效导纳和两台升压主变压器的等效阻抗是造成 12.78 次谐波谐振的主要参与元件。

2.3.3　并网谐振的影响因素分析

影响新能源并网半波长输电系统谐振的因素有很多，包括逆变器参数、线路参数、线路输送功率、功率因数和特高压交流电网短路容量等。经分析，线路输送功率、功率因数和特高压交流电网短路容量对并网谐振影响很小，不再讨论。下面主要从对并网谐振影响较大的线路参数和逆变器参数两个方面进行简要分析。

（1）线路参数对新能源并网系统谐振的影响分析。线路参数主要包括风电场集电缆、送出线路和半波长输电线路。根据实际风电场集电缆和送出线的长度范围，分别考察集电缆长度为 1～20km，送出线长度为 10～100km 时，并网系统谐振特性的变化情况，仿真结果如图 6.2.3 – 7 和图 6.2.3 – 8 所示。此外，由于在设计半波长线路时，受各种因素的影响，半波长线路长度可能会在 3000km 左右变化。考察半波长线路长度的变化范围为 2700～3300km 时对并网谐振的影响，仿真结果如图 6.2.3 – 9 所示。

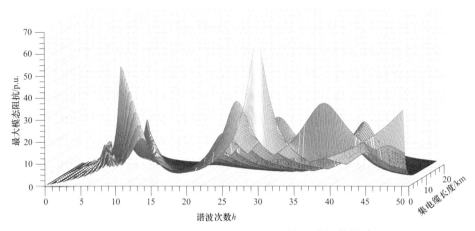

图 6.2.3 - 7   集电缆长度对新能源并网谐振的影响

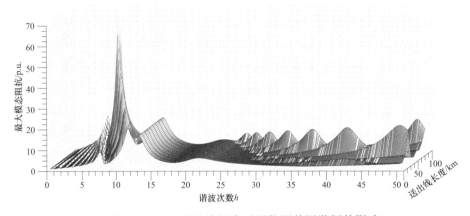

图 6.2.3 - 8   送出线长度对新能源并网谐振的影响

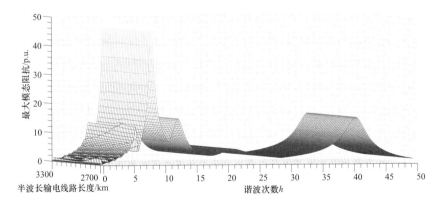

图 6.2.3 - 9   半波长线路长度对新能源并网谐振的影响

从图 6.2.3 - 7～图 6.2.3 - 9 可以看出，集电缆和送出线对并网系统谐振的影响主要集中在 10～15 次谐波之间，对低次谐波谐振影响较小；半波长线路长度变化对低次谐波的谐振变化较大，对 15～25 次谐波之间的谐波谐振影响很小。因此，在新建风电场设计时，需要评估集电缆和送出线对新能源并网系统的谐振影响，避免谐振频率落在 11 次、13 次等电网典型谐波附近引起严重谐波畸变问题。而对于半波长线路易引起并网系统低次谐波谐振的问题，除了在前期设计阶段评估半波长对并网系统的谐振影响外，还可以控制线路调谐装置来适当调整线路长度，避免谐振频率落在 3 次、5 次、7 次等电网典型谐波附近。

（2）逆变器参数对新能源并网系统谐振的影响分析。含 LCL 滤波器的网侧逆变器参数主要包括 LCL 滤波器设计参数和控制策略参数。分别分析逆变器侧电感 L_{inv}、网侧电感 L_g、滤波电容 C_f 等三个 LCL 滤波器设计参数对并网系统谐振影响，结果显示，滤波器设计参数对并网系统谐振的影响不明显。

风电场单台风机网侧逆变器采用并网电流外环控制、滤波电容内环控制的双电流闭环控制策略，外环控制采用比例积分控制，内环采用简单的比例控制。外环比例参数（K_p）、外环积分参数（K_i）和内环比例参数（K）对并网系统的谐振影响的仿真结果如图 6.2.3 – 10 所示，左侧图均表示逆变器阻抗的幅频和相频波特图，右侧图均表示控制参数对并网系统谐振影响的最大模态阻抗图。

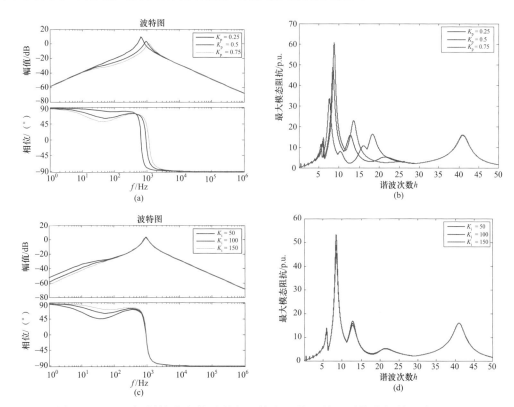

图 6.2.3 – 10　控制策略参数对逆变器输出阻抗及并网系统谐振的影响（一）

（a）、（b）外环比例参数的影响；（c）、（d）外环积分参数的影响

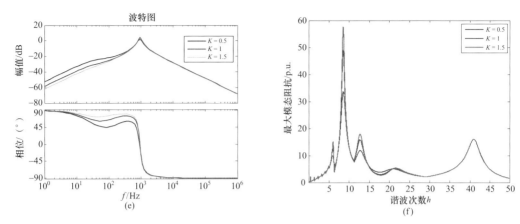

图 6.2.3 – 10 控制策略参数对逆变器输出阻抗及并网系统谐振的影响（二）

（e）、（f）内环比例参数的影响

逆变器控制策略参数对新能源并网系统谐振的影响最大的是外环比例系数和内环比例系数，外环积分系数对并网系统谐振几乎无影响。外环比例系数的变化会造成并网系统谐振点的偏移，影响的谐波谐振范围集中在 3～25 次谐波之间，内环比例系数只影响最大模态阻抗的幅值，不影响谐振点的位置。

参 考 文 献

[1] 焦重庆，齐磊，崔翔. 半波长交流输电线路电气长度人工补偿技术 [J]. 电网技术，2011.35 （9）：17−21.

[2] 马立新，费少帅，穆清伦. 半波长交流输电线路电容调谐分析 [J]. 电力系统及其自动化学报，2015.27（5）：19−22.

[3] Nabae A，Takahashi I，Akagi H. a new neutral-point-clamped PWM inverter [J]. IEEE Transactions on Industry Applications，1981，IA−17（5）：518−523.

[4] Meynard，T. A. and H. Foch，Multi−Level Choppers for High Voltage Applications [J]. EPE Journal，1992.2（1）：p.45−50.

[5] Hammond，P. W.，A new approach to enhance power quality for medium voltage AC drives [J]. IEEE Trans. Industry Applications，1997.33（1）：p.202−208.

[6] Lesnicar，A. and R. Marquardt. An innovative modular multilevel converter topology suitable for a wide power range [C]. in Power Tech Conference Proceedings，2003 IEEE Bologna.2003.

[7] 曹炜，徐永海，李善颖，吴涛. 适用于大容量储能系统的级联 H 桥和模块化多电平逆变器分析比较 [J]. 电网与清洁能源，2016，32（04）：30−37.

[8] 李彬彬，周少泽，徐殿国. 模块化多电平变换器与级联 H 桥变换器在中高压变频器应用中的对比研究 [J]. 电源学报，2015，13（06）：9−17+27.

[9] Hingorani，N. and L. Gyugyi，Understanding FACTS：Concepts and Technology of Flexible AC Transmission Systems [M]. IEEE.2002.

[10] 张兴，张崇巍.PWM 整流器及其控制 [M]. 北京：机械工业出版社，2012.

[11] 徐政，柔性直流输电系统 [M]. 北京：机械工业出版社，2013.

[12] Wakileh. GJ. 电力系统谐波——基本原理分析方法和滤波器设计 [M]. 徐政，译. 北京：机械工业出版社，2010.

[13] Wolf A A，Shcherbachev O V. On normal working conditions of compensated lines with half-wave characteristics [J]. Elektrichestvo，1940（1）：147−158（in Russian）.

[14] Hubert F J，Gent M R. Half-wavelength power transmission lines [J]. IEEE Trans. on Power Apparatus and Systems，1965，84（10）：965−974.

[15] Prabhakara F S，Parthasarathy K，Ramachandra R H N. Analysis of natural half-wave-length

power transmission lines ［J］. IEEE Trans. on Power Apparatus and Systems，1969，88（12）：1787 – 1794.

［16］ Prabhakara F S，Parthasarathy K，Ramachandra R H N. Performance of tuned half-wave-length power transmission lines ［J］. IEEE Trans. on Power Apparatus and Systems，1969，88（12）：1795 – 1802.

［17］ Iliceto F，Cinirei E. Analysis of half-wavelength transmission lines with simulation of corona losses ［J］. IEEE Trans. on Power Delivery，1988，3（4）：2081 – 2091.

［18］ WU Xueguang，SADULLAH S，MATTHEWS B，et al. Nodal harmonic impedance derivation of AC network in PSS/E ［C］//9th IET International Conference on AC and DC Power Transmission. London，UK：IET，2011：1 – 5.

［19］ CIGRE Working Group 36.05/CIRED 2，"Guide for Assessing the Network Harmonic Impedance"，Electra，No.167，August 1996.

第七篇

半波长线路的试验验证

为了试验验证前述部分的仿真结果，本篇将重点介绍 3000km 半波长线路动态模拟试验结果，以及 1.5km（缩尺 2000 倍）半波长缩尺模型试验线路的建模原理、建模过程和试验结果。

第1章
半波长线路的动态模拟试验物理模型

1.1 长线路动态模拟等效性分析

在电力系统动态模拟试验中，一般采用多段 Π 形等值单元（简称 Π 形模型）级联来模拟输电线路。

1.1.1 单个 Π 形等值单元的模拟

根据《电力系统分析》[1]中输电线路的参数和数学模型，对于一段长为 l 的线路，线路分布参数模型的传输方程为：

$$\begin{bmatrix} \dot{U}_1 \\ \dot{I}_1 \end{bmatrix} = \begin{bmatrix} \cosh(\gamma l) & Z_C \sinh(\gamma l) \\ \dfrac{1}{Z_C} \sinh(\gamma l) & \cosh(\gamma l) \end{bmatrix} \begin{bmatrix} \dot{U}_2 \\ \dot{I}_2 \end{bmatrix} \qquad (7.1.1-1)$$

式中：线路传播常数 $\gamma = \sqrt{Z_0 Y_0}$；特征阻抗 $Z_C = \sqrt{Z_0 / Y_0}$；$Z_0 = (R_0 + j\omega L_0)$ 是线路单位长度阻抗，$Y_0 = (G_0 + j\omega C_0)$ 是线路单位长度导纳，l 是线路长度。

对式（7.1.1-1）中的双曲函数进行泰勒级数展开，忽略二次以上较小的级数项，可得用集总参数模型表示的电压电流关系：

$$\begin{bmatrix} U_1 \\ I_1 \end{bmatrix} = \begin{bmatrix} 1 + \dfrac{1}{2} YZ & Z \\ \dfrac{1}{2} Y \left(2 + \dfrac{1}{2} YZ \right) & 1 + \dfrac{1}{2} YZ \end{bmatrix} \begin{bmatrix} U_2 \\ I_2 \end{bmatrix} \qquad (7.1.1-2)$$

式中：$Y = Y_0 l$；$Z = Z_0 l$。

式（7.1.1-2）是式（7.1.1-1）的前两阶近似，其仿真精度与单段线路的长度有关，单段线路越长，仿真精度越差。根据这种近似程度，在动态模拟试验中，采用单个 Π 形等值单元模拟输电线路时，如果给定误差范围，则可以计算出单段模拟线路长度的合适取值。也就是说，针对实际工程的线路参数，若给出误差范围，可以求出与其对应的可利用单个 Π 形模型来等值的线路长度。

1.1.2 多个 Π 形等值和传输方程的比较

对于一段长为 l 的线路，采用单个 Π 形模型进行等值存在误差，这种误差在前文已经进行分析。对于长线路，存在以下问题：

（1）如果采用多个 Π 形模型来等效这段线路，其近似程度如何以及存在多大的误差。

（2）如果采用无穷多个 Π 形模型来代替这段线路，可否从理论上来证明其与基于分布参数的传输线方程的效果是完全一样的。

（3）对于实际工程上来讲，不可能采用无穷多个 Π 形模型去等值线路，那么究竟采用多少个 Π 形模型进行等值就可以认为其误差在工程允许的范围内了。

为了回答上面三个问题，有必要从理论上分析。把长为 l 的线路分为 n 等份，每一份用一个 Π 形模型进行替代，考察 n 个 Π 形模型替代后的端口矩阵和传输方程的端口矩阵之间的关系，具体到半波长线路中，l 取为 3000km。n 个 Π 形模型替代长线如图 7.1.1 – 1 所示。

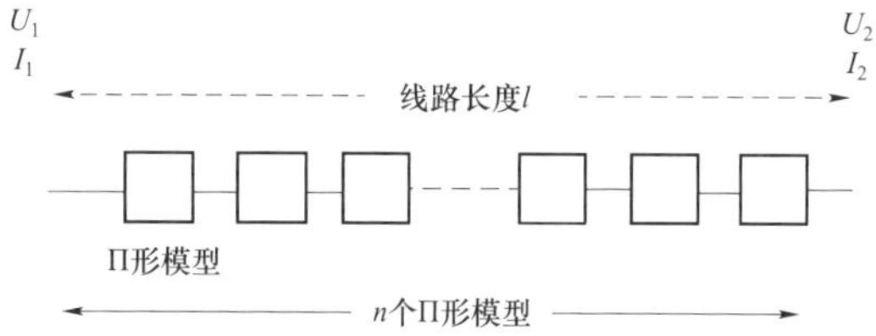

图 7.1.1 – 1 n 个 Π 形模型替代长线

把 U_1、I_1 和 U_2、I_2 看成一个二端口网络，n 个 Π 形模型级联而成的端口网络矩阵是单个 Π 形模型端口矩阵的 n 次方。也即图 7.1.1 – 1 中采用 n 个 Π 形模型等值的端口矩阵可写为：

$$\begin{bmatrix} U_1 \\ I_1 \end{bmatrix} = \begin{bmatrix} 1 + \dfrac{1}{2}YZ & Z \\ \dfrac{1}{2}Y\left(2 + \dfrac{1}{2}YZ\right) & 1 + \dfrac{1}{2}YZ \end{bmatrix}^n \begin{bmatrix} U_2 \\ I_2 \end{bmatrix} \qquad (7.1.1 - 3)$$

式中：$Y = Y_0 \dfrac{l}{n}$；$Z = Z_0 \dfrac{l}{n}$。Z_0 是线路单位长度阻抗，Y_0 是线路单位长度导纳，$\dfrac{l}{n}$ 是 n 等份中每一等份的长度。

同样把传输方程列出来：

$$\begin{bmatrix} U_1 \\ I_1 \end{bmatrix} = \begin{bmatrix} \cosh(\gamma l) & Z_C \sinh(\gamma l) \\ \dfrac{1}{Z_C}\sinh(\gamma l) & \cosh(\gamma l) \end{bmatrix} \begin{bmatrix} U_2 \\ I_2 \end{bmatrix} \qquad (7.1.1 - 4)$$

1. 无损线路多 Π 形等值和传输方程的比较

根据特高压实际参数可知，线路的电导和电阻相对于电感和电容来说比较小，几乎可以忽略，同时由于有损线路理论分析涉及复数计算，加大了分析的复杂度，所以可以先按无损线路进行分析。

令：

$$S = \begin{bmatrix} 1+\dfrac{1}{2}YZ & Z \\ \dfrac{1}{2}Y\left(2+\dfrac{1}{2}YZ\right) & 1+\dfrac{1}{2}YZ \end{bmatrix}$$

$$S_n = S^n = \begin{bmatrix} 1+\dfrac{1}{2}YZ & Z \\ \dfrac{1}{2}Y\left(2+\dfrac{1}{2}YZ\right) & 1+\dfrac{1}{2}YZ \end{bmatrix}^n$$

$$T = \begin{bmatrix} \cosh(\gamma l) & Z_C \sinh(\gamma l) \\ \dfrac{1}{Z_C}\sinh(\gamma l) & \cosh(\gamma l) \end{bmatrix}$$

矩阵 S_n 中带有 n 次方，分析起来很不方便，对于这种情况通常考虑将矩阵 S 对角化，也就是说经过变换矩阵 P 使得 $S = P\Lambda P^{-1}$。

那么 $S_n = S^n = (P\Lambda P^{-1})(P\Lambda P^{-1})\cdots(P\Lambda P^{-1}) = P\Lambda^n P^{-1}$，分析起来就比较方便。通过求取矩阵 S 的特征值、特征向量进行整理可得：

$$\begin{aligned} S_n &= \frac{1}{2}\begin{bmatrix} (A+\sqrt{BC})^n + (A-\sqrt{BC})^n & \sqrt{\dfrac{B}{C}}\left[(A+\sqrt{BC})^n - (A-\sqrt{BC})^n\right] \\ \sqrt{\dfrac{C}{B}}\left[(A+\sqrt{BC})^n - (A-\sqrt{BC})^n\right] & (A+\sqrt{BC})^n + (A-\sqrt{BC})^n \end{bmatrix} \\ &= \begin{bmatrix} S_a & S_b \\ S_c & S_a \end{bmatrix} \end{aligned}$$

其中：

$$\begin{cases} A = 1+\dfrac{1}{2}YZ = 1+\dfrac{1}{2}\gamma^2\left(\dfrac{l}{n}\right)^2 \\[2mm] B = Z = Z_0\dfrac{l}{n} \\[2mm] C = \dfrac{1}{2}Y\left(2+\dfrac{1}{2}YZ\right) = \dfrac{1}{2}Y_0\dfrac{l}{n}\left[2+\dfrac{1}{2}\gamma^2\left(\dfrac{l}{n}\right)^2\right] \end{cases}$$

实际上 A、B、C 就是矩阵 S 中的第一、二、三个元素，由于线路无损，

$\gamma = \sqrt{Z_0 Y_0} = \sqrt{(R_0 + j\omega L_0)(G_0 + j\omega C_0)}$ 中 $R_0 = 0$、$G_0 = 0$。

所以 $\gamma = j\beta = j\omega\sqrt{L_0 C_0}$ 是一个纯虚数（这点在后面证明中很有用）。那么有：

$$\begin{cases} A = 1 + \dfrac{1}{2}YZ = 1 - \dfrac{1}{2}\beta^2\left(\dfrac{l}{n}\right)^2 \\ \sqrt{BC} = j\beta\left(\dfrac{l}{n}\right)\sqrt{1 - \dfrac{1}{4}\beta^2\left(\dfrac{l}{n}\right)^2} \end{cases} \quad (7.1.1-5)$$

这表明 A 是一个实数，$\sqrt{BC}$ 是一个纯虚数，从而 $A+\sqrt{BC}$ 和 $A-\sqrt{BC}$ 是共轭复数。设这对共轭复数的模值均为 r，$A+\sqrt{BC}$ 的角度为 θ。则由共轭复数的性质可知：

$$\begin{cases} A + \sqrt{BC} = re^{j\theta} \\ A - \sqrt{BC} = re^{-j\theta} \end{cases} \quad (7.1.1-6)$$

那么：

$$\begin{cases} (A+\sqrt{BC})^n = r^n e^{jn\theta} \\ (A-\sqrt{BC})^n = r^n e^{-jn\theta} \end{cases} \quad (7.1.1-7)$$

$(A+\sqrt{BC})^n$ 和 $(A-\sqrt{BC})^n$ 显然也是一对共轭复数。

将式（7.1.1-7）代入 S_n 各元素中，得到：

$$\begin{cases} S_a = \dfrac{1}{2}[(A+\sqrt{BC})^n + (A-\sqrt{BC})^n] \\ \quad = r^n \dfrac{e^{jn\theta} + e^{-jn\theta}}{2} \\ S_b = [(A+\sqrt{BC})^n - (A-\sqrt{BC})^n)]\sqrt{B/C} \\ \quad = r^n \dfrac{e^{jn\theta} - e^{-jn\theta}}{2}\sqrt{B/C} \\ S_c = [(A+\sqrt{BC})^n - (A-\sqrt{BC})^n]/\sqrt{B/C} \\ \quad = r^n \dfrac{e^{jn\theta} - e^{-jn\theta}}{2}/\sqrt{B/C} \end{cases} \quad (7.1.1-8)$$

那么就要分析 $n\theta$、r^n 和 $\sqrt{B/C}$。

首先分析 r^n，把 A 和 $\sqrt{BC}$ 表达式代入，得：

$$r = \sqrt{\left[1 - \dfrac{1}{2}\beta^2\left(\dfrac{l}{n}\right)^2\right]^2 + \left[\beta\left(\dfrac{l}{n}\right)\sqrt{1 - \dfrac{1}{4}\beta^2\left(\dfrac{l}{n}\right)^2}\right]^2} = 1$$

这说明 r 是定值，不随 n 变化，$r^n = 1$。

接着分析 $n\theta$：

$$n\theta = n\left[\arctan\frac{\beta\left(\dfrac{l}{n}\right)\sqrt{1-\dfrac{1}{4}\beta^2\left(\dfrac{l}{n}\right)^2}}{1-\dfrac{1}{2}\beta^2\left(\dfrac{l}{n}\right)^2}\right]$$

考虑到对半波长线路，$\beta l = \pi$，那么上式可化为：

$$n\theta = n\left[\arctan\frac{\left(\dfrac{\pi}{n}\right)\sqrt{1-\dfrac{1}{4}\left(\dfrac{\pi}{n}\right)^2}}{1-\dfrac{1}{2}\left(\dfrac{\pi}{n}\right)^2}\right]$$

分析其在 n 趋于无穷时的值，即：

$$\lim_{n\to\infty}n\theta = \lim_{n\to\infty}n\left[\arctan\frac{\left(\dfrac{\pi}{n}\right)\sqrt{1-\dfrac{1}{4}\left(\dfrac{\pi}{n}\right)^2}}{1-\dfrac{1}{2}\left(\dfrac{\pi}{n}\right)^2}\right] \quad (7.1.1-9)$$

求此极限有多种方法［洛毕塔法则、$\arctan(x)$ 展开成泰勒级数取第一项、等价无穷小等］，任取其中一种方法可求得：

$$\lim_{n\to\infty}n\theta = \pi \quad (7.1.1-10)$$

接着分析 $\sqrt{B/C}$：

$$\sqrt{\frac{B}{C}} = Z_C\sqrt{\frac{1}{1-\dfrac{1}{4}\beta^2\left(\dfrac{l}{n}\right)^2}} \quad (7.1.1-11)$$

$$\lim_{n\to\infty}\sqrt{B/C} = Z_C$$

从而可得：

$$\begin{cases}\lim\limits_{n\to\infty}S_a = \lim\limits_{n\to\infty}\dfrac{e^{jn\theta}+e^{-jn\theta}}{2} = \dfrac{e^{j\lim\limits_{n\to\infty}n\theta}+e^{-j\lim\limits_{n\to\infty}n\theta}}{2} = \cosh(j\pi) \\[2ex] \lim\limits_{n\to\infty}S_b = \lim\limits_{n\to\infty}\dfrac{e^{jn\theta}-e^{-jn\theta}}{2}\lim\limits_{n\to\infty}\sqrt{B/C} = Z_C\sinh(j\pi) \\[2ex] \lim\limits_{n\to\infty}S_c = \lim\limits_{n\to\infty}\dfrac{e^{jn\theta}-e^{-jn\theta}}{2}\Big/\lim\limits_{n\to\infty}\sqrt{B/C} = \dfrac{1}{Z_C}\sinh(j\pi) \end{cases} \quad (7.1.1-12)$$

半波长线路传输方程矩阵为：

$$T = \begin{bmatrix} \cosh(\gamma l) & Z_{\text{C}} \sinh(\gamma l) \\ \dfrac{1}{Z_{\text{C}}} \sinh(\gamma l) & \cosh(\gamma l) \end{bmatrix}$$
（7.1.1－13）

线路无损且长度为 3000km，则 $\gamma l = \text{j}\pi$。

这就从理论上完全证明了在不计损耗的情况下，把半波长线路用无穷多个 Π 形模型等值是等价的。

有损线路也可用类似的思路进行分析，主要在于此时 γ 不是一个纯虚数，而 $\boldsymbol{S}_n$ 中四个元素均需进行复数运算，分析起来非常复杂，通常在实际工程中电导和电阻非常小，无损线路的理论分析可以作为一个很好的参考。

2. 有损线路多 Π 形等值和传输方程的比较

前面已经证明了无损时多 Π 形等值和传输方程是完全等价的，而有损时理论分析比较复杂，下面用数值计算的思路进行分析。

仍然是比较矩阵 $\boldsymbol{S}_n$ 和矩阵 $\boldsymbol{T}$ 的元素，各参数以特高压实际工程参数为例，取 $G_0 = 1 \times 10^{-7}\,\text{s/km}$、$R_0 = 7.9 \times 10^{-3}\,\Omega/\text{km}$、$C_0 = 0.013\,5\mu\text{F/km}$、$L_0 = 8.9 \times 10^{-4}\,\text{H/km}$。代入 $\boldsymbol{S}_n$ 和 $\boldsymbol{T}$ 各元素表达式进行计算，做出随等分数 n 的变化曲线分别如图 7.1.1－2 和图 7.1.1－3 所示。$\boldsymbol{S}_n$ 和 $\boldsymbol{T}$ 两矩阵中比较前两个元素即可。

从图中可以看出，在等分数 n 大于 10 后，多 Π 形等值模型和传输方程的差别很小，局部放大图形后在等分数 n 大于 20 时，两种模型对应的矩阵系数已经重合，这表明用 20 个 Π 形来描述半波长线路时完全可以的。

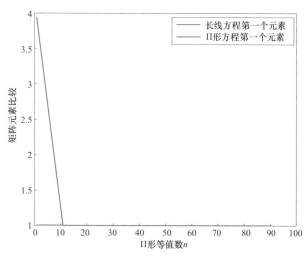

图 7.1.1－2　多 Π 形等值矩阵和传输方程中矩阵第一个元素比较

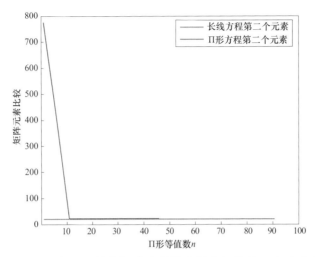

图 7.1.1 – 3　多 Π 形等值矩阵和传输方程中矩阵第二个元素比较

由于线路元件抽头有限，电抗值并非连续可调，动态模拟系统建模过程中所用多个 Π 形等值线路元件的电抗值及沿线电容、电阻值不可能完全相等。在系统设计的过程中，各 Π 形等值线路元件会有一定的差异，因此需要分析各 Π 形等值线路元件的参数不完全相等，即全线电抗、电容、电阻不完全均匀对半波长线路电气特性的影响。

半波长线路用 76 个 Π 形集总电路等效，假设受端的负载为线路特征阻抗。通过 EMTP 仿真分别建立了均匀集总线路模型和三种不均匀集总线路模型，电压源设定 $t = 5\text{ms}$ 时刻起始、频率为 50Hz、幅值为 10kV 的正弦波时，不同模型下线路的时延时间和受端电压幅值的仿真结果见表 7.1.1 – 1。定义时延 t_L 为达到稳态后，送端和受端对应过零点的时间差，U_N 为达到稳态后受端电压幅值。

根据仿真实验数据比对的结果可知，不完全均匀的集总线路模型与均匀集总线路模型的仿真结果基本相符，时延偏差基本为 0，电压幅值偏差小于 1%。

表 7.1.1 – 1　　　　　　　不同模型下线路的时延时间和受端电压幅值

模型	时延 t_L/ms	幅值 U_N/kV
不均匀集总线路模型	10.19	8.404 1
电阻均匀、电抗不均匀模型	10.18	8.460 3
电抗均匀、电阻不均匀模型	10.19	8.371 2
均匀集总线路模型	10.19	8.435 7

1.2　半波长交流输电动态模拟系统构建

考虑试验室条件，建立 750kV 半波长交流输电模拟系统，系统构建方案设计包括动态模拟元件参数设计、模拟系统参数设计及一次接线设计三部分。

1.2.1　动态模拟元件参数设计

1. 模拟线路元件

模拟线路元件是动模试验系统中的重要模拟设备，用来模拟电力系统输电线路。为准确模拟半波长线路参数，模拟线路元件最终采用铜导线空心线圈元件抽出不同阻抗分接头的方式来设计。由于半波长线路阻抗角较高，并且线路长度远高于普通线路，导致模拟线路中连接电阻所占的比重增加，故要求单个模拟线路元件本身的阻抗角必须比线路阻抗角高，并留有一定的裕度，才能实现半波长线路高阻抗角的准确模拟。模拟线路元件电抗器型式采用干式、环形空心电感线圈，线圈由两个匝数、抽头和尺寸相同的空心线饼所构成。两个线饼既可串联，又可并联工作。模拟线路正序和零序元件各抽头串并联参数分别见表 7.1.2－1 和表 7.1.2－2。

表 7.1.2－1　　　　　　　　　正序元件各抽头串并联参数

绕组方式	绕制层数 W_t	每层匝数 W_h	总匝数 W_Σ	各抽头间引线长度/m	导线总长度 L_Σ/m	导线截面积 S/mm²	总电抗 X/Ω	直流电阻 $R^=$/Ω	交流电阻 $R^\sim$/Ω	阻抗角 ϕ/(°)	品质因数 Q
全绕组	24	24	576	2.0	682.95	14.915	31.898	0.801	0.833 3	88.50	38.279
2	24	12	288	1.0	341.47	14.915	9.627	0.401	0.417	87.52	23.09
3－4	24	12	288	1.0	341.47	14.915	9.627	0.401	0.417	87.52	23.09
1－2//3－4	24	24	288	1.0	341.47	14.915	7.974	0.200	0.208	88.50	38.279

表 7.1.2－2　　　　　　　　　零序元件各抽头串并联参数

绕组方式	绕制层数 W_t	每层匝数 W_h	总匝数 W_Σ	各抽头间引线长度/m	导线总长度 L_Σ/m	导线截面积 S/mm²	总电抗 X/Ω	直流电阻 $R^=$/Ω	交流电阻 $R^\sim$/Ω	阻抗角 ϕ/(°)	品质因数 Q
全绕组	26	26	676	3	469.24	6.896	21.54	1.191	1.238	86.709	17.393
1－5	26	13	338	1.5	234.92	6.896	6.598	0.596	0.62	84.632	10.642
1－4	24	13	312	1.2	209.68	6.896	5.51	0.532	0.553	84.265	9.957 6
1－3	22	13	286	0.9	185.61	6.896	4.538	0.471	0.49	83.839	9.264 4
1－2	20	13	260	0.6	162.71	6.896	3.676	0.413	0.429	83.337	8.560 9

续表

绕组方式	绕制层数 W_t	每层匝数 W_h	总匝数 W_Σ	各抽头间引线长度/m	导线总长度 L_Σ/m	导线截面积 S/mm²	总电抗 X/Ω	直流电阻 $R^=$/Ω	交流电阻 R^-/Ω	阻抗角 ϕ/(°)	品质因数 Q
(1−4)+(6−9)	24	26	624	2.4	418.76	6.896	17.83	1.063	1.105	86.453	16.136
(1−3)+(6−8)	22	26	572	1.8	370.62	6.896	14.55	0.94	0.978	86.153	14.873
(1−2)+(6−7)	20	26	520	1.2	324.83	6.896	11.66	0.824	0.857	85.796	13.605
1−5//6−10	26	26	338	1.5	234.92	6.896	5.384	0.298	0.31	86.705	17.37
1−4//6−9	24	26	312	1.2	209.68	6.896	4.458	0.266	0.277	86.448	16.112
1−3//6−8	22	26	286	0.9	185.61	6.896	3.637	0.235	0.245	86.147	14.849
1−2//6−7	20	26	260	0.6	162.71	6.896	2.916	0.206	0.215	85.788	13.58

2. 金属氧化物避雷器

半波长线路故障时存在过电压情况，因此需要在输电线路上并联避雷器，容量总需求为每相80kJ，以防止设备因过电压损坏。避雷器的作用需满足试验需求，因此选定金属氧化锌避雷器（MOA）作为限压设备。经市场调研，现有成熟避雷器的产品均为高电压等级产品，不符合实验室运行电压1.5kV的要求，因此需要根据实验室用避雷器的技术参数进行设备订制，MOA具体设计参数见表7.1.2−3。

表7.1.2−3　　　　　　　　　MOA 技 术 参 数

序号	项目	单位	参 数 值
1	持续运行电压	kV	0.92（AC，有效值）
2	保护水平	/	操作冲击电流0.1kA下最大残压小于2.85kV
3	工频耐受能力	/	1.5kV（有效值）下≥0.1s
4	单只容量	kJ	≥15

3. 电容器

通过在每个线路元件两侧配置参数合适的对地电容器，能够实现对线路电容的准确模拟。电容器的主要指标有容值及耐压水平。大部分电容器生产厂家都生产各类标准容值的电容器，但建立 750kV 半波长交流输电动模系统需要根据实际的输电线路参数订制专门的电容器。同时，由于半波长线路两端发生故障时，线路中点的过电压水平可能高达额定电压的 5～6 倍，为保证实验设备的安全运行，需适当提高电容器组的耐压水平。电容器技术参数见表 7.1.2－4。

表 7.1.2－4　　　　　　　　　电 容 器 技 术 参 数 表

序号	项　目	单位	标准参数值
1	额定电压	V	AC 4000
2	额定容量	μF	0.85/0.2/5.429
3	耐受电压	V	AC 8000
4	容量偏差	%	±5
5	基波频率	Hz	50
6	电容器在 1kHz 的损耗角正切值（tanδ）		≤0.000 9
7	设计场强（$K=1$）	kV/m	≤57
8	端子间绝缘电阻值	MΩ	≤1μF：≥3000MΩ
		MΩ	＞1μF：≥3000S
9	电容器内部结构		油浸/干式
10	电容器外壳		铝制
11	固体介质厚度		—
12	外形尺寸	mm	≤ϕ120×300 或 ≤120×120×300
13	密封性		（75±5）℃的恒温下 4h 无渗漏

1.2.2　模拟系统参数设计

1. 750kV 线路原型参数

按标准要求，线路有关参数原型值如下：

正序阻抗：$X_1 = 0.268\,\Omega/\text{km}$，$\phi_1 \geqslant 87.4°$，$R_1 \leqslant 0.013\ 1\Omega/\text{km}$。

零序阻抗：$X_0 = 0.84\Omega/\text{km}$，$\phi_0 \geqslant 72°$，$R_0 \leqslant 0.277\Omega/\text{km}$。

分布电容：$C_0 = 0.009\ 3\mu\text{F/km}$，$C_1 = 0.013\ 7\mu\text{F/km}$。

TA 变比 $K_{\text{TA}} = 2000\text{A}/1\text{A}$，TV 变比 $K_{\text{TV}} = 750\text{kV}/0.1\text{kV}$。

2. 模拟比选择

模拟比为各电气量原型值与模拟值的比值，建立模拟系统前首先要确定模拟比。根据实验室最高电压等级、设备容量，以及其他模拟设备参数确定半波长交流输电模拟系统对原型系统的模拟比分别为：

电压比：$m_U = 750/1.5 = 500$，即模型 1kV 代表原型 500kV（线路侧）。

电流比：$m_I = 2000/5 = 400$，即模型 1A 代表原型 400A（线路侧）。

容量比：$m_S = m_U m_I = 200\,000$，即模型 1kW 代表原型 200 000kW。

阻抗比：$m_Z = m_U/m_I = 1.25$，即模型（线路侧）1Ω 电阻（电抗）代表原型 1.25Ω 电阻（电抗）。

3. 模型参数计算

3000km 线路模型参数计算如下：

（1）正序阻抗：

$$X_{1M} = \frac{X_1 L}{m_z} = \frac{0.268 \times 3000}{1.25} = 643.2\,(\Omega)$$

$$R_{1M} \leqslant \frac{R_1 L}{m_z} = \frac{0.013\,1 \times 3000}{1.25} = 31.44\,(\Omega)$$

式中：X_{1M} 为正序电抗模型值；X_1 为每千米正序电抗原型值；L 为线路长度；m_z 为模拟阻抗比；R_{1M} 为正序电阻模型值；R_1 为每千米正序电阻原型值。

（2）零序阻抗：

$$X_{0M} = \frac{X_0 L}{m_z} = \frac{0.84 \times 3000}{1.25} = 2016\,(\Omega)$$

$$\Delta X_{0M} = \frac{X_{0M} - X_{1M}}{3} = \frac{2016 - 643.2}{3} = 457.6\,(\Omega)$$

$$R_{0M} \leqslant \frac{R_0 L}{m_z} = \frac{0.277 \times 3000}{1.25} = 664.8\,(\Omega)$$

$$\Delta R_{0M} \leqslant \frac{R_{0M} - R_{1M}}{3} = \frac{664.8 - 31.44}{3} = 211.1\,(\Omega)$$

式中：X_{0M} 为零序电抗模型值；X_0 为每千米零序电抗原型值；ΔX_{0M} 为零序补偿电抗模型值；R_{0M} 为零序电抗模型值；R_0 为每千米零序电阻原型值；ΔR_{0M} 为零序补偿电阻模型值。

（3）分布电容：

$$C_{1M} = C_1 L m_z = 0.013\,7 \times 3000 \times 1.25 = 51.375\,(\mu F)$$

$$C_{0M} = C_0 L m_z = 0.009\,3 \times 3000 \times 1.25 = 34.875\,(\mu F)$$

$$\Delta C_{0M} = \frac{3 C_{1M} C_{0M}}{C_{1M} - C_{0M}} = \frac{3 \times 51.375 \times 34.875}{51.375 - 34.875} = 325.76\,(\mu F)$$

式中：C_{1M} 为正序电容模型值；C_1 为每千米正序电容原型值；C_{0M} 为零序电容模型

值；C_0 为每千米零序电容模型值；ΔC_{0M} 为零序补偿电容模型值。

1.2.3　模拟系统一次接线设计

建立如图 7.1.2-1 所示的 750kV 半波长交流输电动态模拟系统，N 厂经 750kV 3000km 单回输电线路与 M 站相连，M 站经 100km 短线路接入 L 系统。N 厂为等值发电厂，装有 3G、4G、6G、11G 共四台发电机组，总装机容量为 6000MW；N 厂还接有负荷变压器 12FB，负荷变压器的额定容量为 3000MVA，所带负荷最大容量为 2000MW，其中电动机负荷占 65% 左右，电阻性负荷占 35% 左右。L 系统为一地区等值系统。各台发电机组的主要参数见表 7.1.2-5。

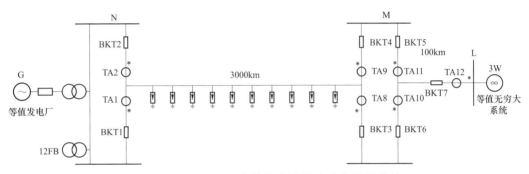

图 7.1.2-1　750kV 半波长交流输电动态模拟系统

表 7.1.2-5　　　　　　　　　　发 电 机 组 主 要 参 数

参数 ＼ 发电机组	3 号	4 号	6 号	11 号
机组容量	850MW	850MW	850MW	2550MW
$\cos\varphi$	0.85	0.85	0.85	0.85
$X'_{d\Sigma}$	0.316	0.323	0.314	0.312
$X''_{d\Sigma}$	0.251	0.241	0.251	0.194

NM 输电线路的长度为 3000km，ML 输电线路的长度为 100km，主要参数见表 7.1.2-6。

表 7.1.2-6　　　　　　　　　　输电线路单位长度序参数

序 ＼ 参数	R	ω_L	C
	Ω/km	Ω/km	$\mu F/km$
正序	0.012 61	0.269 12	0.013 71
零序	0.241 61	0.913 17	0.008 1

半波长物理动态模拟系统采用分段集总等效电路来模拟均匀传输线，根据无损耗传输线物理模拟的集总等效定理，动模测试系统采用了 76 段 Π 形等值电路级联来模拟 3000km 半波长线路，受端电压传输函数的幅值均近似为 1，传输延迟时间的最大相对误差小于 1%，完全可以实现对长距离输电线路的特性进行准确等效。

根据半波长线路的特点，为抑制线路故障时的工频过电压，线路出口及沿线每 300km 配置一台容量为 15kJ 的 MOA。为观察半波长线路沿线电压电流特征，在线路两侧及距离 M 站和 N 厂每 200km 处以及 1500km 处分别安装 TA 及 TV。

由于半波长线路非常长，潜供电流和恢复电压非常大，主要考虑采取高速接地开关（HSGS）来限制潜供电流。由于动模系统没有二次燃弧的过程，无潜供电流，因此仅在线路两端各加装一组 HSGS，以模拟单相跳开后的 HSGS 的动作行为。

1.3 半波长交流输电动态模拟系统测试

1.3.1 动态模拟系统

3000km 半波长交流输电动态模拟系统具体构成如图 7.1.3 − 1 所示。为观察沿线故障时半波长线路的电气量特征，在半波长线路区内两端及沿线共设置了 17 个故障点，分别为距离 N 厂 0、200、400、600、800、1000、1200、1400、1500、1600、1800、2000、2200、2400、2600、2800、3000km 处；在被保护线路两侧区外母线共设置了 2 个故障点；每一个故障点都可以模拟各种类型的金属性或经过渡电阻短路故障。在线路两端各加装一组 HSGS，以模拟线路开关单相跳开后的 HSGS 的动作行为。

为抑制线路故障时的工频过电压，考虑到实验室的实际情况和 MOA 制造水平的限制，在模拟线路出口及沿线每 300km 配置一台容量为 15kJ 的 MOA。模拟线路波阻抗 $Z = \sqrt{L_0/C_0} = 202\Omega$。

对 750kV 半波长模拟线路稳态特性、暂态特性进行测试。稳态特性主要为半波长线路输送不同功率时沿线电压电流分布。暂态特性包括半波长线路不加装 MOA 和加装 MOA 两种情况下，发生故障时暂态过程中的过电压特性。

1.3.2 半波长模拟线路稳态特性测试

本节旨在研究半波长模拟线路稳态下的工频过电压特性。测试半波长模拟线路在空载和输送不同功率下的沿线电压电流分布，观测量包括线路沿线电压、电流稳态值，线路送受端有功、无功功率。测试工况及测试内容见表 7.1.3 − 1。

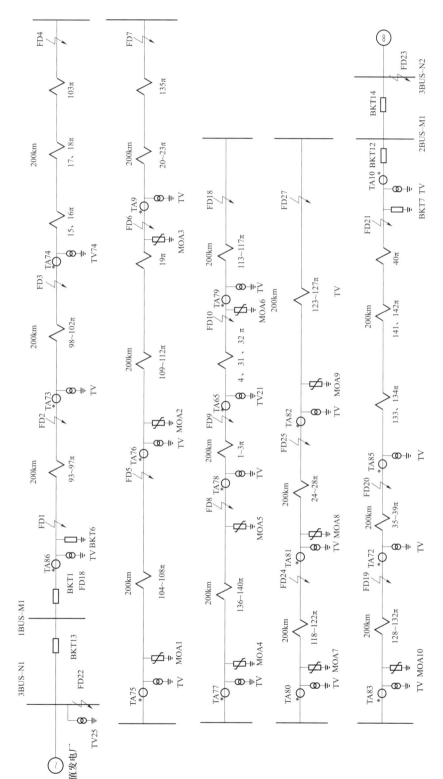

图 7.1.3 - 1　750kV半波长交流输电动态模拟系统构成

表 7.1.3 – 1　　　　　　　　稳态特性测试工况及测试内容

测试工况	仿真参数	测试内容
半波长线路正常运行输送功率	半波长线路空载	1. 送端有功、无功 2. 沿线不同点的电压 3. 沿线不同点的电流
	半波长线路输送不同功率（0.2～2 倍自然功率）	1. 送端和受端有功、无功 2. 沿线不同点的电压 3. 沿线不同点的电流

调节有功出力达到实验要求，使受端功率因数保持在 1 左右，同时使送端电压保持在 1p.u.。

图 7.1.3 – 2 给出了半波长模拟线路输送不同功率时的沿线电压分布，图 7.1.3 – 3 为半波长模拟线路输送不同功率时的沿线电流分布。

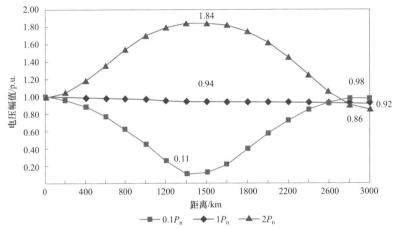

图 7.1.3 – 2　半波长模拟线路输送不同功率时的沿线电压分布
（功率因数为 1，P_n 为自然功率）

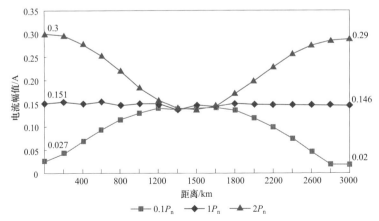

图 7.1.3 – 3　半波长模拟线路输送不同功率时的沿线电流分布
（功率因数为 1，P_n 为自然功率）

由图 7.1.3－2 和图 7.1.3－3 可以看出，半波长模拟线路输送自然功率，功率因数为 1.0，沿线工频稳态电压均在 1p.u.左右，分布均匀。输送功率大于自然功率时，沿线工频稳态电压呈中部高、两端低的形态；输送 2 倍自然功率时，线路中部电压最高接近 1.84p.u.；输送功率小于自然功率时，沿线工频稳态电压呈中部低、两端高的形态；输送 0.1 倍自然功率时，线路中部电压约为 0.1p.u.，可以看出中部最高电压标幺值接近输送功率与自然功率的比值。

半波长模拟线路中部的工频稳态电流不随输送功率变化而变化，输送自然功率，沿线工频稳态电流基本相等，分布均匀；输送功率大于自然功率时，沿线工频稳态电流呈两端高的形态；输送功率小于自然功率时，沿线工频稳态电流呈两端低的形态。

正常运行时，半波长模拟线路沿线工频电压分布与输送功率和线路功率因数（PF）都有关系。图 7.1.3－4 为半波长模拟线路输送自然功率时，不同功率因数下的沿线电压分布。

由图 7.1.3－4 中可以看出，半波长模拟线路输送自然功率时，随着功率因数的不同，沿线工频稳态电压分布也不同。功率因数越接近 1，沿线电压分布越均匀，功率因数越低，则沿线出现的电压越高。

半波长模拟线路输送自然功率，沿线工频稳态电压分布还与功率因数的超前、滞后有关。功率因数超前时，靠近送端部分电压超过 1p.u.，靠近受端部分电压低于 1p.u.；功率因数滞后时，则靠近送端部分电压低于 1p.u.，靠近受端部分电压高于 1p.u.。功率因数越大，沿线电压波动越小。

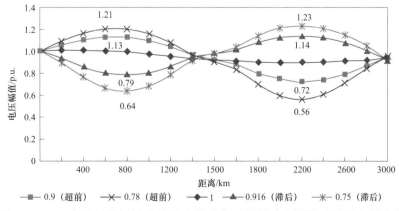

图 7.1.3－4　半波长模拟线路输送自然功率时不同功率因数下沿线电压分布

1.3.3　不加装 MOA 半波长模拟线路暂态特性测试

本节旨在研究 750kV 半波长模拟线路在不加装 MOA 下的暂态特性，根据动态模拟系统测试结果，给出半波长模拟线路故障后的沿线过电压分布特性。

为了验证半波长模拟线路是否具备波过程的特性，在线路受端区外模拟三相短路故障，故障瞬间送端和受端 A 相电流波形如图 7.1.3－5 所示。从图中可以看出，电流故障分量从线路受端到达线路送端的时间延时为 10ms，故障电流相位相差 180°，符合半波长线路波过程的电气特征，因此动态模拟系统能够准确模拟半波长线路的波过程。

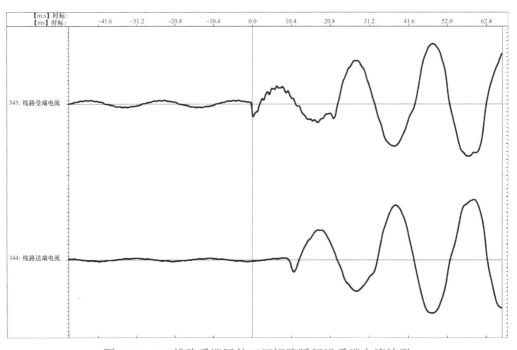

图 7.1.3－5　线路受端区外三相短路瞬间送受端电流波形

分析半波长模拟线路不加装 MOA 的暂态特性，从半波长线路送端出口沿线路每 200km 处模拟三相短路故障，得到半波长模拟线路各点三相短路故障后沿线电压幅值分布情况如图 7.1.3－6 和图 7.1.3－7 所示。

由图 7.1.3－6 中可以看出，三相短路故障发生在线路 2800km 和 3000km 处时，半波长模拟线路沿线出现的过电压最高，最高达到近 8.42p.u.。线路送端和 200km 处故障时沿线过电压最高达 7.14p.u.，并且出现最高过电压的位置距离故障点均为 1500km 左右。

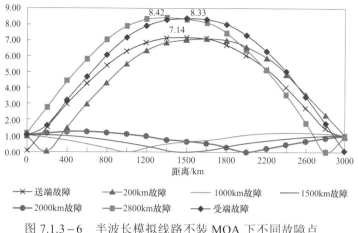

图 7.1.3 - 6　半波长模拟线路不装 MOA 下不同故障点
三相短路后沿线过电压分布

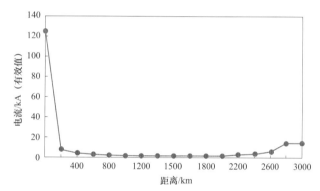

图 7.1.3 - 7　不装 MOA 下半波长模拟线路不同故障点
三相短路时送端电流幅值随短路点位置变化图

由图 7.1.3 - 7 可以看出,在送端发生三相短路故障时,故障电流最大,发生在 200km 以后故障电流逐渐减小,至线路 2800km 和 3000km 处时,半波长模拟线路送端电流出现跃变。

忽略线路电阻,将线路作为均匀无损传输线,根据均匀传输线正弦稳态解的双曲函数表示,可得到在距离送端断路器 l 处发生故障时,断路器侧的线路入端稳态等值阻抗为:

$$Z_{\text{in}}(l) = \frac{\dot{U}_1}{\dot{I}_1} = jZ_C \tan\left(\frac{2\pi}{\lambda}l\right) \qquad (7.1.3 - 1)$$

式中:λ 为输电线路在工频下的波长。

当 l 大于 $\lambda/4$ 时,断路器侧线路入端等值阻抗为容性,l 越大,等值容抗越小,当 l 使得线路入口等值容抗与系统感抗相等时,等值电路呈串联谐振状态,此时稳态短路电流最大。

对不同的系统阻抗，发生串联谐振的故障点的位置不同；系统阻抗越小，谐振点距离送端越远。由于动态模拟试验系统等值阻抗较小，谐振点在 2900km 左右。在动态模拟试验中，受实际模拟元件数量的限制，故障点按照每隔 200km 选取，在 2900km 处未进行模拟三相短路故障试验。因此在图 7.1.3−7 中，谐振点并不明显。采用同样的系统阻抗参数进行 EMTP 仿真，所得结果如图 7.1.3−8 所示，谐振点则较为明显。

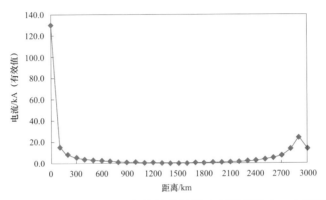

图 7.1.3−8　不装 MOA 下半波长模拟线路不同故障点三相短路时送端电流幅值随短路点位置变化图（EMTP 仿真）

从半波长模拟线路送端出口沿线路每 200km 处模拟单相接地故障，半波长模拟线路各点单相接地故障后沿线电压幅值分布情况如图 7.1.3−9 所示。

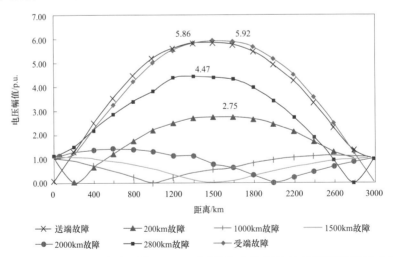

图 7.1.3−9　半波长模拟线路不装 MOA 不同故障点单相接地故障后沿线过电压分布

由图 7.1.3−9 可以看出，在线路送端和受端发生单相接地故障时，沿线过电压最高，故障最严重，沿线过电压最高达 5.92p.u.；并且出现最高过电压的位置也均在线路中点附近。

1.3.4　加装 MOA 后半波长线路暂态特性测试

半波长模拟线路加装 MOA 后，半波长模拟线路各点三相短路故障后沿线过电压分布情况如图 7.1.3-10 所示。

由图 7.1.3-10 可以看出，受 MOA 的限压作用，三相短路故障时全线过电压最高为 2.54p.u.。故障点在线路 200～400km 和 2600～2800km 处时，故障后沿线出现的过电压最高，最高达到 2.54p.u.，并且出现最高过电压的位置距故障点约 1500km。过电压水平由动态模拟系统所用的 MOA 限压水平决定，受 MOA 制造工艺限制，实验中最低限压水平为 2.5p.u.。

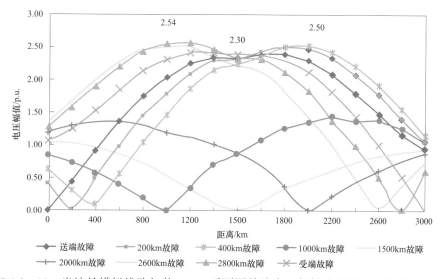

图 7.1.3-10　半波长模拟线路加装 MOA 后不同故障点三相短路故障下沿线过电压分布

以线路 2800km 处发生三相短路故障为例，分析故障后的电压电流波形特征。在动态模拟试验中，电压互感器按照每隔 200km 配置，只能观测最高过电压 1200km 处的电压（TV80）和电流（TA80），波形如图 7.1.3-11 所示。从图中可以明显看出，1200km 处的 A、B、C 三电压均出现削顶现象，这是由于 MOA 的限压作用，将出现的过电压限制在 2.5p.u.以内。同时因为存在 MOA 的泄流作用，电流出现较大的谐波分量。

加装 MOA 后，半波长动态模拟线路各点单相接地故障时沿线过电压分布情况如图 7.1.3-12 所示。

由图 7.1.3-12 可以看出，线路沿线发生单相接地故障时，同样由于 MOA 的限压作用，最高过电压为 2.51p.u.，并且故障点在线路送端和受端时线路沿线过电压最高。

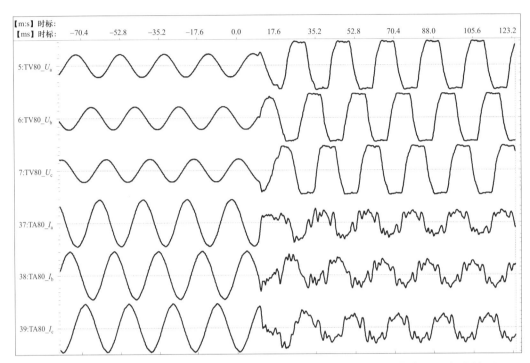

图 7.1.3 - 11　2800km 处三相短路故障，过电压最高的 1200km 处的电压、电流波形

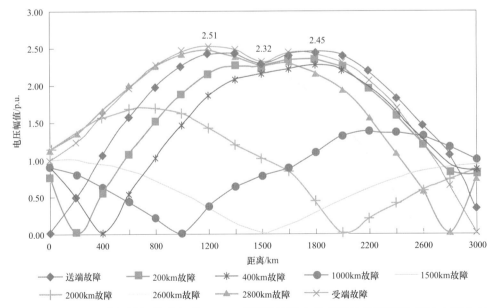

图 7.1.3 - 12　半波长模拟线路加装 MOA 后不同故障点单相接地故障时沿线过电压分布

线路送端发生单相接地故障，过电压最高的 1200km 处的电压和电流波形如图 7.1.3 - 13 所示。过电压最高的 1800km 处的电压和电流波形如图 7.1.3 - 14 所示。从

图中可以明显看出，A 相电压出现削顶现象，这是由于 MOA 的限压作用，将出现的过电压限制在 2.5p.u.以内。同时因为存在 MOA 的泄流作用，电流出现较大的谐波分量。

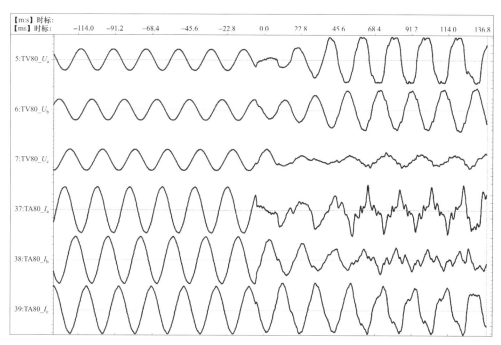

图 7.1.3 − 13　线路送端发生单相接地故障，过电压最高的 1200km 处的电压、电流波形

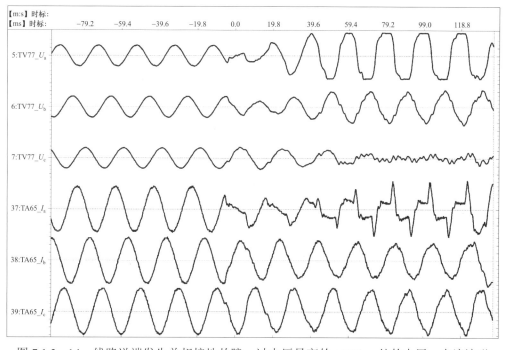

图 7.1.3 − 14　线路送端发生单相接地故障，过电压最高的 1800km 处的电压、电流波形

第2章
半波长线路的缩尺等效物理模型

本章首先根据传输线理论提出保证线路缩尺前后等效性的条件，然后通过电磁场原理推导出满足此条件的线路横向、纵向和导线电导率三者之间的缩尺比例关系。在该缩尺比例关系中，传输线横向和纵向可以是不等比例缩尺，且缩尺比例可根据实际情况调节。最后，利用同轴电缆、半波长线路两个缩尺算例和半波长的缩尺模型物理实验来验证该缩尺等效方法的正确性。

2.1 长线路的缩尺等效方法

传输线的缩尺方法与其目标和对象有关，目标和对象不同，则缩尺方法有较大差异。有些缩尺不改变频率，只对对象进行整体等比例缩尺，如参考文献［2］研究输电线的电磁辐射，直接将双回路输电线整体缩尺 40 倍；有些缩尺不改变频率，只改变对象的横向尺寸和施加的激励源(电压)，即保证横向尺寸和激励源等比例变换，如参考文献［3］研究电晕放电，通过电压和导线高度、半径的等比例变换来保证缩尺前后地面电场成比例关系；有些缩尺改变频率，使频率和各空间尺寸等比例变换，如参考文献［4］研究雷达散射截面缩尺模型，通过频率和各空间尺寸等比例变换来保证缩尺前后观察点上散射场的相对分布严格相似。在长线路中，需要同时考虑线路横向和纵向的缩尺，还需要考虑两者之间缩尺比例的配合关系。如果线路横向和纵向尺寸相差过大，长线路整体等比例缩尺难以同时兼顾横向和纵向尺寸的大小，给实验带来不便。因此，有必要研究长线路横向和纵向不等比例缩尺。

2.1.1 缩尺等效原理的推导

根据传输线理论[5]，在传输线中，描述波传输特性的主要参数是线路传播常数 γ 和特征阻抗 Z_C：

$$\gamma = \sqrt{ZY} \tag{7.2.1-1}$$

$$Z_\mathrm{C} = \sqrt{\frac{Z}{Y}} \tag{7.2.1-2}$$

式中：Z 为单位长度阻抗；Y 为单位长度导纳。

传输线上的电压 U、电流 I 分布的一般形式可表示为：

$$U(x) = U_+ e^{-\gamma x} + U_- e^{\gamma x} \qquad (7.2.1-3)$$

$$I(x) = \frac{U_+ e^{-\gamma x}}{Z_C} - \frac{U_- e^{\gamma x}}{Z_C} \qquad (7.2.1-4)$$

式中：U_+ 为入射波振幅；U_- 为反射波振幅。

其中，入射波振幅和反射波振幅的具体值取决于传输线上接的电源和阻抗大小。

如果把传输线长度 x 缩短 n 倍，频率 f 提高 n 倍，即 $x' = x/n$，$f' = nf$，缩尺后传输线上的电压、电流分布为：

$$U'(x') = U'_+ e^{-\gamma' x'} + U'_- e^{\gamma' x'} \qquad (7.2.1-5)$$

$$I'(x') = \frac{U'_+ e^{-\gamma' x'}}{Z'_C} - \frac{U'_- e^{\gamma' x'}}{Z'_C} \qquad (7.2.1-6)$$

根据以上内容，定义缩尺等效为，缩尺后传输线上点 x' 处与缩尺前传输线上相对应的点 x 处的电压、电流波形一致。需要说明的是，此处波形一致指波的整体形状一致，缩尺前、后传输线上相对应的两点之间的波形幅值保持等比例。

为了保证缩尺等效性，可以通过：

$$Z'_C = Z_C \qquad (7.2.1-7)$$

$$\gamma' = n\gamma \qquad (7.2.1-8)$$

$$\frac{U_+}{U'_+} = \frac{U_-}{U'_-} \qquad (7.2.1-9)$$

根据式（7.2.1-1）和式（7.2.1-2），为达到式（7.2.1-7）和式（7.2.1-8）中的效果，应有：

$$Z \to nZ \qquad (7.2.1-10)$$

$$Y \to nY \qquad (7.2.1-11)$$

即缩尺后传输线单位长度阻抗 Z 和导纳 Y 都需增大到 n 倍。保持缩尺前后传输线的端接阻抗值相等即可满足式（7.2.1-9）。

一般情况传输线的单位长度导纳 Y（$G + j\omega C$）中的电导分量 G 可以忽略。为了达到式（7.2.1-10）和式（7.2.1-11）中的效果，设传输线进行如下缩尺：

（1）传输线纵向尺寸（线长）缩尺到原传输线的 $1/n$ 倍，根据频率与波长的关系，则传输线的频率 f 提高到原传输线的 n 倍。

（2）传输线横向尺寸（导体半径、导线之间间距和对地高度等）都缩尺到原传输线的 n_1 倍。

（3）导线的电导率 σ 缩尺到原传输线的 n_2 倍。

根据（2）中传输线横向尺寸都等比例缩尺，不难看出，缩尺后传输线中的导线单位长度电容和外电感与缩尺前传输线的相等，又因为传输线频率提高到原传输线的 n 倍，因此单位长度导纳 Y 也相应的变为原传输线的 n 倍，满足式（7.2.1－11）。缩尺后传输线的单位长度外电抗也增大到 n 倍，外电抗满足式（7.2.1－10）。由于传输线单位长度阻抗为单位长度外阻抗（来源于外电感）和单位长度内阻抗（来源于电阻和内电感）之和。因此，只需证明传输线的单位长度内阻抗满足式（7.2.1－10），则可以说缩尺前后传输线是等效的。

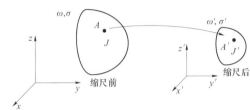

图 7.2.1－1 某传输线中缩尺前后导体的横截面

依据电磁场原理[6]推导缩尺前后导体内阻抗的关系式，图 7.2.1－1 为某传输线缩尺前后导体的横截面，此横截面可以是任意形状。导体的横截面尺寸都等比例缩尺到原导体横截面尺寸的 n_1 倍。设缩尺前横截面中任意点 A 处的电流密度为 J，缩尺后横截面上点 A' 与点 A 相对应，点 A' 处电流密度为 J'。缩尺前的 J 与缩尺后的 J' 关系为：

$$J'_x = kJ_x \tag{7.2.1－12}$$

式中：k 为常数。

根据电磁场原理，缩尺后导体中的电场强度 E' 与缩尺前的电场强度 E 之间的关系为：

$$E' = \frac{J'_x}{\sigma'} = \frac{kJ_x}{n_2\sigma} = \frac{k}{n_2}E \tag{7.2.1－13}$$

缩尺前后电场与磁场之间的关系式分别为：

$$\nabla \times E = -\mathrm{j}\omega\mu H \tag{7.2.1－14}$$

$$\nabla' \times E' = -\mathrm{j}\omega'\mu H' \tag{7.2.1－15}$$

根据式（7.2.1－14）和式（7.2.1－15），不难得出缩尺后导体中的磁场强度 H' 与缩尺前的磁场强度 H 之间的关系为：

$$H' = -\frac{\nabla' \times E'}{\mathrm{j}\omega'\mu} = -\frac{k}{n_2}\frac{\nabla' \times E}{\mathrm{j}n\omega\mu} = -\frac{k}{n_1 n_2}\frac{\nabla \times E}{\mathrm{j}n\omega\mu} = \frac{k}{n_1 n_2 n}H \tag{7.2.1－16}$$

式中：J_x、J'_x 为缩尺前、后的电流密度；σ、σ' 为缩尺前、后的电导率；ω、ω' 为缩

尺前、后的角频率；μ 为磁导率。

缩尺前导体的单位长度内阻抗 Z_{in} 和缩尺后单位长度内阻抗 Z'_{in} 分别为：

$$Z_{in} = \frac{\oint_l \left[(\boldsymbol{E} \times \boldsymbol{H}^*) \cdot \boldsymbol{e}_n \right] \mathrm{d}l}{\left| \int_s \boldsymbol{J} \, \mathrm{d}S \right|^2} \qquad (7.2.1-17)$$

$$Z'_{in} = \frac{\oint_{l'} \left[(\boldsymbol{E}' \times \boldsymbol{H}'^*) \cdot \boldsymbol{e}_n \right] \mathrm{d}l'}{\left| \int_{s'} \boldsymbol{J} \, \mathrm{d}S' \right|^2} \qquad (7.2.1-18)$$

式中：l、l' 为缩尺前、后导线横截面的边界曲线；S、S' 为缩尺前、后导线横截面；$\boldsymbol{e}_n$ 为导线表面的内法线单位矢量；*表示联共轭复数。

不难得出缩尺前后导体的单位长度内阻抗之间的关系为：

$$Z'_{in} = \frac{1}{n_1^4 n_2^2 n} Z_{in} \qquad (7.2.1-19)$$

式（7.2.1-19）需满足式（7.2.1-10）中缩尺后单位长度阻抗 Z 需增大到缩尺前 n 倍的要求，可得到：

$$\frac{1}{n_1^4 n_2^2 n} = n \qquad (7.2.1-20)$$

进而可推导出缩尺倍数之间的关系式：

$$n_1^2 n_2 n = 1 \qquad (7.2.1-21)$$

传输线纵向、横向和电导率三者之间的缩尺倍数满足式（7.2.1-21）中的关系，则可以保证传输线缩尺的等效性。需要说明的是，对于无损耗传输线，导线为理想导体，集肤深度为零，导线没有内阻抗。此时 $n_2 = 1$，n_1 和 n 是相互独立的，即无损耗传输线可以按照式（7.2.1-21）缩尺，但不局限于式（7.2.1-21）的缩尺关系。

现在，再回头验证式（7.2.1-12）的合理性。根据电磁场原理，导线中电流密度满足如下关系式：

$$\nabla^2 \boldsymbol{J}_x - \mathrm{j}\omega\mu\sigma\boldsymbol{J}_x = 0 \qquad (7.2.1-22)$$

缩尺后的导线也应满足：

$$\nabla'^2 \boldsymbol{J}'_x - \mathrm{j}\omega'\mu\sigma'\boldsymbol{J}'_x = 0 \qquad (7.2.1-23)$$

只需证明式（7.2.1-23）在上述缩尺关系中是成立的，则可说明式（7.2.1-12）是合理的。根据上文给出的传输线缩尺倍数，式（7.2.1-23）可变为：

$$\frac{k}{n_1^2}\nabla^2 \boldsymbol{J}_x - \mathrm{j}n\omega\mu n_2 \sigma k \boldsymbol{J}_x = 0 \qquad (7.2.1-24)$$

再将式（7.2.1-21）代入到式（7.2.1-24）中，式（7.2.1-24）可化简为式（7.2.1-22）。因此，式（7.2.1-23）是成立的，式（7.2.1-12）是合理的。

2.1.2　缩尺等效原理的验证

1. 同轴电缆

以某同轴电缆为例，验证缩尺前后同轴电缆的等效性。图 7.2.1-2 为某同轴电缆图，图 7.2.1-3 为该同轴电缆横截面图。同轴电缆长度为 l，工作频率为 f，内导体半径为 a，外导体内半径为 b、外半径为 c。设缩尺后的同轴电缆工作频率为 f'，长度为 l'，内导体半径为 a'，外导体内半径为 b'、外半径为 c'。

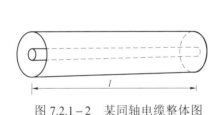

图 7.2.1-2　某同轴电缆整体图

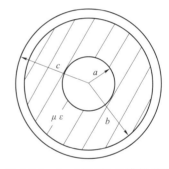

图 7.2.1-3　某同轴电缆横截面

考虑到一般导线材料为金属，其电导率可以调整的范围有限且受实际材料选取的限制，因此，取电导率 σ 缩尺倍数 $n_2 = 1$，假设频率提升到原工作频率的 n 倍，相应的线路长度缩尺到原线路的 $1/n$ 倍，即：

$$f' = nf \qquad (7.2.1-25)$$

$$l' = \frac{1}{n}l \qquad (7.2.1-26)$$

根据式（7.2.1-21）中的缩尺关系，同轴电缆的横向尺寸缩尺为：

$$a' = \frac{1}{\sqrt{n}}a$$

$$b' = \frac{1}{\sqrt{n}}b \qquad (7.2.1-27)$$

$$c' = \frac{1}{\sqrt{n}}c$$

同轴电缆单位长度电容 C 和外电感 L 分别为：

$$C = \frac{2\pi\varepsilon}{\ln(b/a)} \qquad (7.2.1-28)$$

$$L = \frac{\mu}{2\pi}\ln\frac{b}{a} \qquad (7.2.1-29)$$

式中：μ 和 ε 分别为同轴电缆介质层的磁导率和介电常数，它们在缩尺前后保持不变。同轴电缆横向各参数都是等比例缩尺，不难得出，缩尺后的单位长度电容和外电感不变。又因为频率提高 n 倍，因此同轴电缆单位长度导纳和外电抗满足式（7.2.1-10）和式（7.2.1-11）。

因此，只需证明同轴电缆内导体的内阻抗 Z_{in} 和外导体的内阻抗 Z_0 满足式（7.2.1-10），则可说明同轴电缆缩尺前后是等效的。同轴电缆内导体的内阻抗 Z_{in} 为[5]：

$$\begin{cases} Z_{in} = \dfrac{K}{2\pi\sigma a}\dfrac{J_0(Ka)}{J_1(Ka)} \\ K = \dfrac{1-\mathrm{j}}{\delta} \\ \delta = \sqrt{\dfrac{2}{\omega\mu_c\sigma}} \end{cases} \qquad (7.2.1-30)$$

式中：μ_c 为导体的磁导率；σ 为导体的电导率；ω 为角频率；J_0 为第一类零阶贝塞尔函数；J_1 为第一类一阶贝塞尔函数。

不难证明式（7.2.1-30）在满足缩尺关系式（7.2.1-21）时，内阻抗 Z_{in} 的缩尺关系满足式（7.2.1-10）。需要说明的是，δ 为透入深度，式（7.2.1-30）中考虑了集肤效应的影响。

同轴电缆外导体的内阻抗 Z_0 为[5]：

$$\begin{cases} Z_0 = \dfrac{m}{2\pi\sigma c}\left[\dfrac{I_0(mc)K_1(mb)+I_1(mb)K_0(mc)}{I_1(mc)K_1(mb)-I_1(mb)K_1(mc)}\right] \\ m = \sqrt{\mathrm{j}\omega\mu_c\sigma} \end{cases} \qquad (7.2.1-31)$$

式中：I_0、I_1 为第一类虚宗量的贝塞尔函数的零阶和一阶；K_0、K_1 为第二类虚宗量的贝塞尔函数的零阶和一阶。

根据式（7.2.1-31）不难得出，同轴电缆缩尺后的单位长度外阻抗是缩尺前的 n 倍，满足式（7.2.1-10）中的关系。

由上述结果可得，同轴电缆缩尺前、后的阻抗和导纳都能满足式（7.2.1-10）和式（7.2.1-11）中的关系。因此，同轴电缆缩尺前后是等效的。

2. 输电线路

以输电线路为例，图 7.2.1 – 4 为某特高压交流输电线路横截面。对该线路按照式（7.2.1 – 21）中的缩尺关系进行缩尺。

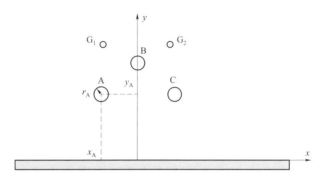

图 7.2.1 – 4 某特高压交流输电线路横截面

实际输电线路可看作多导体传输系统，根据多导体传输线理论，线路方程为：

$$\frac{\mathrm{d}}{\mathrm{d}z}\boldsymbol{I} = -\boldsymbol{Y}\boldsymbol{U} \tag{7.2.1 – 32}$$

式中：$\boldsymbol{Y}$ 为多导体传输系统的导纳矩阵；$\boldsymbol{U}$ 为所有导线组成的电压矩阵；$\boldsymbol{I}$ 为所有导线组成的电流矩阵。

$$\boldsymbol{q} = \boldsymbol{P}^{-1}\boldsymbol{u} = \boldsymbol{C}\boldsymbol{u} \tag{7.2.1 – 33}$$

式中：$\boldsymbol{q}$ 为所有导线组成的线电荷密度矩阵；$\boldsymbol{u}$ 为所有导线组成的导线对地电压矩阵；$\boldsymbol{C}$ 为所有导线组成的电容矩阵；$\boldsymbol{P}$ 为电位系数矩阵。

$\boldsymbol{P}$ 由导线的自电位系数 P_{ii} 和两根导线间的互电位系数 P_{ij} 组成，其中 $i, j = 1, 2, 3, \cdots, t$，$t$ 为导线的数量。

$$P_{ii} = \frac{1}{2\pi\varepsilon_0}\ln\frac{2y_i}{r_i} \tag{7.2.1 – 34}$$

$$P_{ij} = \frac{1}{2\pi\varepsilon_0}\ln\frac{\sqrt{(x_i - x_j)^2 + (y_i + y_j)^2}}{\sqrt{(x_i - x_j)^2 + (y_i - y_j)^2}} \tag{7.2.1 – 35}$$

介电常数 ε_0 保持不变，x、y、r 都是线路横向参数，再根据式（7.2.1 – 21）中的缩尺关系不难得出，P_{ii} 和 P_{ij} 在缩尺前后都保持不变。进而可得到线路单位长度电容 C 在缩尺前后保持不变，又因为缩尺后频率提升 n 倍，因此，线路缩尺后的导纳是缩尺前的 n 倍，满足式（7.2.1 – 11）。

输电线路单位长度的压降与导线电流之间满足以下关系：

$$\frac{\mathrm{d}}{\mathrm{d}z}\boldsymbol{U} = -\boldsymbol{Z}\boldsymbol{I} \tag{7.2.1-36}$$

阻抗矩阵 $\boldsymbol{Z}$ 由自阻抗 Z_{ii} 和互阻抗 Z_{ij} 组成。

$$Z_{ii} = \mathrm{j}\omega\frac{\mu_0}{2\pi}\ln\frac{2(y_i+p)}{r_i} + \frac{1}{2\pi r_i}\left(\frac{\mathrm{j}\omega\mu}{\sigma_i}\right)^{1/2}\frac{I_0(r_i\sqrt{\mathrm{j}\omega\mu\sigma_i})}{I_1(r_i\sqrt{\mathrm{j}\omega\mu\sigma_i})} \tag{7.2.1-37}$$

$$Z_{ij} = \mathrm{j}\omega\frac{\mu_0}{2\pi}\ln\frac{\sqrt{(x_i-x_j)^2+(y_i+y_j+2p)^2}}{\sqrt{(x_i-x_j)^2+(y_i-y_j)^2}} \tag{7.2.1-38}$$

$$p = \left(\sqrt{\mathrm{j}\omega\mu\sigma}\right)^{-1} \tag{7.2.1-39}$$

式中：I_0、I_1 为第一类虚宗量的贝塞尔函数的零阶和一阶；μ 和 σ 分别为导线的磁导率和电导率。

需要说明的是，式（7.2.1-39）中 p 为电磁波在大地中的复透射深度，此处考虑了土壤损耗及导致的频变效应。式（7.2.1-37）中等号右边后一项考虑了导线的集肤效应。

按照式（7.2.1-21）中的缩尺关系进行缩尺，不难得出缩尺后线路的自阻抗 Z_{ii} 和互阻抗 Z_{ij} 都增大到缩尺前的 n 倍，满足式（7.2.1-10）。

根据以上结果，输电线路缩尺后的单位长度阻抗 Z 和导纳 Y 都增大到缩尺前的 n 倍，满足式（7.2.1-10）和式（7.2.1-11）中的关系。因此，输电线路缩尺前后是等效的。

2.2　缩尺模型的数值算例分析

以某特高压半波长线路为例，验证缩尺模型的有效性。半波长线路长度为半个波长（约 3000km），是一种点对点、超远距离、大容量的输电方式。在本篇 2.1 已经从理论方面验证了输电线路缩尺模型的有效性。为了进一步验证此结论，下面利用仿真软件对缩尺前后线路进行仿真。

将缩尺线路频率提高到 100kHz，半波长缩尺线路缩短到 1.5km，缩短 2000 倍。根据式（7.2.1-21）中的关系，考虑到一般导线材料为金属，其电导率可以调整的范围有限且受实际材料选取的限制，缩尺比例为 $n=2000$、$n_2=1$、$n_1=1/\sqrt{2000}$。缩尺前后半波长线路参数见表 7.2.2-1，缩尺后分裂导线直径过细，不方便实验，可以利用单根导线替代分裂导线。

表 7.2.2－1　　　　　　　　　　　缩尺前后半波长线路参数

参　　　数	原线路	缩尺线路
上导线高度/m	65	1.453
下导线高度/m	45	1.006
地线对上导线垂直高度/m	12	0.268
上导线对中心线的水平距离/m	0	0
下导线对中心线的水平距离/m	16	0.358
地线对中心线的水平距离/m	14	0.313
导线直径/mm	30	0.671
分裂导线等效半径/mm	434.8	9.723
线路长度/km	3000	1.5

　　在原线路和缩尺线路中，电源线电压幅值都为 1000kV，线路负载大小等于线路的特征阻抗，图 7.2.2－1（a）为原线路和缩尺线路沿线电压分布情况，图 7.2.2－1（b）为原线路和缩尺线路沿线电流分布情况。因为线路三相是对称的，因此图中只画出了其中一相的曲线。原线路和缩尺线路沿线电压、沿线电流的分布都非常接近，在稳态运行情况下，半波长线路缩尺前、后是等效的。

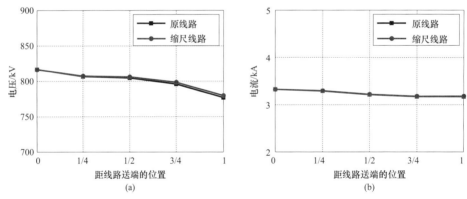

图 7.2.2－1　原线路和缩尺线路的沿线电压和电流分布
（a）沿线电压分布；（b）沿线电流分布

　　分别在原线路和缩尺线路送端的 A 相上接入冲击电压源，受端接匹配负载（负载阻抗等于线路特征阻抗），三相之间星形连接，测量线路送受端的电压。

　　原线路冲击电压源为：

$$U = U_0 \frac{\left(\dfrac{t}{\alpha_1}\right)^2}{1+\left(\dfrac{t}{\alpha_1}\right)^2} \mathrm{e}^{\frac{t}{\beta_1}} \qquad (7.2.2-1)$$

缩尺线路冲击电压源为：

$$U = U_0 \frac{\left(\dfrac{t}{\alpha_2}\right)^2}{1+\left(\dfrac{t}{\alpha_2}\right)^2} e^{\frac{t}{\beta_2}} \qquad (7.2.2-2)$$

式中：$\alpha_1 = 2000\alpha_2$；$\beta_1 = 2000\beta_2$；$\alpha_2 = 5\times10^{-9}\,\mathrm{s}$；$\beta_2 = 5\times10^{-7}\,\mathrm{s}$；$U_0 = 1000\,\mathrm{kV}$。

对原线路和缩尺线路仿真得到线路送受端电压。图 7.2.2-2 所示为原线路送受端各相电压随时间的变化。冲击电压源从零时刻工作，在 10μs 时达到峰值。经过 0.01s 波传到受端。图 7.2.2-3 所示为缩尺后线路送受端各相电压随时间的变化。冲击电压源从零时刻工作，在 0.005μs 时达到峰值，经过 5μs 波传到受端。由图可见，原线路和缩尺线路送端的电压波形相同，受端电压波形也相同，在波形对应的时间上相差 2000 倍，与频率提升倍数完全对应。在暂态下，半波长线路缩尺前、后是等效的。

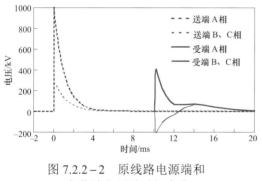

图 7.2.2-2　原线路电源端和
负载端电压随时间变化

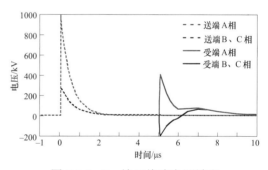

图 7.2.2-3　缩尺线路电源端和
负载端电压随时间变化

2.3　缩尺模型的物理实验分析

对于缩尺实验，在条件允许的情况下，频率提升越小越好。综合考虑实验场地和实验电源等因素后，本实验最终确定实验频率为 100kHz。根据本篇 2.1 中的缩尺等效原理，通过将实验电源频率提高到 100kHz（提升 2000 倍），保持导线的电导率不变，半波长线路长度缩短到 1.5km（缩尺 2000 倍），线路的横向尺寸（导线高度、间距和半径等）缩尺 $\sqrt{2000}$ 倍。缩尺线路的导线高度约为 1.5m，线路特征阻抗为 374Ω。根据上述边界条件，在国网特高压直流输电实验基地设立实验场地，架设一条 1.5km 的实验线路进行相关研究，实验线路局部图如图 7.2.3-1 所示。

图 7.2.3 – 1　实验线路局部图

2.3.1　负载阻抗变化

半波长缩尺线路送端加 100kHz 三相正弦交流电源,受端负载分 6 种情况:①　空载;②　接 400Ω 电阻,星形连接;③　接 200Ω 电阻,星形连接;④　接 100Ω 纯电抗,星形连接;⑤　接 200Ω 电阻＋100Ω 电抗,星形连接;⑥　接 400Ω 电阻＋100Ω 电抗,星形连接。测量线路送端、1/4、1/2、3/4 和受端位置的电压。图 7.2.3 – 2 为不同负载下的理论计算与实验测量值比较。

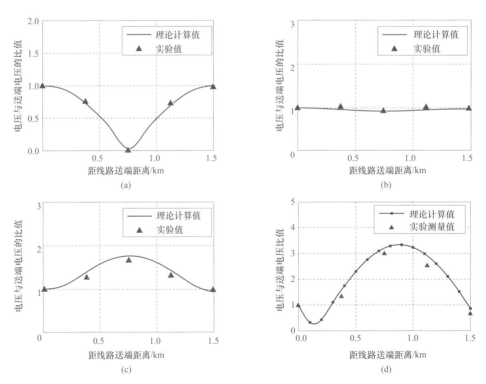

图 7.2.3 – 2　不同负载下的理论计算与实验测量值比较（一）

（a）空载；（b）负载 400Ω 电阻；（c）负载 200Ω 电阻；（d）负载为 100Ω 纯电抗

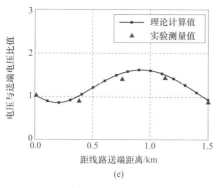
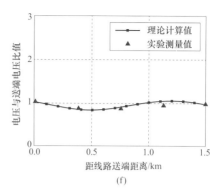

图 7.2.3－2　不同负载下的理论计算与实验测量值比较（二）
（e）负载为 200Ω 电阻＋100Ω 电抗；（f）负载为 400Ω 电阻＋100Ω 电抗

2.3.2　弧垂和换位

半波长缩尺线路弧垂变大，负载为 200Ω，测量线路送端、1/2 和受端位置的电压。根据实验结果，缩尺线路弧垂分别为 0.5m 和 0.8m 两种情况下，半波长线路沿线电压的分布近似相同。半波长缩尺线路换位段数量不同，换位数量分别为 18 段和 36 段，半波长线路负载 200Ω，测量线路送端、1/2 和受端位置的电压。实验中线路 18 段换位和 36 段换位下半波长线路沿线电压分布非常接近，如图 7.2.3－3 所示。

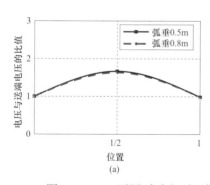
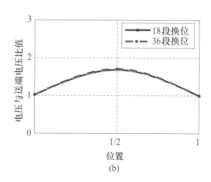

图 7.2.3－3　不同弧垂和不同换位段数下半波长线路的沿线电压
（a）弧垂；（b）换位段数

2.3.3　负载不对称

半波长缩尺线路送端加 100kHz 三相正弦交流电源，受端三相负载不对称，A 相接 200Ω 电阻负载，B 相接 400Ω 电阻负载，C 相开路。测量线路送端和受端位置的电压，并将实验测量值与理论计算值进行比较，如图 7.2.3－4 所示。根据实验结

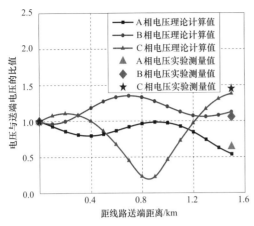

图 7.2.3-4 负载不对称时线路上电压分布情况

果可得，负载不对称下理论计算值与实验测量结果较一致，线路受端 A 相电压与线路送端 A 相电压不再相等，线路受端 C 相电压与线路送端 C 相电压也不再相等。对比本篇 2.3.1 负载阻抗变化实验（详见图 7.2.3-2）可知，在负载对称时，半波长线路送受端电压幅值是相等的。

从实验结果可得：

（1）实验测量结果与理论计算结果较一致，半波长输电的主要传输特性得到了验证。

（2）半波长线路受弧垂大小和换位段数量的影响并不显著。

（3）在极不对称运行方式下（如某相开路），半波长线路两端的电压幅值不再相等。

参 考 文 献

［1］［美国］BERGEN AR. 电力系统分析［M］. 2 版. 北京：机械工业出版社，2005.

［2］RAHMAN N A，HUSSAIN H，SAID I，et al. Magnetic fields from a scaled down model transmission line-simulation and comparison to measurements［C］//2005 Asia-Pacific Conference on Applied Electromagnetics IEEE，2005：5 pp.

［3］ZHANG B，LI W，HE J，et al. Study on the field effects under reduced-scale DC/AC hybrid transmission lines［J］. IET Generation Transmission & Distribution，2013，7（7）：717－723.

［4］夏应清，杨河林，鲁述，等. 超电大复杂目标 RCS 缩比模型预估方法［J］. 微波学报，2003，19（1）：8－11.

［5］［美国］PAUL C R. 多导体传输线分析［M］. 杨晓宪，郑涛译. 2 版. 北京：中国电力出版社，2013.

［6］倪光正. 工程电磁场原理［M］. 2 版. 北京：高等教育出版社，2009.

附录 A　点对网输电系统机电暂态基础模型及参数

A.1　网络结构

我国首条特高压交流线路"晋东南—南阳—荆门"的杆塔结构见图 A.1－1。

特高压半波长线路点对网输电模型见图 A.1－2，输电线路的导线为 8 分裂 LGJ－500/35 型钢芯铝绞线，且子导线呈正八角形排列；地线采用 JLB20A－170 型铝包钢绞线。系统 S 代表受端系统，额定电压为 1000kV。送端电源装机 10×600MW，模拟发电机励磁系统及 PSS 的作用，升压变压器短路阻抗为 18%。交流线路工频正序电气参数：单位长度阻抗 $Z_0 = 0.008\,01 + j0.263\,1\,\Omega/\mathrm{km}$，单位长度电容 $C_0 = 0.013\,830\,\mu F/\mathrm{km}$；零序电气参数：单位长度阻抗 $Z_z = 0.156\,3 + j0.782\,1\,\Omega/\mathrm{km}$，单位长度电容 $C_z = 0.008\,955\,\mu F/\mathrm{km}$。

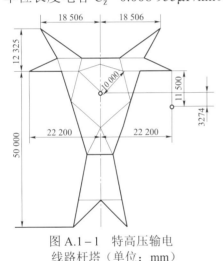

图 A.1－1　特高压输电
线路杆塔（单位：mm）

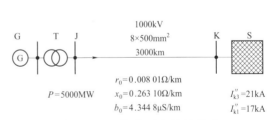

图 A.1－2　特高压半波长线路
点对网输电模型示意图

A.2　发电机及其控制系统参数

发电机及其控制系统参数见表 A.2－1 和图 A.2－1、图 A.2－2。

表 A.2－1　　　　发电机基本参数（以本机额定容量 S_n 为基准）

$P_n/$ MW	$S_n/$ MVA	$R_a/$ p.u.	$x_d/$ p.u.	$x_q/$ p.u.	$x_d'/$ p.u.	$x_q'/$ p.u.	$x_d''/$ p.u.	$x_q''/$ p.u.	$x_L/$ p.u.
600	667	0.002 5	2.270	2.209	0.303 5	0.445 4	0.215 7	0.221 6	0.10
$T_{d0}'/$ s	$T_{q0}'/$ s	$T_{d0}''/$ s	$T_{q0}''/$ s	$T_J/$ s	$SG10$	$SG12$	D		
8.74	0.97	0.045	0.069	8.850	0.167	0.600	0.0		

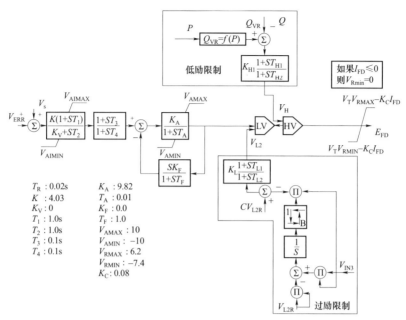

图 A.2－1   自并励静止励磁（FV）模型框图及参数

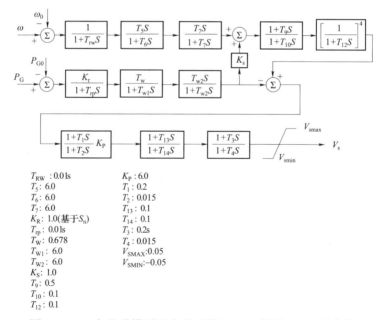

图 A.2－2   自并励模型配合的双输入 PSS 模型（SI）及参数

A.3   系统相关参数的计算

以 10 机—无穷大系统为例,选择功率基准值 $S_n = 100\text{MVA}$,基准电压 $U_n = 1050\text{kV}$,系统相关参数见表 A.3－1。

表 A.3-1 系 统 相 关 参 数

序号	参 数	说 明
1	$Z_c = 246.107\,414 - j3.745\,465\,\Omega$	正序波阻抗
2	$Z_z = 529.858\,351 - j52.426\,847\,\Omega$	零序波阻抗
3	$\alpha_0 = 0.000\,016\,27$	正序传播参数
4	$\beta_0 = 0.001\,069\,29$	正序传播参数
5	$\alpha_z = 0.000\,147\,49$	零序传播参数
6	$\beta_z = 0.001\,490\,65$	零序传播参数
7	2938km/2107km	正序半波长度/零序半波长度
8	10 台 $x_d' = 0.004\,41$p.u.	发电机直轴暂态电抗
9	10 台 $x_q' = 0.006\,67$p.u.	发电机交轴暂态电抗
10	10 台 $x_d'' = 0.003\,27$p.u.	发电机直轴次暂态电抗
11	10 台 $x_q'' = 0.003\,27$p.u.	发电机交轴次暂态电抗
12	10 台 $x_t = 0.002\,5$p.u.	变压器正序阻抗
13	10 台 $x_{tz} = 0.002\,5$p.u.	变压器零序阻抗
14	$Z_s = 0.002\,62$p.u.	系统正序等值阻抗
15	$Z_{sz} = 0.004\,469$p.u.	系统零序等值阻抗

由表 A.3-1 可知：

（1）单位长度正序阻抗 $Z_0 = 0.008\,01 + j0.263\,1$。

（2）单位长度正序电纳 $Y_0 = j\omega C_0 = j0.013\,830 \times 314.159\,265 = j4.344\,823$。

（3）单位长度零序阻抗 $Z_z = 0.156\,30 + j0.782\,1$。

（4）单位长度零序电纳 $Y_z = j\omega C_z = j0.008\,955 \times 314.159\,265 = j2.813\,296$。

（5）参数 1、参数 2（正序、零序波阻抗）：

$$正序波阻抗\ Z_{CP} = \sqrt{\frac{Z_0}{Y_0}} = 246.107\,414 - j3.745\,465$$

$$零序波阻抗\ Z_{CZ} = \sqrt{\frac{Z_z}{Y_z}} = 529.858\,351 - j52.426\,847$$

（6）参数 3～参数 6（正序、零序传播参数）：

$$\alpha_0 + j\beta_0 = \sqrt{Z_0 Y_0} = 0.000\,016\,27 + j0.001\,069\,29$$

$$\alpha_z + j\beta_z = \sqrt{Z_z Y_z} = 0.000\,147\,49 + j0.001\,490\,65$$

（7）参数 7：正序半波长度为 2938km，零序半波长度为 2107km。

（8）参数 8～参数 11：单台发电机 $x'_d = 0.044\,1$p.u.， $x'_q = 0.066\,7$p.u.， $x''_d = 0.032\,7$p.u.， $x''_q = 0.032\,7$p.u.，10 台机并联为其参数的 1/10。定子电阻 R_a 取 x''_d 的 1/80。

（9）参数 12、参数 13：单台发电机升压变压器 $x_t = 0.025$p.u.， $x_{tz} = 0.025$p.u.；10 台变压器为 1/10，绕组的电阻取 x_t 的 1/70。

（10）参数 14、参数 15：受端系统为无穷大系统（直接接入无穷大发电机），即为 PV 节点，端电压为 0.99p.u.。按照三相短路电流 21kA、单相短路电流 17kA 计算得出系统正序电抗 $Z_s = 0.002\,62$p.u.，零序电抗 $Z_{sz} = 0.004\,469$p.u.，等值电阻取电抗的 1/20。

附录 B   三相和单相短路故障情况下不同故障位置送端断路器短路电流波形图（EMTPE 仿真结果）

B.1   三相短路故障情况下不同故障位置送端断路器短路电流波形图（EMTPE 仿真结果）（见图 B.1–1～图 B.1–14）

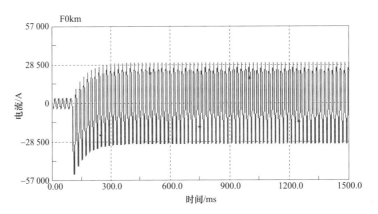

图 B.1–1   三相短路故障情况下，F0km 故障位置
送端断路器短路电流波形图

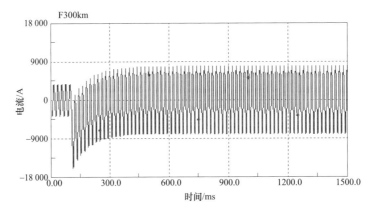

图 B.1–2   三相短路故障情况下，F300km 故障位置
送端断路器短路电流波形图

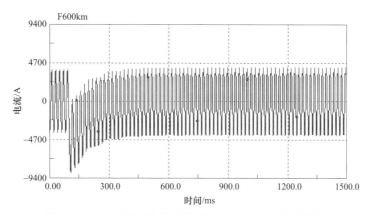

图 B.1-3 三相短路故障情况下，F600km 故障位置
送端断路器短路电流波形图

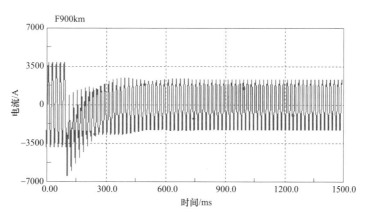

图 B.1-4 三相短路故障情况下，F900km 故障位置
送端断路器短路电流波形图

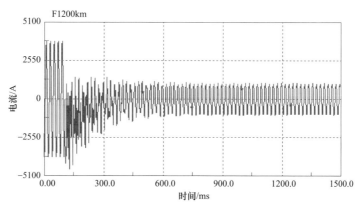

图 B.1-5 三相短路故障情况下，F1200km 故障位置
送端断路器短路电流波形图

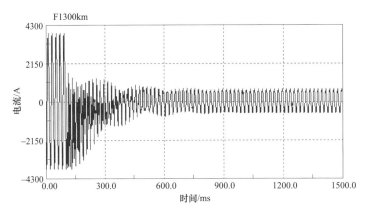

图 B.1－6 三相短路故障情况下，F1300km 故障位置
送端断路器短路电流波形图

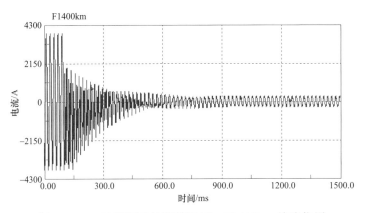

图 B.1－7 三相短路故障情况下，F1400km 故障位置
送端断路器短路电流波形图

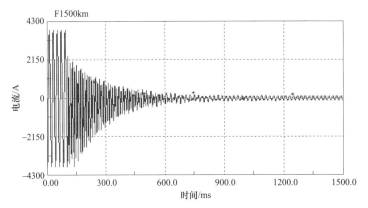

图 B.1－8 三相短路故障情况下，F1500km 故障位置
送端断路器短路电流波形图

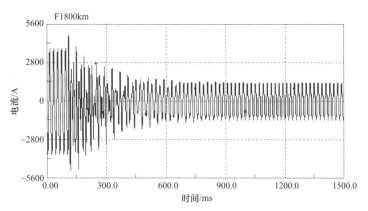

图 B.1-9　三相短路故障情况下，F1800km 故障位置
送端断路器短路电流波形图

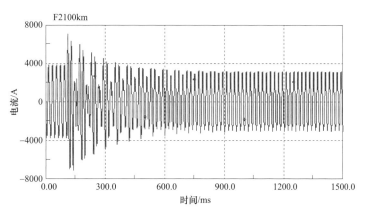

图 B.1-10　三相短路故障情况下，F2100km 故障位置
送端断路器短路电流波形图

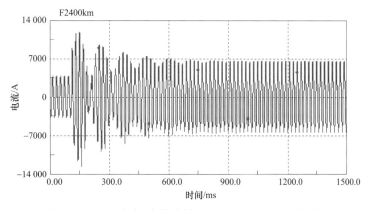

图 B.1-11　三相短路故障情况下，F2400km 故障位置
送端断路器短路电流波形图

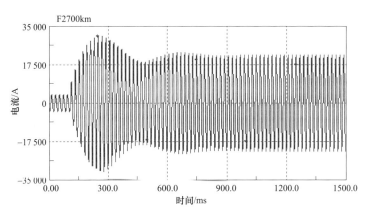

图 B.1－12 三相短路故障情况下，F2700km 故障位置
送端断路器短路电流波形图

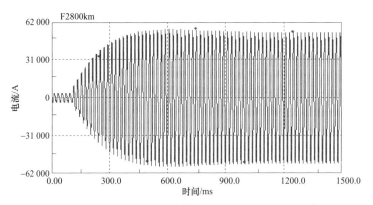

图 B.1－13 三相短路故障情况下，F2800km 故障位置
送端断路器短路电流波形图

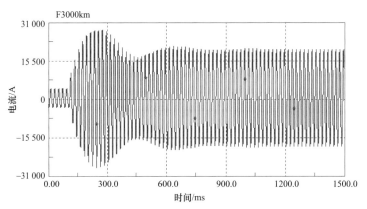

图 B.1－14 三相短路故障情况下，F3000km 故障位置
送端断路器短路电流波形图

B.2 单相短路故障情况下不同故障位置送端断路器短路电流波形图（EMTPE 仿真结果）（见图 B.2-1～图 B.2-13）

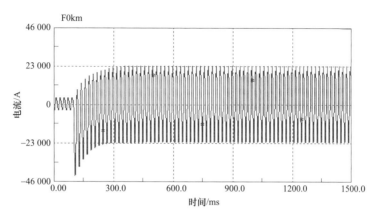

图 B.2-1 单相短路故障情况下，F0km 故障位置
送端断器短路电流波形图

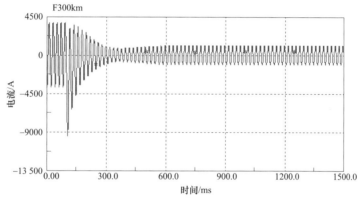

图 B.2-2 单相短路故障情况下，F300km 故障位置
送端断路器短路电流波形图

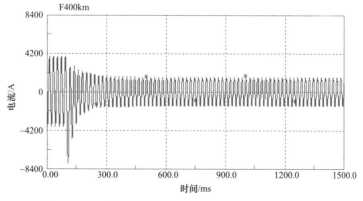

图 B.2-3 单相短路故障情况下，F400km 故障位置
送端断路器短路电流波形图

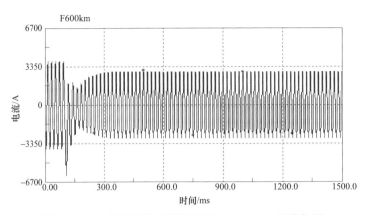

图 B.2−4　单相短路故障情况下，F600km 故障位置
送端断路器短路电流波形图

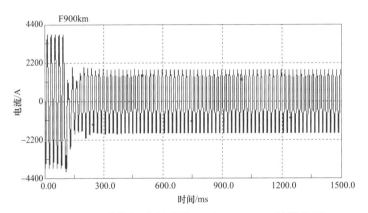

图 B.2−5　单相短路故障情况下，F900km 故障位置
送端断路器短路电流波形图

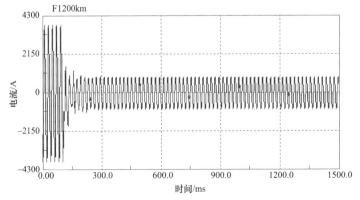

图 B.2−6　单相短路故障情况下，F1200km 故障位置
送端断路器短路电流波形图

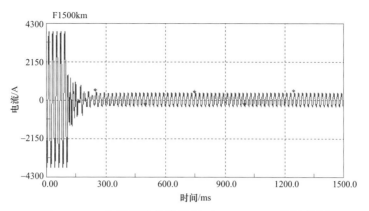

图 B.2 - 7 　单相短路故障情况下，F1500km 故障位置
送端断路器短路电流波形图

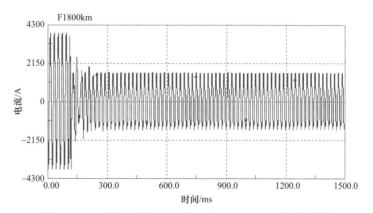

图 B.2 - 8 　单相短路故障情况下，F1800km 故障位置
送端断路器短路电流波形图

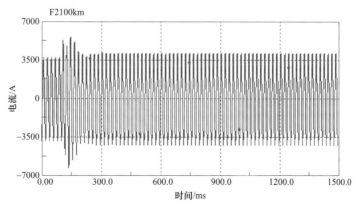

图 B.2 - 9 　单相短路故障情况下，F2100km 故障位置
送端断路器短路电流波形图

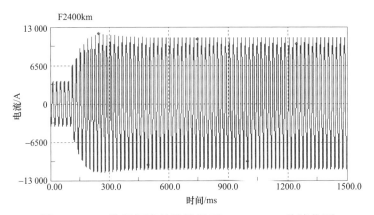

图 B.2 – 10 单相短路故障情况下，F2400km 故障位置
送端断路器短路电流波形图

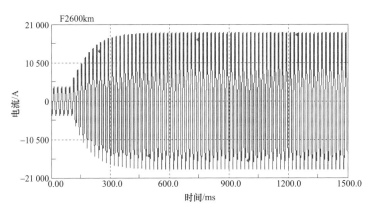

图 B.2 – 11 单相短路故障情况下，F2600km 故障位置
送端断路器短路电流波形图

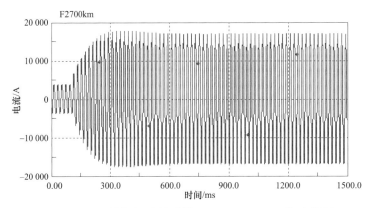

图 B.2 – 12 单相短路故障情况下，F2700km 故障位置
送端断路器短路电流波形图

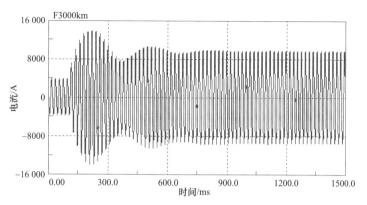

图 B.2 – 13　单相短路故障情况下，F3000km 故障位置
送端断路器短路电流波形图

索　引